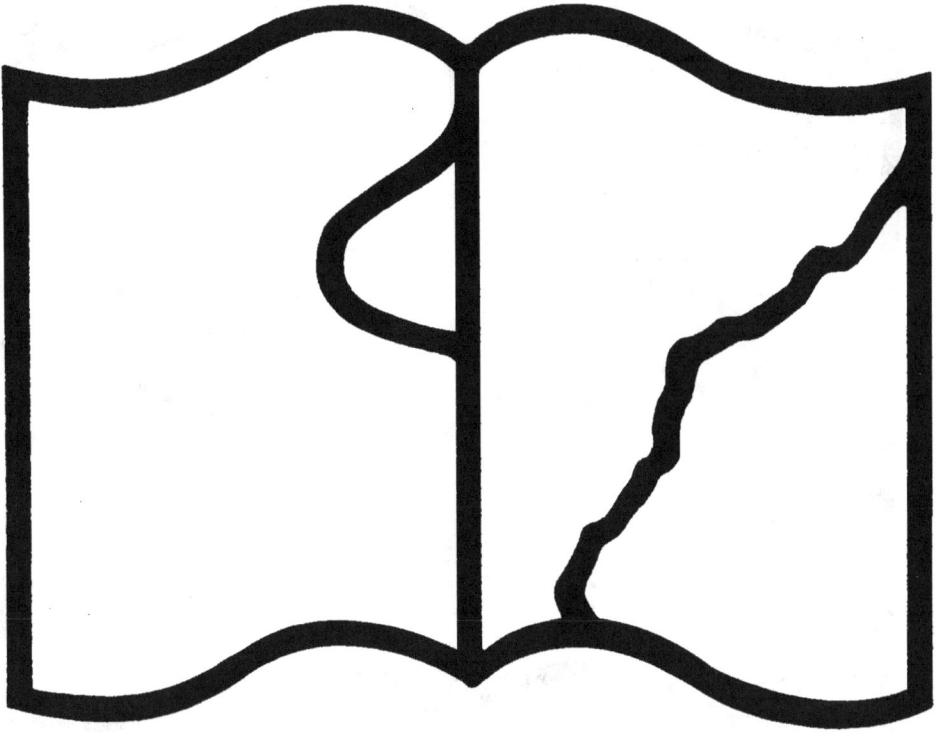

Texte détérioré — reliure défectueuse

**NF Z 43**-120-11

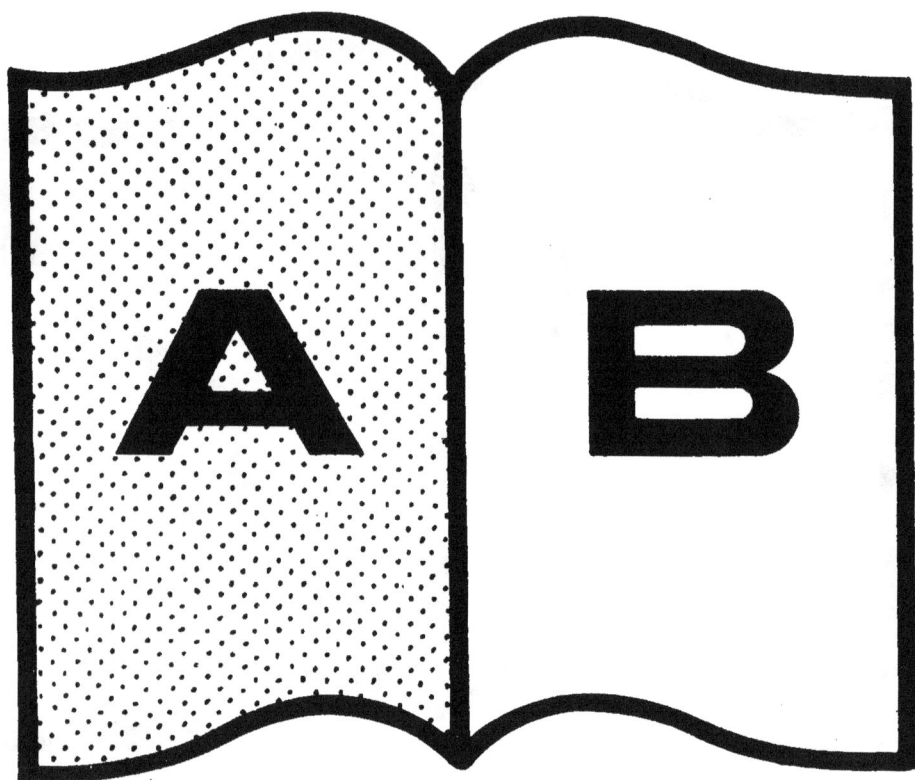

Contraste insuffisant

**NF Z 43**-120-14

# RAPPORTS

DU

## JURY INTERNATIONAL

C.

# EXPOSITION UNIVERSELLE DE 1867

# RAPPORTS

DU

# JURY INTERNATIONAL

---

## INTRODUCTION

PAR

## M. MICHEL CHEVALIER

Membre de la Commission Impériale

## PARIS

IMPRIMERIE ADMINISTRATIVE DE PAUL DUPONT

45, RUE DE GRENELLE-SAINT-HONORÉ, 45

1868

# INTRODUCTION

## PREMIÈRE PARTIE

### OBSERVATIONS PRÉLIMINAIRES.

### SECTION UNIQUE.

**Etat des esprits en présence de l'Exposition. Définitions.**

### CHAPITRE I.

SUCCÈS DE L'EXPOSITION. — DISPOSITIONS QU'ELLE A PERMIS DE CONSTATER DANS LES ESPRITS.

On peut, jusqu'à un certain point, apprécier, sinon le mérite, du moins la réussite de l'Exposition Universelle, qui vient de se terminer, par la comparaison du nombre des personnes qui l'ont visitée en payant avec les nombres correspondants pour l'Exposition Universelle de Londres en 1851, celle de Paris en 1855, et enfin la seconde de Londres en 1862. En 1851, il y avait eu à Londres 6,039,000 entrées payantes;

à Paris, en 1855, on en avait compté 5,162,000, dont 4,180,000 pour l'industrie, et 982,000 pour les beaux-arts (on se rappelle que ces derniers occupaient un bâtiment séparé). En 1862, il y eut 6,211,000 visiteurs, un peu moins d'un cinquième au delà du chiffre de l'Exposition de Paris de 1855, et très-peu de chose de plus qu'à Londres même en 1851. En 1867, les visiteurs ont atteint un nombre bien supérieur à ce qui s'était vu à Londres la dernière fois; ils ont été plus de dix millions (1).

Le nombre des visiteurs, que je signale ici, semble devoir être cité de préférence à celui des exposants, pour mesurer l'importance d'une Exposition, parce que la proportion numérique de ceux-ci est notablement affectée par différentes causes étrangères à la valeur intrinsèque de l'Exposition elle-même. Les vitrines collectives, qui ont été multipliées, font paraître moindre que la réalité la quantité des exposants. Enfin le nombre même des exposants ne fait pas connaître celui des chefs d'industrie qui auraient désiré et pu figurer au concours international, parce que l'admission a toujours quelque chose d'arbitraire. Dans

---

(1) Entrées par les tourniquets...........  9.826.000
Billets de saison......................      5.460
Abonnements de semaine...............       90.226

Les abonnements de semaine devant être comptés pour trois entrées au moins, le nombre de 10 millions serait dépassé.

chaque pays, les Commissions spéciales chargées de prononcer sur ce point procèdent suivant des règles incertaines, ou du moins variables, d'État à État ; elles rejettent une partie quelquefois considérable des demandes, ne fût-ce que par la raison que l'espace dont on dispose oblige à des exclusions qui, autrement, ne seraient pas justifiées. Sous ces réserves, il convient de mentionner qu'il y a eu, en 1851, 13,917 exposants ; en 1855, 23,954 ; en 1862, 28,653. En 1867, le nombre est monté à 50,226, presque le double.

Ces renseignements statistiques, qui ne sont pas sans intérêt, ne donnent pas une idée juste de la vogue qu'a eue en Europe, et dans le monde civilisé tout entier, la dernière Exposition de Paris. Il y a des faits qui se refusent à revêtir la froide formule des chiffres. Ainsi la statistique essayerait vainement de dire ou de dépeindre de quelle façon le Champ-de-Mars a été considéré par tous les peuples comme un rendez-vous auquel, au nom même de la civilisation, il convenait de se montrer. L'empire du Japon et le royaume de Siam, les îles Hawaï (1) et la république d'Andorre y

_____

(1) Cet archipel de douze îles, dans la principale desquelles, il y a moins d'un siècle (1772), le célèbre navigateur Cook fut tué et mangé par les indigènes, forme aujourd'hui, avec la même race d'hommes, un royaume civilisé, qui a un commerce d'importation et d'exportation de près de 13 millions de francs. Il a été l'objet d'un rapport spécial de M. William Martin. Voir tome VI de ce _Recueil_, page 550.

ont été représentés en même temps que les plus
puissants États de l'Europe. L'Amérique tout
entière y a figuré. Dans cette extraordinaire
affluence, l'intérêt industriel a été assurément
pour une part; les manufacturiers, les agriculteurs, les artisans, les ouvriers sont venus pour
voir et pour s'instruire, et en cela rien que de
naturel, rien que de légitime; mais des sentiments plus élevés ont contribué à attirer cette foule
et à la grossir. Une nombreuse partie, probablement la majorité des exposants, savaient d'avance
que, pour eux, c'était une dépense à subir, à peu
près sans compensation matérielle; ils sont cependant accourus, poussés par cette force intime,
de nos jours si active, qui provoque les peuples
à se rapprocher et à se connaître les uns les
autres, comme les membres d'une seule et même
famille, unis par l'indissoluble lien de communes
destinées. Sans doute on est séparé par la distance des lieux et par l'obstacle souvent plus
grand des préjugés; mais, de nos jours, les distances s'amoindrissent incessamment, et les préjugés s'en vont ou tombent par lambeaux.

Les plus grands souverains du continent européen ont tous éprouvé l'atteinte de cette électricité sympathique qui excitait l'élite des nations à se rassembler au Champ-de-Mars, comme
en un forum du genre humain. Tour à tour les
empereurs de Russie, d'Autriche et de Turquie,
le roi de Prusse, et, avant ou après ces princes

puissants, beaucoup d'autres têtes couronnées
ont quitté leurs États pour visiter l'Exposition,
qui offrait à tous un terrain neutre sur lequel
on était certain d'être d'accord, alors même que
des questions épineuses ou brûlantes divisaient
les cabinets. A ce point de vue, on peut, sans
exagérer l'influence de l'Exposition, avancer
qu'elle a adouci le jeu des ressorts, excessivement
tendus alors, de la politique de l'Europe, et contribué à conserver la paix au monde.

La tendance au rapprochement des nations,
cette attraction, en quelque sorte religieuse, qui a
été bien plus visible cette fois qu'à Londres en 1851
et en 1862, et qu'à Paris même en 1855, n'a
point été étrangère à la fondation des Expositions Universelles. C'est grâce à ce mobile que
l'institution a déjà fonctionné quatre fois avec
grand appareil à Paris et à Londres, et qu'on l'a
tentée avec moins d'éclat, mais non sans succès,
dans d'autres circonstances et au sein d'autres
cités dignes d'être nommées après ces vastes capitales (1). Un prince, qui a laissé de nobles souvenirs, le défunt époux de la reine d'Angleterre,
l'homme à qui revient l'honneur de l'initiative de
la première des Expositions Universelles (2), celle

(1) Cette observation se rapporte aux Expositions de New-
York, de Dublin, de Porto, auxquelles tout le monde avait
été appelé, et où beaucoup de nations ont été en effet très-
convenablement représentées.

(2) Lorsque la France dut organiser l'Exposition de 1849,

de Londres de 1851, ne dissimulait pas que le désir
de la concorde générale, la pensée de la solidarité

la question fut soulevée à plusieurs reprises de savoir si l'on se
bornerait à une Exposition nationale, exclusivement consacrée
aux produits de l'industrie française, de même que les autres
Expositions qui avaient eu lieu depuis la fin du XVIIIᵉ siècle. Le
gouvernement fut saisi de cette pensée et en fit l'objet de son
examen attentif. Il consulta même les Chambres de commerce. L'opinion de la majorité ayant été négative, il crut
devoir s'y rallier. C'est ainsi que la première des Expositions
Universelles aurait pu avoir lieu à Paris et ne s'est faite qu'à
Londres ; mais l'idée d'un concours de tous les peuples dans
le champ clos du travail est une idée française, comme l'idée
même des Expositions nationales. On a plusieurs fois rappelé
déjà que, dès 1833, à Abbeville, M. Boucher de Perthes disait :

« Pourquoi donc ces Expositions sont-elles encore restreintes ? Pourquoi ne sont-elles pas faites sur une échelle
vraiment large et libérale ? Pourquoi craignons-nous d'ouvrir
nos salles d'exposition au manufacturier que nous appelons
étranger, aux Belges, aux Anglais, aux Suisses, aux Allemands ? Qu'elle serait belle, qu'elle serait riche une Exposition européenne ! quelle mine d'instruction elle offrirait pour
tous ! Et croyez-vous que le pays où elle aurait lieu y per-
drait quelque chose ? Croyez-vous que si la place de la Concorde, ouverte au 1ᵉʳ mai 1834 aux produits de l'industrie
française, l'était à ceux du monde entier, croyez-vous, dis-je,
que Paris, que la France en souffrît et que l'on y fabriquât
ensuite moins ou moins bon ? Non, Messieurs, la France n'en
souffrirait pas plus que la capitale : les Expositions sont toujours utiles, car partout elles offrent instruction et profit. » (*Le
président de la Société d'émulation d'Abbeville aux ouvriers,
pour les exciter à prendre part à l'Exposition de 1834.*)

universelle avaient été son point de départ. Il le proclama dans un discours où, en même temps, il plaçait l'industrie à la hauteur qui lui appartient, montrant qu'elle est l'accomplissement même de la mission donnée par le Créateur à l'homme, par rapport à la planète qu'il lui a assignée pour résidence en cette vie.

Pour mesurer le chemin qu'avait fait l'opinion publique européenne, dont le prince Albert, en s'exprimant ainsi, était le fidèle interprète, depuis le moment où avait été ouverte la première Exposition des produits de l'industrie, celle de la France en 1798, il n'y aurait qu'à placer, à côté des paroles de ce prince illustre, ce que, cinquante-trois ans auparavant, le ministre de l'intérieur de la République française avait dit, dans une circulaire, sur les résultats de la solennité industrielle qui venait de se terminer. On était engagé alors dans une guerre furieuse. Les haines nationales avaient l'ascendant et dominaient même les esprits éclairés. Ce qui frappait le plus le ministre, ce qu'il se plaisait à signaler de préférence à la satisfaction de ses concitoyens, qui ne demandaient pas mieux que de voir comme lui, c'était que l'industrie française, par ses progrès, portait un coup à la grandeur de l'Angleterre, ennemie détestée qui, du reste, ne nous détestait pas moins. L'industrie elle-même était érigée en un instrument de guerre et de vengeance. « L'Exposition, écrivait le ministre, n'a pas été nombreuse, mais c'est une première campagne, et cette campagne est désastreuse pour l'industrie anglaise. Nos manufactures sont les arsenaux d'où doivent sortir les armes les plus funestes à l'Angleterre. »

Depuis cette époque le point de vue a beaucoup changé, grâce à Dieu.

## CHAPITRE II.

### LA *PUISSANCE PRODUCTIVE* DE L'INDIVIDU ET DE LA SOCIÉTÉ. — LA *RICHESSE*, — LE *CAPITAL*.

L'intervalle de cinq années seulement qui sépare 1867 de 1862, date de la dernière Exposition de Londres, n'est pas tellement long qu'il ait pu suffire à l'enfantement de grandes innovations dans les arts utiles, manufacturiers, agricoles ou autres ; mais si la solennité de 1867 ne s'est pas recommandée par l'apparition d'un gros faisceau de nouveautés saillantes, elle n'en a pas moins servi à la constatation de deux grands faits, l'un et l'autre multiples dans leurs aspects, l'un et l'autre importants par le degré d'utilité qui s'y rattache.

Le premier, c'est, avec un nombre restreint d'heureuses découvertes, une longue série de perfectionnements de détail apportés aux procédés antérieurement pratiqués. De là autant de ressources nouvelles pour la Société. Chacune de ces améliorations tend à développer la *puissance*

*productive* du genre humain et, par conséquent,
à multiplier la *richesse* et à propager le bien-être
parmi les hommes.

Le second consiste en ce qu'un grand nombre
d'établissements, principalement de l'ordre manufacturier, qui étaient en activité depuis longtemps,
sans prendre beaucoup de peine pour porter leurs
procédés à la hauteur où d'autres étaient parvenus, s'y sont décidés ou résignés sous l'aiguillon
de la concurrence qui, redoublant d'intensité, ne
leur permettait plus d'être stationnaires.

Nous aurons à examiner succinctement ces deux
ordres de faits qui, du reste, le plus souvent se
mêlent intimement l'un à l'autre.

Avant tout, il n'est pas inutile de préciser ici
le sens de deux termes, la *puissance productive*
et la *richesse*, dont nous venons de nous servir
et que nous aurons lieu d'employer fréquemment.
Nous allons donc les définir, ainsi qu'un troisième, le *capital,* qui ne reviendra pas moins
souvent dans le cours de cet essai.

La puissance productive de l'individu détermine
celle de la collection organisée de toutes les in-
dividualités éminentes, moyennes ou faibles, qui
est la Société. La puissance productive de la
Société est à la richesse, tant individuelle que
collective, ce que la cause est à l'effet. Elle est à
son tour elle-même, on le verra, fortement exci-
tée par le capital.

### § 1. — La Puissance productive.

Par la puissance productive il faut entendre, pour chacune des branches de l'industrie (1) et pour chaque établissement distinct que l'on aurait à examiner séparément, la quantité de produits, d'une qualité spécifiée et choisie parmi les plus usuels, que rend le travail moyen d'un homme, dans un laps de temps déterminé, considéré comme l'unité; ce sera une journée ordinaire de travail, une semaine ou une année. Ainsi, dans l'industrie du fer, supposons une forge qui compte cent hommes, faisant les opérations que comporte la production du fer marchand, depuis la livraison de la fonte brute jusqu'à l'achèvement des barres d'un échantillon qui aurait été pris pour terme de comparaison : si cette forge produit dans l'année 10,000 tonnes de fer ou 10 millions de kilogrammes (2), la puissance productive de l'individu y sera de 100 tonnes par an, ou, en supposant trois cents jours de travail, de 333 kilogrammes par jour. Si, au lieu d'une forge, on con-

----

(1) Dès le commencement de cette *Introduction* nous croyons utile de dire que par le mot d'industrie nous entendrons non pas seulement les manufactures, ainsi qu'on le fait quelquefois, mais aussi bien l'agriculture, les mines et le commerce.

(2) Je prends ce chiffre uniquement pour la commodité du discours.

sidère un atelier de filature, la puissance productive de l'homme, dans cet établissement, se déterminera de même en divisant, par le nombre des personnes adultes (1) travaillant dans l'atelier, le nombre de kilogrammes de *filés* de coton d'un certain numéro, comme serait le nº 40 (2), produit dans une année, ou dans un jour moyen, en ramenant par voie de proportion les autres numéros à celui-ci.

En ces termes la notion de la puissance productive de l'individu, et par conséquent de la Société, acquiert assez d'exactitude pour qu'on puisse en raisonner.

### § 2. — La Richesse.

La richesse de la Société, c'est tout ce qu'on y trouve d'échangeable, c'est-à-dire donnant ou pouvant donner lieu à un commerce. La richesse de la Société se compose donc de tout ce qu'elle possède de choses en rapport avec les besoins de tout genre qu'éprouve l'homme civilisé; la variété en est infinie. Seulement, pour qu'une chose soit de la richesse, il faut qu'elle soit dans le cas de servir

---

(1) On compterait un certain nombre d'enfants comme une personne adulte, en se réglant par l'ouvrage qu'ils feraient moyennement. On convertirait de même les journées de femme en journées d'homme, d'après la différence de l'ouvrage fait par les travailleurs des deux sexes.

(2) C'est-à-dire un filé donnant 40,000 mètres au demi-kilogramme.

de base à un acte de négoce, une transaction, un
échange. Ainsi la richesse de la Société comprend
les articles marchands les plus communs, qui
sont de première nécessité et à la portée des plus
pauvres gens, aussi bien que ceux du plus grand
luxe; pareillement toutes les matières, pouvant
se vendre et s'acheter, qui concourent à la production de ces objets. Un collier de diamants et
une poignée de blé sont de la richesse; de même
les plus magnifiques soieries et les haillons qui
sont exposés au Temple; de même le lingot d'or et
le minerai de fer ou le sable qui sert dans les
ménages à frotter les dalles et les ustensiles; la
plus fine soie du midi de la France et le chanvre
le plus grossier ou le jute de l'Inde; de même,
d'une part, les palais qu'habitent les plus grands
souverains, les musées dont s'enorgueillissent
les capitales, les hôtels des boulevards de Paris
et ceux qui s'étalent à Londres, à New-York, à
Saint-Pétersbourg, dans les plus beaux quartiers,
tels que Piccadilly, Broadway, ou la Perspective
de Newsky, ainsi que les vastes manufactures des
métropoles industrielles, et, d'autre part, l'échoppe
de l'épicier de village, ou le hangar du maréchal
ferrant isolé sur le bord d'un chemin.

Plus une société a de puissance productive, et
plus chaque année elle crée de richesse sous les
cent mille formes que comporte ce mot; plus est
grande, par conséquent, la quantité des objets de
toutes sortes, applicables aux besoins divers de

ses membres, qu'elle peut, tous les ans, tous les jours, répartir entre eux, les rendant par cela même plus riches ou moins pauvres.

Ce n'est pas à dire qu'une société, même très-avancée en industrie, fasse elle-même toutes les sortes d'objets nécessaires aux individus qui la composent; mais elle se procure par la voie des échanges avec l'étranger ceux qu'elle n'aura pas produits. Ceux-là même auront été produits par elle indirectement, puisqu'elle ne les aura obtenus qu'en donnant en retour les objets résultant de son propre travail.

L'acte par lequel la répartition des produits du travail s'opère dans la Société, consiste, dans la plupart des cas, à transfigurer, pour un temps plus ou moins long, les objets vendus en pièces de monnaie, ou en engagements qui représentent ces pièces. Le but de ces opérations intermédiaires semble donc être la possession de pièces d'or ou d'argent; en réalité, il est et il doit être différent, car, directement, l'or et l'argent ne répondent presque à aucun de nos besoins journaliers. Quand un particulier vend un objet, ce qu'il se fait délivrer en retour, pièces de monnaie ou engagements représentant expressément une certaine somme de ces pièces, doit être considéré comme le gage matériel du pouvoir qu'il aura désormais de disposer, quand il le voudra, d'une certaine quantité d'un ou de plusieurs articles, qu'il choisira à son gré dans tout ce qui est rangé sous la dénomination de richesse, jusques à concurrence d'une valeur égale à la somme de ces pièces de monnaie. Au lieu d'user de ce pouvoir, il peut le déléguer à une autre personne, en totalité ou en partie.

L'invention de la monnaie a été un procédé ingénieux et efficace pour assurer à l'individu, qui se dessaisit d'un article de valeur grande ou petite, le pouvoir de disposer, pour lui-même ou pour les autres, d'une valeur correspondante en quelque autre article que ce soit. Elle n'est pas seulement un instrument d'échange; elle est encore plus un moyen donné à chacun de conserver sa richesse, pour le moment où il lui conviendra de s'en servir, et de la déplacer en la transportant facilement où il lui plaira (1).

L'or et l'argent, que le vulgaire regarde comme la richesse principale, et même l'unique richesse, ne sont qu'un accessoire dans la richesse de la Société, accessoire important toutefois, en ce qu'ils servent de dénominateur commun pour exprimer la valeur de tous les objets.

On évalue à onze ou douze milliards de francs la production annuelle, en Europe, de l'industrie textile, c'est-à-dire les articles qui ont pour ma-

(1) La lettre de change, infiniment plus transportable que l'or et l'argent, et essentiellement payable en l'un ou l'autre de ces métaux, a beaucoup agrandi la facilité du déplacement, et le cercle de l'horizon dans lequel il s'opère.

tières premières le coton, la laine, la soie, le lin, le chanvre et le jute. C'est de la richesse au même titre que l'or et l'argent et aux mêmes fins, puisque, entre les mains des producteurs, ces articles se convertissent de même en pouvoir et en jouissances. Or, depuis la découverte du nouveau monde par Christophe Colomb jusqu'à l'année 1848 (1), dans un laps de temps de deux cent cinquante-six ans, les mines d'argent et d'or de l'Amérique, auprès desquelles toutes les autres n'étaient que secondaires, n'avaient donné en tout que trois fois cette somme de onze ou douze milliards, de sorte qu'une année de la production des seuls tissus équivaut à quatre-vingt-cinq ans de la production des mines d'or et d'argent de l'Amérique. Ce rapprochement montre la petite place qu'ont les deux métaux précieux dans l'inventaire de la richesse, et le grand espace qu'y occupe le travail industriel fécondé par le capital et par la science, soutenu par la sécurité dont on jouit dans la civilisation moderne, et animé par le génie de la liberté.

### 3. — Le Capital.

Le capital est la partie de la richesse acquise qui a pour destination de servir à la production

---

(1) Je prends cette date de 1848, parce qu'elle a marqué la fin d'une période ancienne et le commencement d'une nouvelle dans la production des métaux précieux. C'est en 1848 que les mines de la Californie furent découvertes.

destinés à être ouvrés ou déjà entre les mains de l'ouvrier, ou rangés, tout confectionnés, dans les magasins des commerçants qui renouvellent périodiquement leur provision après l'avoir vendue.

C'est quand les objets sont arrivés aux mains du consommateur qu'ils perdent la qualité de capital, en gardant celle de richesse.

La masse de ces objets divers qui, dans le courant de l'année, arrivent à l'état qu'il faut pour qu'on les consomme, constitue le revenu brut de la société, revenu qui se répartit, à différents titres, entre ses membres, pour qu'ils vivent. C'est ce qui fait vivre les machines elles-mêmes.

C'est sur ce revenu brut que la société pourvoit à toutes ses dépenses et consommations, qu'elle entretient, répare et renouvelle au besoin tout ce dont se compose son capital fixe. Ce qui reste, à la fin de l'année, toutes consommations déduites et toutes dépenses acquittées, constitue l'épargne de la nation, l'accroissement qu'elle peut donner à son capital en tout genre.

Le capital s'énonce ou se formule en sommes de monnaie, c'est-à-dire en espèces d'or ou d'argent. Mais il ne faut voir dans ces énonciations qu'un procédé simple pour définir et mesurer le capital (1).

(1) Il n'est pas inutile de faire observer que le même objet, après avoir cessé d'être du capital pour se ranger dans la catégorie plus générale de la richesse, peut devenir du capital

# CHAPITRE III.

LA PUISSANCE PRODUCTIVE SE RÉVÈLE PAR LE BON
MARCHÉ DES PRODUITS ET DÉRIVE ELLE-MÊME DU
SAVOIR ET DU CAPITAL, SOUS L'IMPULSION DE LA
LIBERTÉ HUMAINE APPLIQUÉE A L'INDUSTRIE.

—

§ 1. — Des progrès qu'a faits la puissance productive.

La puissance productive de l'homme se développe d'une manière continue dans l'enchaîne-
ment successif des âges de la civilisation. Ce développement est une des nombreuses formes que

une seconde fois. Il y a même des objets à l'égard desquels
cette alternance peut se répéter indéfiniment. Des diamants ou
des rubis peuvent, de l'écrin d'une dame, revenir chez le joaillier; un service d'argenterie peut, du buffet d'un particulier,
faire retour chez l'orfévre; un habit de drap peut, après avoir
été porté quelque temps, prendre place dans l'étalage d'un
marchand fripier; il peut même être livré à la machine à
effilocher, pour être converti en *renaissance* et servir ainsi,
comme une matière première inférieure, à la fabrication de
nouveaux tissus. En général, ce retour à l'état de capital ne
s'opère qu'avec une certaine perte dans la valeur positive et
intrinsèque de l'objet, et il dénote que cet objet a perdu une
portion de ses qualités. Je ne veux pas dire seulement que le
fabricant ou le marchand qui sert d'intermédiaire ne le re-
prend que pour une valeur moindre que ce qu'en avait payé
le détenteur. Lui-même, le fabricant ou le marchand, n'en retire

revêt le progrès même de la Société, et ce n'est pas la moins saisissante.

Plus augmente, par rapport à un produit, la puissance productive de l'individu ou de la nation, et plus la valeur de ce produit sur le marché doit diminuer, par la concurrence que se font les producteurs; le prix, qui est la valeur en or ou en argent, baisse d'autant (1). Ceci revient à dire que, à mesure que la puissance productive augmente pour un objet, les hommes qui en ont besoin se le procurent plus facilement, en retour d'une moindre partie de la somme que leur rapporte leur travail quotidien, ou encore, pour dire la même chose autrement, en échange d'une moindre fraction de leur effort journalier.

C'est ainsi qu'en définitive la puissance productive se manifeste par le bon marché des produits et se confond avec ce bon marché.

pas, quand il le revend, la somme qu'en avait donnée le premier acheteur. Les pierres précieuses, qui retournent chez le joaillier, sont presque toujours montées de nouveau avant d'être revendues; ainsi la valeur de la monture première est perdue en grande partie. Les couverts ou les plats d'argenterie, qui sont revenus chez l'orfévre, sont jetés au creuset et ne sont plus comptés que comme lingots. L'habit, qui va chez le frippier, est plus ou moins usé, et, si on le convertit en *renaissance*, c'est qu'il n'était plus portable.

(1) A moins que la valeur des métaux n'éprouve elle-même quelque perturbation qui la fasse décroître ou augmenter d'une manière sensible. Le fait est arrivé à diverses époques, mais rarement.

Le développement de la puissance productive rend donc accessibles à un nombre toujours croissant d'individus et de familles les objets qui primitivement étaient réservés à un petit nombre de privilégiés. Il remplace la rareté par l'abondance, la détresse de l'immense majorité par le bien-être et même l'opulence d'une proportion toujours croissante des membres de la société.

On peut exprimer autrement l'effet de la même cause en disant qu'elle dispense graduellement le grand nombre du travail écrasant auquel il fallait qu'il fût soumis et réduit, à l'origine, afin de procurer à la société les objets de première nécessité, sans lesquels elle serait littéralement morte de faim et de dénuement, et à quelques chefs le luxe dont, à tous les degrés de la civilisation, l'homme puissant recherche l'éclat sur sa personne, parmi son entourage et dans sa demeure.

Le progrès de la puissance productive de l'individu et de la société est un phénomène parallèle à l'élévation successive qu'a éprouvée la condition morale, sociale et politique du grand nombre, élévation où l'on peut distinguer les degrés suivants : l'abolition de l'esclavage, celle du servage, l'amélioration du salariat, et finalement l'association plus ou moins caractérisée entre le patron et l'ouvrier (1).

(1) Voir au sujet de l'association, page 431 de cette Introduction.

On a fait, au sujet de quelques-uns des objets que l'homme produit pour la satisfaction de ses besoins, des calculs approximatifs, dans le but de déterminer la progression qu'avait suivie la puissance productive, depuis l'origine des temps historiques ou depuis la naissance de l'industrie spéciale de ces objets. On a pu constater ainsi deux choses :

1° que le changement est très-grand : de 1 à 10, à 100, à 200, à 1,000 et plus ;

2° que, dans les cent dernières années, même dans le dernier demi-siècle, la transformation est infiniment plus marquée que dans aucune autre période antérieure.

Pour la mouture du blé, depuis le temps d'Homère (1), le progrès de la puissance productive, mesurée comme il a été dit plus haut (2), paraît être de 1 à 150 environ. Pour la filature du coton, depuis un siècle seulement, il est beaucoup plus fort. On trouve, dans un intéressant écrit, tout récent, sur les textiles, de M. Carcenac, membre du Jury des récompenses à l'Exposition de 1867, le renseignement suivant : Si l'on avait dû faire à la main tout le filé de coton que fabrique l'Angleterre en une année, au moyen de ses métiers *self-acting* ou automoteurs, qui portent jusqu'à

(1) Dans l'*Odyssée*, Homère, en parlant de la maison de Pénélope à Ithaque, indique la manière pénible dont se faisait alors la mouture. (*Odyssée*, ch. 20, v. 105, etc.)

(2) Page 10 de cette Introduction.

1,000 broches, — c'est-à-dire font 1,000 fils à la fois, — il y aurait fallu 91 millions d'hommes, soit la totalité de la population de la France, de l'Autriche et de la Prusse réunies (1).

Quelquefois, du jour au lendemain, l'invention d'un nouveau procédé, l'introduction ou le simple perfectionnement d'une machine ou d'un procédé chimique suffit pour modifier très profondément la puissance productive.

Parmi les nouveautés qui ont apparu à l'Exposition de 1867, on cite les grands changements apportés au métier à faire le tricot; une femme habile à tricoter fait 80 mailles par minute; avec le métier circulaire (2), elle en fera jusqu'à 480,000 : la progression est de 1 à 6,000.

Des faits pareils disent ce que le dénûment du commun des hommes devait être dans les temps anciens, où la puissance productive était si restreinte. La majorité ne pouvait être pourvue d'une manière supportable que dans les contrées où la population, presque exclusivement agricole, et dispersée sur un terrain fertile, se contentait des productions du sol, peu ou point élaborées, ou dans

(1) *Le Coton et sa culture, les plantes textiles, études faites à l'Exposition Universelle de* 1867, page 23. L'année choisie par M. Carcenac (1856) n'est cependant pas celle de la plus grande production de l'Angleterre.

(2) Voir ci-après le Rapport de M. Tailbouis sur les machines à tricot, tome IV, page 283; voir aussi celui de M. Alcan, tome IX, page 165.

celles dont le climat, par sa douceur, diminuait la somme des besoins de l'homme, ou encore dans les localités exceptionnellement privilégiées où l'on avait, comme à Rome, la ressource des tributs imposés à l'univers.

§ 2. — Concours de la science, du capital et de la liberté. — Observations particulières au sujet du rôle de l'esprit humain dans l'industrie.

Le progrès de la puissance productive de l'homme résulte de l'avancement des connaissances humaines et de la formation incessante des capitaux. Pourquoi, dans l'industrie du fer, la puissance productive de l'homme est-elle à ce point plus grande que du temps d'Homère, ou sous l'Empire Romain, ou pendant le moyen âge? Pourquoi, dans l'industrie de la filature, est-elle à Manchester, à Glasgow, à Mulhouse, à Rouen, en Suisse, en Saxe et dans le reste de l'Allemagne, si fort en avance de celle qu'on observe encore de nos jours dans l'Inde où l'on file à la main? C'est qu'on a bien plus de science, qu'on connaît beaucoup mieux les lois de la nature, et qu'on s'entend bien mieux à les faire tourner à l'avantage de l'industrie, aujourd'hui que du temps d'Homère, ou sous les règnes de Trajan et de saint Louis. De même dans le Lancashire et l'Écosse, l'Alsace et la Normandie, la Suisse et l'Allemagne, en comparaison des villages de l'Inde.

C'est qu'aussi par l'épargne, conjuguée avec un travail intelligent, on est parvenu, de nos jours, à former les capitaux considérables au moyen desquels le maître de forges ou le filateur peut, dans l'Europe moderne, ou pour mieux dire dans la civilisation occidentale (1), ériger ses vastes établissements et les garnir de machines d'une grande force ou d'une extrême dextérité.

Nous venons de dire qu'une des grandes causes efficientes du progrès de la puissance productive de l'homme, c'est l'avancement des connaissances. L'homme a pourtant aussi sa force physique; mais celle-ci est bornée et ne comporte guère d'accroissement. Le fort de la halle d'aujourd'hui ne porte pas sur son dos un plus lourd fardeau que celui du temps de saint Louis. La force musculaire moyenne de l'ouvrier français, de l'anglais, de l'allemand ou de celui des États-Unis, est aujourd'hui la même qu'il y a cent ans, ni plus ni moins. Quel n'a pas été, dans ce laps de temps, le progrès de la puissance productive! C'est que, dans l'industrie et dans tous les modes de son activité, l'homme vaut bien plus par sa raison que par sa force musculaire. Tandis que celle-ci est, à très-

(1) J'emploie ce terme de civilisation occidentale, au lieu de civilisation européenne, à cause des États-Unis, qu'il 'est impossible d'en séparer, parce qu'ils pratiquent les mêmes arts en suivant les mêmes procédés, et que, d'une manière plus générale, ils vivent sur le même fonds d'idées religieuses, morales, sociales, politiques et scientifiques.

peu de chose près, stationnaire, l'autre sans cesse
étend son empire et fournit à l'espèce humaine des
moyens nouveaux de mettre la nature à contri-
bution. Par son corps, l'homme est chétif et débile.
Combien d'animaux possèdent une force infiniment
supérieure à la sienne ! Il est un des êtres les plus
mal pourvus, en ce que ses organes, s'ils devaient
agir sur ce qui l'entoure, seuls et directement,
sans l'assistance des outils et des machines, le
laisseraient dans une impuissance humiliante en
comparaison des animaux dont chacun porte avec
lui, dans ses organes, quelque appareil parfaitement adapté à ses besoins. Mais l'homme a plus
que la compensation de cette infériorité, au premier abord surprenante, dans son intelligence pé-
nétrante, insatiable de savoir, toujours en quête
du mieux, toujours pressée de s'élever. Gage de
l'immortalité dans une autre vie, cette intelligence
est, dans la vie présente, l'instrument de la domination de l'espèce humaine sur le monde ; elle fait
de l'homme le roi de la création.

Par son intelligence, l'homme s'approprie les
secrets de la nature, découvre les forces qu'elle
recèle, et puis les assouplit à ses desseins et les
transforme en serviteurs, et c'est parce que ces
collaborateurs, pris en dehors de nous-mêmes, se
sont multipliés et ont été rendus de plus en plus
soumis et dociles par des conquêtes nouvelles de
l'esprit humain, qu'il a été possible à l'homme de
se soustraire à la triste nécessité où il s'était trouvé

dans les temps primitifs, d'asservir ses semblables. Si la navette et le ciseau marchaient tout seuls, disait Aristote, il n'y aurait plus d'esclaves. Ce que le grand philosophe de Stagyre supposait, sans oser l'espérer, est de nos jours une pleine réalité. A force d'observer la nature, nous avons trouvé dans son sein des forces immenses qui font marcher la navette — voyez les innombrables mécaniques qui opèrent sans que la main de l'homme s'en mêle, — qui font agir le ciseau, — voyez les merveilles des machines-outils, qui font fonctionner des instruments de toutes les formes, qui liment, rabotent, tranchent, percent les métaux les plus durs comme les substances les plus tendres. Aussi aujourd'hui l'esclavage est-il universellement regardé comme une insulte à la civilisation, comme un attentat contre le genre humain.

Parmi les auxiliaires que l'homme, par la puissance de son esprit, s'est procurés dans le monde dont il est environné, qui lui obéissent de plus en plus servilement, les uns sont animés : ce sont les animaux qu'il ploya dès l'origine à son usage et dont la variété est assez restreinte ; les autres sont inanimés, et ceux-là croissent à la fois par leur diversité et par l'énergie qu'on les force à déployer. Dans cette seconde catégorie se rangent : le cours et la pente des ruisseaux, des rivières et des fleuves ; les vents dont le choc fait tourner les ailes d'un moulin ou gonfle les voiles d'un navire ; la force élastique de la vapeur d'eau emprisonnée ; celle de l'air tantôt comprimé, tantôt dilaté par la chaleur ; celle de diverses autres substances dont la liste tend à s'allonger, on le verra plus loin.

Les appareils par lesquels sont mises en œuvre toutes les forces animées ou inanimées, que l'homme fait travailler à sa place et qui produisent le mouvement, sont les machines. Elles diffèrent des outils en ce que ceux-ci, à proprement parler, sont des organes supplémentaires par lesquels l'homme, lorsqu'il veut utiliser sa force personnelle, sa force musculaire, est obligé de suppléer à ce que les siens ont d'imparfait, même pour les actes les plus simples ; imperfection incontestable et que chacun de nous peut à l'instant même constater en essayant d'effectuer, sans le secours d'aucun instrument, quelque opération d'une grande simplicité, comme d'enfoncer ou d'arracher un clou, ou de pratiquer un trou dans le bois, la pierre ou même la terre.

Une autre série de collaborateurs auxquels l'homme a recours, sur de très-grandes proportions aujourd'hui, que son esprit a découverts, dont il dirige l'action, et qui sont dans leur genre tout aussi énergiques et aussi utiles que les forces mécaniques animées ou inanimées, est celle des attractions chimiques. Ces forces sont variées et irrésistibles, surtout quand on les active par une chaleur intense que, de plus en plus, on excelle à produire. Par leur forme et leurs dispositions, les appareils où elles sont mises en jeu diffèrent des machines proprement dites ; mais peu importe que l'aspect soit autre, c'est par le résultat qu'on doit les juger.

Le froid lui-même est devenu pour l'homme un moyen d'agir, un serviteur.

De même que la force invisible qui produit la foudre et qui jadis effrayait les mortels, à ce point qu'ils la confondirent longtemps avec le roi du ciel, a, depuis un petit nombre d'années, été domptée à ce point qu'elle travaille pour nous et qu'elle est devenue une messagère rapide comme la pensée; de même, les plus terribles poisons, ceux qui eussent épouvanté l'affreuse Locuste, deviennent des forces pour la guérison des maladies.

Toutes ces formes de la puissance, dont quelques-unes semblent des prodiges, c'est à son intelligence que l'homme en est redevable. On conçoit que, devant de tels gages de son pouvoir, il ait des accès d'orgueil et que, dans son ravissement, il pousse quelquefois jusqu'à la démence la satisfaction de soi-même.

De ce que, dans les œuvres par lesquelles l'industrie se révèle, l'intelligence de l'homme a une part infiniment plus grande que sa force musculaire, il suit nécessairement que, pour le succès de l'industrie, l'intelligence des hommes, qui se consacrent aux diverses branches de la production, doit être placée dans les conditions les plus favorables à sa fécondité. Ces conditions se résument le plus souvent dans un mot unique, la liberté.

C'est pourquoi la liberté du travail est d'absolue nécessité pour que les agrandissements de la puissance productive de l'individu et de la société suivent leur cours. On peut même, sans être téméraire, avancer d'une manière générale que, là où les institutions sociales, dans leurs différents genres, sont frappées au coin de la liberté, et où les mœurs et les opinions sont à la hauteur d'un tel régime, il y a toute raison de croire que la puissance productive de l'individu et de la société prendra un rapide essor, si elle ne l'a déjà fait.

## § 3. — L'industrie avec le concours de la science, du capital et de la liberté, et l'industrie sans ce concours.

Nous considérerons donc comme établi que la puissance productive est la résultante de trois forces : l'intelligence humaine, le capital successivement accumulé et la liberté.

La différence entre une industrie qui, grâce à l'intelligence de l'homme, a le concours de la science, et l'industrie qui en est dépourvue, est la même qu'entre l'homme qui voit clair et l'aveugle qui marche à tâtons.

On peut se faire une idée assez juste de la différence entre une industrie qui est privée du capital et une autre qui en est pourvue, en com-

parant la manière dont se fit le canal Mahmoudié,
entrepris par le vice-roi d'Égypte Méhémet-Ali,
entre Alexandrie et le Nil, et l'exécution, tout
auprès, du canal de l'isthme de Suez par la Compagnie Universelle de M. de Lesseps. Dans le premier cas, le travail était commandé à de malheureux
fellahs ramassés de force dans les villages voisins
et amenés à coups de bâtons sur les lieux, où ils
ne trouvaient ni outils pour leur labeur, ni approvisionnements pour subsister, et qui étaient obligés
de creuser la terre presque avec leurs ongles et de
se nourrir avec une poignée de haricots qu'on leur
distribuait à peine comme à des animaux; un grand
nombre périrent de fatigue et de faim : voilà l'industrie sans capital. Dans le second cas, des
ouvriers, venus principalement du continent euro-
ropéen, sont réunis sur le tracé du canal, y ont de
bons gîtes préparés d'avance, des vivres en abondance, la protection d'une excellente organisation médicale, avec un immense matériel de
machines construites à grands frais, qui les dis-
pensent de la partie la plus pénible de la tâche.
Ils touchent de beaux salaires ; leur santé se main-
tient, et, s'ils sont économes, ils rapporteront
dans leurs foyers une grosse épargne qu'ils auront
pu ramasser sans grand effort : voilà l'industrie
avec le capital.

La différence entre l'industrie qui est placée
sous le drapeau de la liberté du travail et celle qui
n'a pas le bonheur de vivre sous cet étendard, est

la même qu'entre l'individu qui a la disposition de
ses membres et celui qui est chargé de chaînes.

———

Après ces observations préliminaires, j'espère
que le lecteur n'attendra pas de moi que je lui
présente la liste raisonnée des inventions et des
perfectionnements que l'Exposition a constatés,
ou que je fasse connaître en détail de quelle façon
les progrès antérieurement acquis se sont répandus dans les diverses industries. Sur chacun
de ces points, les Rapports spéciaux, et d'un si
grand intérêt, qui remplissent douze des volumes de cette collection, — ceux qui sont consa-
crés à l'industrie manufacturière, agricole ou ex-
tractive, et à celle des transports, — ont pour but
de donner satisfaction au public, et la tâche a été
parfaitement remplie (1). Je ne saurais donc me

———

(1) Le tome I<sup>er</sup> a pour objet les *beaux-arts*, l'*histoire du
travail*, et l'exposé des motifs d'un *nouvel ordre de récompenses*, institué pour des faits de l'ordre moral, qui se sont
accomplis dans le sein du personnel des manufactures ou de
l'agriculture. Les beaux-arts et les faits de l'ordre moral ont
été appréciés par deux jurys, distincts l'un de l'autre et différents du jury nombreux qui s'est occupé de l'agriculture, des
manufactures, des industries extractives, de celle des transports, et généralement de tout ce qui était compris dans les
groupes II à X de l'Exposition et fait l'objet des douze tomes
de II à XIII, l'un et l'autre inclus. Celui qui écrit ces lignes
a eu l'honneur d'être chargé par la Commission Impériale, sur

livrer à une tentative qui serait un empiétement
sur les attributions de collègues que j'honore et
qui ont montré tant de savoir et de dévouement.
Tout ce qui m'est permis, c'est de rappeler les
faits qui ont été généralement considérés comme
les plus dignes de remarque, et je vais y procéder, non sans demander pardon de ce que l'é-
numération aura de trop incomplet.

la proposition du Conseil supérieur, conformément à l'article 25 du décret réglementaire du 9 juin 1866, du soin de
diriger et surveiller la publication du rapport, en ce qui concerne les douze volumes qui viennent d'être indiqués.

# DEUXIÈME PARTIE

## DES PERFECTIONNEMENTS APPORTÉS A L'INDUSTRIE

### SECTION I

#### Matières premières.

### CHAPITRE I.

#### LE FER.

§ 1. — Importance de ce métal; nécessité de l'avoir à bon marché et à bas prix. — Nouvel acier à bon marché; il se substitue au fer.

Occupons-nous d'abord du fer. Ce métal est incomparablement le plus utile de tous. L'or pourrait disparaître de ce monde sans que la civilisation en fût beaucoup troublée. Si demain, par l'effet d'un prodige subit, le fer nous était ravi, ce serait une indescriptible calamité. Tout rétrograderait : la civilisation serait du même coup frappée d'impuissance. Le fer est la substance principale, unique dans beaucoup de cas, de cet outillage si varié de forme et d'objet, dont nous nous armons pour triompher des éléments et les convertir en serviteurs, pour dompter et exploiter la nature. Non-seulement les machines, mais les outils, et beaucoup d'ustensiles sont surtout en fer. On fait en fer des navires, des ponts, des phares, de vastes édifices tels que des marchés, des églises même. On en fait des meubles (1). Le fer est d'usage universel et incessant. Tout ce qui abaisse le prix du fer, tout ce qui en améliore la qualité, est une acquisition précieuse pour la Société, l'origine de progrès nouveaux pour l'industrie envisagée soit en bloc, soit en détail.

En d'autres termes, la diminution du prix du fer ou l'élévation de sa qualité pour le même prix sont des circonstances essentiellement propres à déterminer l'accroissement de la *puissance productive* de l'homme et le développement de la *richesse* dans la Société. De là on peut conclure, en passant, que toute combinaison, législative ou administrative, qui enchérit le fer, est antiéconomique, pour ne pas dire antisociale.

Un des progrès qui, déjà en 1862, était plus que prévu, est la fabrication de l'acier Bessemer, due à l'ingénieur anglais dont elle porte le nom. C'est,

(1) Nous ne distinguons pas en ce moment entre les trois états sous lesquels le fer se présente. Voir ci-contre, page 37, la note placée au bas de la page.

à proprement parler, une rénovation de l'industrie du fer. Ce métal, à l'origine des temps historiques, était d'un prix élevé. Un morceau de fer était une récompense qu'on s'estimait heureux de gagner dans les joutes auxquelles se livraient les héros de la Grèce primitive. Depuis l'ouverture du XIXᵉ siècle, le prix du fer a été fortement réduit par l'amélioration des procédés, et spécialement par la substitution du combustible minéral au charbon de bois. Depuis un certain nombre d'années, la fonte (1), en particulier, se vend fréquemment, en Angleterre, sur le pied de 2 livres sterling (50 fr.) la tonne de mille kilogrammes, et, dans la même contrée, on a du fer forgé, sous la forme de rails de chemins de fer par exemple, pour le triple environ (2). Mais le fer forgé laisse

(1) On sait que le fer se présente et s'emploie dans l'industrie sous trois états : la *fonte*, matière bien plus fusible que les deux autres, facile à couler sous toutes les formes, mais cassante; le *fer* proprement dit, ou *fer forgé*, qui est difficile à fondre, ductile, nerveux et résistant à la fracture, se martelant très-bien et se soudant de même; l'*acier*, qui se distingue du fer en ce qu'il a plus de grain, et surtout en ce que l'opération très-simple de la trempe le modifie profondément; elle lui fait acquérir une grande dureté par laquelle il agit très-énergiquement sur les autres substances et sur le fer lui-même, pour les applanir, les limer, les percer ou les trancher. L'acier non trempé est un métal très-nerveux, résistant à la cassure plus que le fer.

(2) En France, les rails se vendent ordinairement de 25 à 30 francs plus cher.

à désirer pour plusieurs usages, et, par exemple, sur les chemins de fer, il est de peu de durée. La troisième forme du fer, c'est-à-dire l'acier, jusques à ces derniers temps, s'obtenait beaucoup plus dispendieusement dans la plupart des cas. L'acier fondu, qui est le plus recherché des couteliers, se vendait, sur le marché de Sheffield, la première ville du monde pour cette fabrication, de 1,000 à 2,000 francs la tonne, selon les qualités. Si les autres sortes d'acier étaient moins chères, elles étaient encore à de très-hauts prix, en comparaison du fer. Déjà, plusieurs années avant 1862, la fabrication, par le *puddlage* (1) de certaines fontes, avait fourni un acier à bon marché ; mais le procédé Bessemer, qui date de 1860, a fait mieux encore. En un mot, aujourd'hui l'on fabrique couramment et sur la plus grande échelle, à des

(1) Élaboration dans des fourneaux dits fours à *puddler*, d'un mot anglais qui signifie pétrir.

Le rapport si complet de M. Goldenberg, tome V, fait connaître en détail les différents procédés qui servent à fabriquer de l'acier. *Acier puddlé*, page 295. *Acier Bessemer*, page 296. *Acier Martin, acier Bérard*, etc., page 300.

Au sujet de cette industrie, on doit consulter aussi les travaux de M. Le Play (*Annales des Mines*, de 1845 et 1846). On peut lire aussi un mémoire récent de M. L. Grüner, inspecteur général des mines, *de l'Acier et de sa fabrication*, qui a paru dans les *Annales des Mines*, en 1867.

Je recommande, sur le même sujet, un travail de M. de Cizancourt, ingénieur des mines, qui a été publié dans les *Annales des Mines*, en 1863.

prix très-modérés, un acier qui satisfait à un grand nombre d'usages ; c'est ainsi qu'en France, à la fin de 1867, on vendait le Bessemer et l'acier puddlé de 310 à 330 francs, pendant que le fer courant était à 200 ou à 190 francs (1).

A ces deux procédés, il semble qu'il faille en joindre au moins un troisième, le procédé Martin, qui donne de très-belles espérances.

Si, au lieu du fer le plus commun, on en prend un d'une qualité passablement relevée, le nouvel acier, au lieu d'être plus cher, est, au contraire, à meilleur marché. Ainsi, en Westphalie, d'après des renseignements de la fin de 1867, tandis que le fer de bonne qualité était coté 36 thalers les 1,000 livres, soit environ 270 francs les 1,000 kilogrammes, l'acier puddlé brut, en fortes barres (de 45 millimètres sur 20 ou de 900 millimètres carrés de section), ne valait que 33 thalers, soit environ 247 francs les 1,000 kilogrammes. Ce même acier s'importe chez nous, en languettes trempées (de 60 à 80 millimètres de large sur 5 à 7 millimètres d'épaisseur), qui, au moment dont je parle, valaient 37 thalers les 1,000 livres, soit environ 28 francs les 100 kilogrammes.

Une réduction aussi marquée dans le prix de l'acier aura pour conséquence naturelle, d'ici à peu d'années, la substitution de l'acier au fer, dans

(1) Présentement ( juin 1868 ), diverses circonstances ont fait baisser, en France comme partout, le prix du fer,

tous les cas où il est avantageux d'employer un
métal de grande résistance.

Les navires en fer remplacent avantageusement les navires en bois. Entre autres supériorités,
ils ont celle de peser moins pour le même volume,
et, par conséquent, d'offrir un plus grand tonnage utile. L'acier possède, par rapport au fer,
le même avantage (1).

Une chaudière en acier offre la même résistance, avec un poids notablement moindre, qu'une
chaudière en fer et aura pour le moins autant de
durée. Il s'en fabrique beaucoup aujourd'hui.

Pour les ponts en fer, l'acier Bessemer et les
autres aciers à bon marché fournissent des ressources précieuses ; on obtient la même solidité
avec un poids beaucoup moindre.

La rouille ronge l'acier moins vite que le fer. En
général, les pièces des machines diverses, si elles
sont faites en acier, auront plus de légèreté et en
même temps plus de durée que si elles étaient
en fer.

Pour les rails des voies ferrées, la substitution
du nouveau métal au fer promet une amélioration
importante, non-seulement par l'économie qui en
résultera pour l'entretien de la voie, mais aussi
au point de vue de la sécurité du voyageur. On
se ferait difficilement une idée de la rapidité

(1) Les canots de tôle d'acier rendent de grands services
pour les sauvetages (Voir t. X, page 458).

avec laquelle s'usent les rails des lignes très-fréquentées. On estime que la durée d'un rail ne va pas au delà de quatre années, au voisinage des grandes gares comme celles de Paris, et au delà de huit ou dix ans sur l'ensemble d'une ligne fréquentée comme celle de Paris à Lille ou de Paris à Marseille. Avec l'acier on pourrait compter sur une durée de trente ou quarante ans. Le général Morin, en discutant les expériences qui ont été faites en Angleterre, est arrivé à la conclusion que les rails en acier Bessemer dureraient vingt-quatre fois autant que les rails en fer (1). Il suit de là qu'avec des rails en acier on ne sera plus sans cesse à remanier la voie, ce qui est une cause d'accidents. Les rails en acier étant plus difficiles à déformer, par exfoliation ou autrement, la chance des déraillements qui, depuis quelque temps, sont si multipliés et causent tant de dégâts et de malheurs, sera fort amoindrie.

Aussi, les Compagnies de chemins de fer se sont-elles déterminées à cette substitution, au moins pour la partie la plus fatiguée de leur parcours. En Angleterre, il y a déjà quelque temps qu'elles procèdent au changement. En France, elles

(1) Une mesure plus exacte du service qu'on peut tirer des rails est fournie par le nombre des trains au passage desquels ils résistent. On estime que, sur les 200 kilomètres de Paris à Tonnerre (ligne de Paris à Lyon et à la Méditerranée), les rails en fer sont hors de service après 85,000 trains.

ont été lentes à se décider, mais en ce moment
la Compagnie de Paris à Lyon et à la Méditerranée établit des rails en acier tout le long de
l'artère de Paris à Marseille, longue de 863 kilomètres (1).

Une telle transformation de l'industrie du fer
sera profitable aux forges qui pourront commodément se procurer des minerais propres à donner
un fer aciéreux, car elle leur assure un grand
avantage sur les autres. L'expérience, répétée dans
des circonstances variées, a montré que les minerais manganésifères satisfont, d'une manière exceptionnelle, à cette condition. Les pays qui recèlent
en abondance de tels minerais sont donc appelés
à en approvisionner les autres qui ne peuvent se
dispenser d'en vouloir. Sous ce rapport, le commerce de la Suède en minerai de fer semble
destiné à prendre un grand développement : tout
le monde connaît l'abondance des minerais de fer
donnant des produits aciéreux (2), qui est propre
à ce royaume. L'Espagne est appelée aussi à exporter des minerais de fer, à cause des mines
particulières que cette contrée présente, par
exemple sur les bords de la Bidassoa et aux
environs de Bilbao. De même, dans les Pyrénées
françaises, on peut citer plusieurs localités bien

(1) Il y entrera 137,000 tonnes d'acier Bessemer.
(2) Voir ci-après le rapport où M. Daubrée a présenté l'exposé des richesses minérales du globe terrestre, tome V, p. 5.

dotées en ce genre. Tels sont les environs de
Prades (Pyrénées-Orientales); ceux de Vicdessos,
dans le département de l'Ariége, où la célèbre
mine de Rancié, qui n'est pourtant pas la seule
de son genre dans la même vallée, offre des ressources inépuisables (1). On pourrait en dire autant
des minerais de fer des Alpes françaises (Dau-
phiné). La Sardaigne fournit aussi des minerais
qui se recommandent au même titre.

Une proportion assez médiocre de tels minerais
suffit pour conférer au fer la propriété aciéreuse.
Ainsi une seule mine de fer peut suffire à relever
la qualité des produits d'un grand nombre de
forges. En mélangeant des fontes ordinaires avec
une assez modique proportion, 7 à 8 pour 100,
de fonte lamelleuse ou miroitante (*Spiegeleisen*
des Allemands), extraite des minerais manganésifères, on arrive au même résultat.

L'exemple le plus frappant qu'on puisse citer
de ces minerais, qui possèdent la vertu d'élever la
qualité du fer où on les a fait entrer pour une
fraction médiocre, est celui de la mine de Mokta-
el-Hadid, près de Bone, en Afrique.

Les produits de cette exploitation, transportés
par un chemin de fer jusqu'au bord de la mer,
ont ensuite à traverser la Méditerranée pour se
rendre à Marseille ou à Cette. De là, ils franchis-

(1) Il ne manque à ces mines des Pyrénées que des chemins
de fer qui aillent prendre le minerai à la porte de la galerie.

sent des distances de plusieurs centaines de kilomètres pour atteindre les forges françaises qui,
malgré tant de frais, s'en servent encore avec
profit. L'établissement du Creuzot est un de ceux
qui emploient le plus le minerai de Bone; il est
pourtant à 540 kilomètres de Cette. Un pareil fait
dit assez à quel point ce minerai est avantageux.
C'est que non-seulement il est manganésifère,
mais aussi qu'il se distingue par une grande pureté
et une grande richesse; sa teneur en fer est de
66 pour 100.

On voit encore, par là, à quel point il serait convenable de faciliter, par l'amélioration des moyens
de transport, l'exploitation sur le sol français des
mines de fer qui présenteraient des avantages du
même genre, alors même qu'elles ne fourniraient
pas un minerai aussi riche ni tout à fait aussi
pur que celui de Mokta-el-Hadid.

### § 2. — Nouvel et puissant outillage des forges. — Progrès de la production.

Un aspect intéressant, sous lequel se présente
l'industrie des fers, et qui explique les progrès qu'y
a faits la puissance productive, c'est la grandeur
des moyens mécaniques qu'elle s'est mise à employer, depuis peu de temps, et, comme conséquence, la dimension et la perfection des produits qu'elle livre au commerce. Pour les navires
à vapeur des marines militaires, il a fallu des

pièces bien plus fortes que celles qu'on employait autrefois, surtout depuis qu'on les a cuirassés et qu'on a dû les munir de machines proportionnées à leur poids. De même pour les paquebots ayant de longs trajets à parcourir : l'exemple des chemins de fer ayant rendu général le désir d'une plus grande vitesse dans les autres moyens de locomotion, on s'est décidé à les pourvoir de machines beaucoup plus puissantes, et les organes de ces machines ont dû être en proportion de leur force et de la rapidité de leurs mouvements. On y voit des arbres de couche d'une dimension énorme; des bielles et des manivelles analogues ; enfin on munit ces paquebots de grands gouvernails d'une seule pièce de fer.

La fabrication des plaques épaisses et parfaitement soudées, que nécessitent le blindage des navires et la protection des fortifications sur terre, n'a pas peu contribué à obliger les forges à se procurer des moyens d'action plus puissants et un outillage en état d'exercer ou de transmettre les plus grands efforts.

On a éprouvé aussi le besoin de feuilles de tôles d'une très-grande longueur, dont la fabrication exigeait plus de force et diverses dispositions plus amples que celles qui suffisaient à des plaques plus courtes.

On s'est posé et on a résolu le problème de fabriquer, pour ainsi dire d'un seul coup, à la mécanique, des pièces qui auparavant résultaient de l'ajustage de plusieurs parties établies séparément. On peut citer en ce genre les bandages sans soudure, pour les roues destinées aux wagons de chemins de fer, et des fers en T de 25 à 30 mètres de long, ayant jusqu'à 1 mètre de hauteur d'âme. L'échelle sur laquelle ces diverses fabrications sont montées est si grande que MM. Petin et Gaudet ont pu livrer aux Compagnies de chemins de fer plus de six cent mille de ces bandages.

En résumé, l'industrie des forges a transformé sa production, en se pourvoyant d'un matériel tout nouveau et d'une puissance extrême. On retrouve ce fait à des degrés divers dans tous les grands établissements de ferronnerie de l'Angleterre et du continent; à cet égard, il convient de citer, en Angleterre, les ateliers de sir John Brown et de M. Cammell; en France, ceux du Creuzot; ceux de la circonscription de Rive-de-Gier, qui comprent les établissements de MM. Petin et Gaudet, de MM. Marrel frères et de MM. Russery et Lacombe; en Prusse, ceux de M. Börsig, de Berlin; en Autriche, ceux de M. de Fridau, en Styrie et en Carinthie.

Le curieux qui est admis à visiter les forges de cet ordre se croit transporté au milieu des Titans, car les engins qu'il observe lui semblent proportionnés à la taille et à la vigueur d'Encelade et de Briarée, et non pas à la stature et aux muscles de simples mortels. On y voit, par exemple, des marteaux-pilons de 20,000 kilogrammes.

Les moyens de laminage sont incomparablement plus énergiques qu'autrefois, au grand avantage de la qualité des produits qui, par là, sont mieux soudés. La mécanique s'est de plus en plus substituée à l'homme, dont les membres sont trop exigus et trop débiles quand on les rapproche du volume et de la pesanteur des objets à fabriquer (1). Qu'on se rende compte, si l'on peut, de la puissance qu'il faut déployer pour obtenir des plaques de blindage, bien soudées, de 46 centimètres d'épaisseur, comme celles qu'on fabrique chez sir John Brown (2) !

Telle est la perfection à laquelle a été porté l'outillage que, dans la même industrie, à côté de ces plaques massives, on produit des feuilles de tôle, minces à ce point que 4,000, l'une sur l'autre, ne font qu'une épaisseur de deux centimètres et demi.

Par l'intensité et l'abondance du calorique, on a réalisé les mêmes prodiges que par la mécanique. A l'Exposition de 1851, M. Krupp, qui occupe dans l'industrie de l'acier une si grande si-

_____

(1) Un des établissements de Rive-de-Gier a exposé une pièce de forge, un arbre, qui pesait 30,180 kilogrammes.

(2) Les rapports de M. Goldenberg, et ceux de MM. Fuchs et Worms de Romilly, tome V, pages 292 et 483, et de M. Martelet, tome V, p. 546, indiquent les développements qu'a pris l'outillage des forges et les noms des établissements qui se font le plus remarquer à cet égard. Ceux que je viens de citer n'en forment qu'une faible partie.

tuation, exposa une masse d'acier fondu de 2,000 kilogrammes; cela parut fort beau. En 1855, il en apporta une de 5,000 kilogrammes; on admira davantage; en 1862, il monta à 20,000 kilogrammes; on dit que c'était la limite du possible. En 1867, il a montré, au Champ-de-Mars, un bloc de 40,000 kilogrammes (1).

Une branche spéciale de l'industrie du fer, la fabrication d'objets d'art en fonte, poursuit le cours de ses progrès. On a justement admiré les expositions de MM. Barbezat, Ducel, Durenne. On y remarquait des pièces de premier jet, où le fini des surfaces ne laissait rien à désirer. Les grandes fontaines ruisselantes, que deux de ces habiles manufacturiers avaient érigées, près de la porte d'honneur, frappaient tous les regards.

Indépendamment des changements survenus dans les procédés qui servent à produire le fer, il est bon de noter, comme un symptôme qui révèle la grandeur des développements de l'industrie en général, l'extension que cette fabrication a reçue. Elle est remarquable dans tous les États civilisés; mais en Angleterre, elle s'accuse plus fortement que partout ailleurs. La production de la fonte brute, dont toutes les autres sortes de fer sont des dérivés, et qui par elle-même

(1) Voir le Rapport de M. Barbedienne, tome III, p. 289, et celui de M. Oudry, tome VIII, p. 171.

est un produit utile, a atteint, dans le Royaume-Uni de la Grande-Bretagne et de l'Irlande, pendant l'année 1866, le chiffre de 4,600,000 tonnes (de 1,000 kilogrammes), dont l'Écosse seule a fourni un million. Il y a dix ou douze années elle n'était que de 3 millions de tonnes (1). La production du Royaume-Uni en fonte fait la moitié environ de celle de tout ce que nous appelons ici la civilisation occidentale, comprenant l'Europe et l'Amérique.

La quantité exportée par l'Angleterre, en fers de toute espèce, a été, pendant la même année, de 1,687,000 tonnes. A lui seul, le transport d'une masse pareille suffirait à occuper toute une marine (2).

(1) En voici le détail :

*Fer exporté par l'Angleterre en 1866.*

| | |
|---|---|
| Fonte brute et massiaux. . . . . . . . . . | 508,508 tonnes. |
| Fer en barres, en tiges et cornières. . | 273,689 — |
| Fer à l'usage des chemins de fer. . . . | 505,989 — |
| Fils de fer. . . . . . . . . . . . . . . . | 22,893 — |
| Fonte moulée. . . . . . . . . . . . . . . | 77,623 — |
| Fer ouvré. . . . . . . . . . . . . . . . . | 238,490 — |
| Acier brut et ouvré. . . . . . . . . . . . | 43,758 — |
| Riblons. . . . . . . . . . . . . . . . . . | 16,098 — |
| Total. . . . . . . . | 1,687,048 tonnes. |

(2) Pour la production des divers pays et les accroissements qu'elle a éprouvés, voir le tableau consigné au Rapport de MM. Fuchs et Worms de Romilly sur les fontes et fers, tome V, page 545.

En 1740, l'Angleterre produisait 17,500 tonnes de fonte brute ; en 1806, 250,000 (1).

Au commencement du siècle, un relevé fait avec soin par un habile ingénieur M. Héron de Ville-fosse (2), portait la production de l'Europe entière et de l'Amérique, en fer forgé et fonte moulée à 772,000 tonnes, ce qui correspond à 1,100,000 tonnes de fonte brute, au maximum.

Pour donner une idée de la masse des matières sur lesquelles s'exerce aujourd'hui l'industrie du fer, et qui subissent, sur une étendue plus ou moins grande, l'opération du transport, il suffit de rappeler que le total des minerais de fer extraits du sol de l'Angleterre pendant l'année 1866, sans compter l'importation des minerais étrangers, a été d'au moins 10 millions de tonnes (de 1,000 kilogrammes) (3). Le *North riding* du Yorkshire, l'Écosse et le Cumberland en ont fourni plus de la moitié. La production semblable de la France, en 1864, a été de 3,136,710 tonnes ; elle a dû croître de 1864 à 1866.

La quantité de combustible, employée dans la même fabrication (la fonte proprement dite), a dû en Angleterre dépasser, et en France égaler au moins celles des minerais.

(1) Porter, *Progress of the Nation.*
(2) *Richesse minérale* ; tome I, p. 240.
(3) Un relevé incomplet, qui a été publié, porte 9,809,000 ton-nes (de 1,000 kilogrammes.)

Il y a quarante ans, en France, lorsque la fabrication du fer se faisait presque toute au charbon de bois, un haut fourneau rendait par jour de 3,000 à 5,000 kilogrammes de fonte. Aujourd'hui il y a des hauts fourneaux au combustible minéral qui vont à 50,000 kilogrammes.

En examinant le relevé de la production comparée des différents pays, auquel nous avons renvoyé, on est d'abord porté à penser que la quantité de fer que produisent les États-Unis n'est pas en rapport avec leur degré de civilisation et leur richesse. Le fait est qu'ils ont le bois en quantité immense et à bas prix, et qu'ils excellent à le travailler Ils en font ainsi des constructions qu'ailleurs on établit en fer. Une particularité de leur industrie sidérurgique est qu'une bonne partie de leur fonte brute est fabriquée sans autre combustible que l'anthracite.

# CHAPITRE II.

## LA HOUILLE.

—

§ 1. — Nécessité de l'économiser. — Générateur et four de M. C.-W. Siemens. — Four annulaire de M. Frédéric Hoffmann. — De l'épuisement possible des houillères.

Après le fer, qui est de tous les corps le plus nécessaire à l'homme industrieux, parlons de la houille; c'est elle qui, par ordre d'utilité, vient après ce métal.

A toutes les industries à peu près, ce combustible est nécessaire, parce qu'il se manifeste par deux effets considérables, quoique fort distincts : la chaleur proprement dite, agissant directement sur les corps, et la force motrice qu'on obtient en employant la houille à chauffer une chaudière remplie d'eau, qui, sous cette influence, se change en vapeur. Pour plus de précision, on pourrait dédoubler le premier de ces deux effets pour en distinguer un troisième : l'action chimique des gaz produits dans les fourneaux par la houille crue ou carbonisée (coke), action qui est fortement favorisée par la chaleur développée dans ces appareils.

Augmenter sensiblement le résultat d'un combustible donné, c'est rendre à l'industrie un service d'une grande étendue; à ce point de vue, il y a lieu de signaler le système de M. Siemens (1), qui consiste à produire dans un générateur des gaz combustibles, et à les conduire dans des fours, où il sont consumés pour les divers usages auxquels

---

(1) Voir le rapport sur l'Exposition de Londres, 1862, tome VI, page 509; le tome III, page 149, du présent *Recueil*, où la description de cet appareil ingénieux a été donnée par MM. Peligot et Bontemps dans leur remarquable travail sur la verrerie; le tome V, ci-après, page 352, rapport de M. Goldenberg sur l'acier, et le rapport de M. Lan sur le matériel de la métallurgie, t. VIII, p. 92.

on veut pourvoir. Il se recommande d'abord par l'économie, ensuite parce qu'il permet de tirer de grands effets de combustibles qui, jusqu'ici, étaient hors d'état de rendre des résultats aussi prononcés que la houille. Ainsi, dans le système Siemens, on se sert très-convenablement du bois ; pareillement on peut y utiliser la tourbe.

Aux industries qui exigent un grand déploiement de chaleur intense les appareils Siemens procurent une économie très-considérable. Dans l'établissement de M. Verdié (Rive-de-Gier), où l'on fait de l'acier fondu, il suffit, avec ce système, de 1,000 kilogrammes de houille pour fondre 1,000 kilogrammes d'acier. Auparavant, quand on avait des fours d'une autre forme, où l'on employait le coke, il fallait 6,000 kilogrammes de houille pour produire le même résultat, et c'était de la houille plus chère, du gros au lieu de menu ; de plus, les creusets, qui ne supportaient que quatre opérations dans les fours au coke, servent six fois dans les fours Siemens de M. Verdié (1).

Les Anglais, qui ont cependant la houille à meilleur marché que nous, font déjà un grand usage du générateur et du four Siemens : les vastes ateliers de Crewe (chemin de fer du Nord-Ouest), ceux de M. Armstrong, à New-Castle, les forges de la Mersey, à Liverpool, et d'autres grands établissements de la Grande-Bretagne donnent, à ce point

(1) Voir ci-après, tome V, p. 358, rapport de M. Goldenberg.

de vue, un exemple que nos forges, qui payent la
houille plus cher, ne sauraient trop s'empresser
d'imiter.

Le four annulaire de M. Frédéric Hoffmann, de
Berlin, pour la fabrication des terres cuites et poteries, y compris les briques, mérite d'être noté
parmi les appareils qui économisent le combustible. Plus de deux cents de ces fours fonctionnent
en Allemagne, et on en compte une trentaine en
Angleterre. M. Drasche, de Vienne (Autriche), en
a dans son établissement dix-neuf. Sa fabrication
s'élève à 200 millions de briques environ. L'économie du combustible paraît être des deux tiers (1).

Ce serait une exagération que de dire que le
genre humain est au moment de manquer de combustible. Il faut pourtant reconnaître que, dans les
pays même où le bois était le plus abondant et où
naguère on considérait les forêts comme un obstacle, tout au moins comme une superfluité em-
barrassante, les déboisements ont marché si vite
qu'on a lieu désormais d'y moins prodiguer le
combustible végétal et le bois sous toutes les
formes. Une partie des États-Unis est dans ce cas,
et dans l'empire de Russie, même parmi les provinces du Nord (2), on cite des villes de première

(1) Voir la description du four de M. Frédéric Hoffmann
dans le rapport de M. Baude, tome X, page 96.
(2) Il résulte des renseignements consignés au rapport de
M. Émile Fournier, tome VI, p. 26, que, à Moscou, le bois de

importance où le bois à brûler est devenu fort cher(1). Ce ne sont pas seulement le défrichement et la dévastation qui font disparaître les forêts, quoiqu'ils y contribuent pour une grande part. Dans les localités qui sont à une médiocre distance des fleuves navigables, et à plus forte raison de la mer, on les exploite, si la vente est facile, jusqu'à épuisement, pour avoir des bois de charpente et de menuiserie. C'est ce qui se présente, par exemple, en Amérique, dans le pays desservi par le canal Érié, avec ses ramifications nombreuses, et le fleuve Hudson; de même, dans la vallée du fleuve Saint-Laurent, au Canada. L'industrie se répand partout aujourd'hui, et, lorsqu'elle trouve des mines métalliques à portée des forêts, elle dévore les bois avec une telle avidité, qu'il devient indispensable, même dans les territoires surabondamment pourvus, de donner des soins attentifs aux forêts pour lesquelles jusqu'ici l'on n'avait aucun souci.

Dans beaucoup d'États, on devra, avant qu'il soit longtemps, adopter un système d'aménagement analogue à celui dont l'Allemagne, en

chauffage serait aussi cher qu'à Paris. Le même fait a été mentionné par d'autres auteurs, et, entre autres, par M. Clavé, qui dit même que le bois coûte 30 pour 100 plus cher à Moscou. (*Études sur l'économie forestière*, page 262.)

(1) Dans les steppes qui occupent un si grand espace du midi de l'Empire de Russie, le bois est très-rare. Le nord, au contraire, n'était originairement qu'une forêt.

cela exceptionnellement avancée, offre de si bons modèles. Déjà la Suède, où les forêts forment une importante partie de la richesse nationale, en a donné l'exemple. Dans d'autres contrées, par les mêmes motifs, le reboisement d'espaces autrefois couverts de forêts magnifiques, et aujourd'hui en grande partie dénudés, appelle la sollicitude des pouvoirs publics et l'industrie intelligente des particuliers. La France suit, pour le reboisement de ses montagnes, un plan bien conçu qui honore son administration. L'Espagne se montre disposée à entrer dans la même voie. S'ils sont bien inspirés, les autres États du midi de l'Europe répéteront les mêmes efforts, afin de réparer les ravages causés par l'incurie de l'exploitation et par le laisser-aller avec lequel on a abandonné les forêts à la funeste dépaissance des chèvres.

Un bon système de culture peut régénérer les forêts et en faire, pour l'espèce humaine, un réservoir inépuisable de calorique et de force motrice. Il n'en est pas de même de la houille : les dépôts de ce combustible puissant s'épuisent et ne se renouvellent pas. Dans l'état actuel des appareils, il est d'un usage tellement commode que l'industrie le préfère à tout autre, autant qu'il lui est possible, et, dans ses développements rapides, elle en consomme des quantités croissantes, tellement qu'on en est venu à se demander, dans plus d'une contrée, si l'on en avait encore pour longtemps. La question ne peut, il s'en faut,

recevoir partout une réponse uniforme, puisque
les différents gisements de houille sont extrêmement inégaux en étendue et en richesse, et que
l'énergie avec laquelle on les attaque ne varie pas
moins d'un pays à un autre. Dans beaucoup de
cas, pourtant, il est fort opportun qu'elle soit
posée, examinée et discutée, car le plus grand
nombre des bassins houillers, tels du moins qu'ils
sont reconnus aujourd'hui, ne renferment que des
ressources assez limitées par rapport à ce que
leur demande l'industrie humaine, avec ses consommations de plus en plus larges. Les gisements
de la France, par exemple, qui sont peu nombreux
en comparaison de ceux de l'Angleterre, de la
Belgique et des États-Unis, ne semblent pas devoir
aller très-loin. Celui de tous qui est aujourd'hui le
plus productif, le bassin de Saint-Étienne et de
Rive-de-Gier, paraît devoir, d'ici à un siècle, ap-
procher de son terme. Pour la génération présente,
un tel espace de temps répond à toutes les préoc-
cupations, si elle ne songe qu'à ses besoins personnels ; mais pour un peuple qui veut avoir
un avenir indéfini, il en est autrement, d'autant
que les forêts, auxquelles il faudra s'adresser un
jour pour remplacer le combustible minéral, ne
sont pas chose qui s'improvise. C'est en matière
pareille qu'il y a lieu de dire que le temps est un
élément indispensable au succès des entreprises
de l'homme.

Parmi tous les gîtes houillers de l'Europe et du

monde, ceux de l'Angleterre jouent, incomparablement aujourd'hui, le plus grand rôle, en ce
qu'ils ne se bornent pas à alimenter l'industrie
britannique, si variée, si active, si grande par ses
proportions, en lui fournissant à la fois la chaleur
et le mouvement; non-seulement ils ont, en outre,
à répondre dans les Iles Britanniques aux besoins si étendus du chauffage domestique et des
cuisines, et à ceux de l'éclairage au gaz qui y est
d'usage universel, ils subviennent aussi à ceux
d'une partie de l'industrie du genre humain; ils
envoient leur extraction jusques aux antipodes.
L'exportation de houille de l'Angleterre est de
10 millions de tonnes et elle augmente journelle-
ment. Elle n'était pas du tiers en 1850.

Depuis un petit nombre d'années, les Anglais
se sont inquiétés de savoir jusques à quelle époque
ces gisements, vastes et épais, où la houille est
à la fois abondante et de bonne qualité, pouvaient satisfaire à la demande de plus en plus
grande qui leur est adressée. Plusieurs hommes
éminents ont examiné le sujet avec une patriotique sollicitude. Le parlement lui-même s'en est
ému, parce que quelques-uns des savants et des
praticiens, qui avaient dirigé leur attention de
ce côté, avaient poussé des cris de détresse :
M. Édouard Hull, du *Geological Survey,* sir William Armstrong et M. Taylor (1) étaient arrivés

(1) *Statistics of Coal.*

à peu près au même résultat, qu'on n'en avait guère que pour 200 ans. Une enquête a été ordonnée, et elle suit son cours. Elle est dirigée par une des illustrations de la science géologique, sir Roderick Murchison. On procède, sous la direction du comité d'enquête, à une exploration des différents bassins. Dans l'état actuel des choses, et avec les matériaux qu'on possède, la question ne saurait être résolue qu'imparfaitement. Mais déjà, il est hors de doute que l'industrie anglaise est, en fait de houille, beaucoup mieux assurée de son avenir que la partie de l'industrie française qui vit sur l'extraction indigène.

### § 2. — Fabrication des agglomérés avec la houille menue.

La nécessité, qui se fait sentir, d'aménager mieux la dot que l'industrie a reçue une fois pour toutes de la nature, en combustible minéral, et le besoin qu'ont éprouvé beaucoup d'exploitations houillères de tirer parti de la houille menue qui, dans beaucoup de cas, ne trouvait aucun débouché, ont donné naissance à une industrie qui a été très-bien décrite par M. Fuchs (1), celle des *agglomérés*.

Tout le monde sait que la houille se vend d'autant plus cher qu'elle est en plus gros mor-

(1) Voir ci-après tome V, page 259. Voir aussi le Mémoire de M. Grüner dans les *Annales des Mines* de 1865.

ceaux. En poussier ou menu, elle n'a que peu de valeur, par diverses raisons : le menu est d'un emploi incommode, étant sujet à passer à travers les barreaux de la grille; toutes choses égales d'ailleurs, il a une moindre puissance calorique; il est beaucoup plus impur par le mélange de schiste, à moins qu'on ne lui fasse subir l'opération du lavage, qui est coûteuse. Quand il provient d'un charbon maigre, et à plus forte raison de l'anthracite, il est à peu près sans emploi; même quand il est d'un charbon gras, si l'on n'a pas l'occasion de le convertir en coke à l'usage de la métallurgie, il ne rencontre preneur qu'à de mauvaises conditions. On a cité des mines anglaises où l'exploitant brûlait le menu pour éviter d'avoir à payer au propriétaire du gisement la redevance proportionnelle convenue sur l'extraction utile.

Il y a déjà longtemps qu'on avait eu l'idée de convertir la houille menue en briquettes, en la mêlant avec un peu d'argile qui lui donnait du liant; mais c'était gâter le combustible, et la liaison était fort imparfaite. En dernier lieu on a pensé qu'en substituant à l'argile le goudron des usines à gaz, ou mieux encore une certaine proportion du brai sec provenant de ce goudron, et en soumettant le mélange, dans des moules, à une très-forte pression, avec l'assistance de la chaleur, on obtiendrait des résultats bien plus avantageux.

Les essais successifs auxquels on s'est livré ont réussi au delà de l'espérance des inventeurs.

On obtient ainsi un combustible d'une grande puissance, très-compacte, qui ne se brise pas; il
est vrai qu'on a fait subir aux briquettes, dans le
cours même de la confection, une pression de 100
à 150 atmosphères. On en fabrique aujourd'hui,
à l'usage des locomotives, de rondes, dont chacun
a pu observer des tas dans les gares principales des chemins de fer français. On en fait
d'autres, de forme quadrangulaire, qui, sur les
navires, s'arriment parfaitement en occupant
moins de place que les rondins.

Les briquettes rendent des services attestés
par le prix auquel le consommateur consent à les
payer, prix égal ou supérieur à celui du gros.
On s'efforce maintenant de les produire sans recourir à l'addition du brai, parce que celui-ci
devient de plus en plus cher, et, pour les charbons
gras, on paraît être au moment d'arriver.

Les ingénieuses machines qui servent à l'industrie des agglomérés sont variées; celle de
M. Évrard est encore celle qui a le plus de succès. La production des agglomérés est déjà parvenue à un million de tonnes pour la France et la
Belgique seulement.

On peut nommer ici une autre industrie intéressante, mais beaucoup moins étendue, qui a pour
objet de remplacer le charbon de bois, dans les
usages domestiques, à Paris principalement, au
moyen de l'agglutination et de la calcination du
poussier de houille et de coke. Cette industrie,

qui emploie certains déchets des usines à gaz
(poussier de coke, huiles lourdes), a été décrite
dans ce *Recueil*. Elle n'est pas sans se développer, mais elle n'a de chances de succès qu'auprès
des villes très-peuplées où, par la force des choses, le charbon de bois nécessaire à la cuisine
est d'un prix exceptionnellement élevé (1).

### § 3. — L'Anthracite. — Parti qu'on pourrait en tirer en Europe.

L'anthracite est une variété de combustible minéral qui se distingue de la houille proprement
dite et des lignites, en ce que, ne contenant pas
de bitume, il ne donne pas de fumée. Quand il
est à peu près exempt de pyrite de fer, il brûle
sans odeur. C'est pour le chauffage domestique un
combustible d'une grande commodité. Il se con-
sume avec lenteur, quoiqu'il dégage un degré de
chaleur parfaitement suffisant pour le chauffage
des appartements, même dans les pays froids.
On brûle l'anthracite dans un foyer à grille qui
a de la ressemblance avec les appareils employés
ordinairement pour se chauffer à la houille (2). A
la condition qu'on ait soin de charger la grille

(1) Voir tome V, page 264, le rapport de **M. Fuchs** sur les
combustibles artificiels.

(2) Il en diffère en ce que le tirage est beaucoup plus
fort.

trois ou quatre fois par vingt-quatre heures, le feu ne s'éteint pas, dans les chambres, de tout l'hiver, et, dans les cuisines, de toute l'année.

Les Américains du Nord qui, en 1812, alors que la houille leur manquait (1), avaient cru pouvoir conclure de quelques essais tentés sur l'anthracite, à Philadelphie, que cette substance noire et brillante ne brûlait pas, sont parvenus depuis, par des dispositions très-simples, à l'embraser facilement, et ils s'en servent pour tous les usages domestiques, de préférence à tout autre combustible. Ils ont non-seulement des foyers disposés dans des cheminées, mais des poêles et des calorifères où l'anthracite se comporte fort bien. C'est ainsi que, aux États-Unis, on trouve l'usage de l'anthracite dans les salons, les chambres à coucher, les bureaux, les cuisines, partout où il est possible d'en faire venir de la Pensylvanie, car c'est le seul des États de l'Union où on le rencontre, mais il s'y présente avec une remarquable abondance. L'industrie, dans ses opérations diverses, ne l'emploie pas moins que l'économie domestique. Il résulte de la grande statistique des États-Unis, de 1860, que l'extraction de l'anthracite était alors de près de 10 millions de tonnes (de 1,000 kilog.), celle de toutes

(1) Le charbon de Virginie et celui de la Nouvelle-Écosse, qui venaient à Philadelphie par mer, étaient interceptés par les croisières de l'Angleterre, avec laquelle on était en guerre.

les houilles proprement dites étant au-dessous de 6 millions (1). On sait pourtant que les gisements de houille proprement dite abondent aux États-Unis et que les exploitations en sont multipliées.

La France possède un certain nombre de mines d'anthracite dont les plus remarquables sont situées dans les départements subalpins, et entre autres dans l'Isère. Il est à regretter que, dans cette région, l'on n'ait pas cherché à imiter les Américains de toutes les classes, qui se servent si heureusement de l'anthracite pour tous les usages domestiques et qui l'emploient avec non moins de succès dans la métallurgie et dans l'industrie en général. A l'égard de la métallurgie, une tentative a eu lieu, il y a une quarantaine d'années, sur l'anthracite, à Vizille. Elle échoua. Mais l'expérience tentée en 1812 par les usiniers de Philadelphie, pour alimenter leurs fourneaux avec l'anthracite, avait échoué aussi. Ils ne se sont pas découragés; ils ont recommencé les essais; ils ont recueilli le fruit de leur persévérance, et le pays en jouit.

(1) Les chiffres respectifs fournis par la Statistique des États-Unis donnent, quand on les convertit en tonnes de 1,000 kilogrammes, 9,549,000 et 5,867,000. Depuis 1860 l'extraction s'est beaucoup développée.

# CHAPITRE III.

LE COTON. — CRISE DE 1861 A 1865. — COMMENT
ON EN EST SORTI.

La puissance qui, de nos jours, est acquise à l'industrie a été mise à l'épreuve par la crise cotonnière, qui fut la conséquence de la guerre civile des États-Unis. Quand éclata cette guerre, en 1861, les manufactures de l'Europe dépendaient principalement de l'Union américaine pour leur approvisionnement. On estime qu'alors, sur 850 millions de kilogrammes de coton brut employés en Europe, les États-Unis en fournissaient 716, plus des cinq sixièmes (1). Subitement, cette ressource fut interceptée presque en totalité, soit parce que la culture fût restreinte dans les États du Sud, seuls producteurs de la denrée, soit parce que le gouvernement des confédérés du Sud en suspendît l'exportation, dans le but d'obliger l'Europe à prendre fait et cause pour lui-même ; il pensait que la *famine du coton* déterminerait, bon gré mal gré, à le soutenir les nations de cette partie du monde si industrieuse. D'ailleurs, le gouvernement de Washington, de son côté, bloquait de son mieux

(1) C'est ce qui résulte des renseignements fournis par M. Engel-Dollfus, dans le travail si complet dont on lui est redevable. Voyez tome VI, page 186.

les ports du Sud. Dans ces circonstances, la quantité de coton des États-Unis, qui vint au pouvoir de l'Europe, ne fut plus, la première année, que de 108 millions de kilogrammes, et, la seconde, que de 25. Les autres contrées, fort nombreuses, dans lesquelles le coton était cultivé ou pouvait l'être, furent, par l'appel énergique qui leur fut adressé et par le sentiment de leur propre intérêt, mises en demeure de suppléer les États-Unis. Parmi ces contrées, la première, par ordre d'importance, était l'Inde ; ensuite, venaient l'Égypte et le Brésil. Le Levant, les Antilles et, en dehors du Brésil, plusieurs parties du continent américain, dans les régions équinoxales, pouvaient exporter quelque chose; l'Algérie, l'Italie même donnaient des parcelles qui pouvaient se développer. L'Inde monta successivement de 92 millions de kilogrammes, son exportation de 1861, à 253 millions en 1864. La somme payée à l'Inde pour prix de son coton était de moins de 88 millions de francs en 1860; elle s'éleva, en 1864, à plus de 705; dans cette augmentation, la hausse des prix cumulait ses effets avec l'accroissement même de la quantité. L'Égypte accrut sa production, de manière à envoyer à l'Europe, non plus 25 ou 30 millions de kilogrammes, mais au delà de 80. Le Brésil s'appliqua avec intelligence à développer la sienne, et exporta plus de 27 millions, en partant de 7. La Cochinchine expédia quelques millions de kilogrammes. L'Australie, dans la pro-

vince qui porte le nom de Queensland, et qui est
à peine peuplée, se comporta de manière à donner beaucoup d'espérances pour l'avenir; les manufacturiers français qui ont employé le coton
de cette provenance disent qu'ils ont été frappés
de sa qualité. La Turquie, particulièrement dans
l'Asie mineure, la Grèce, l'île de Malte, l'Algérie,
dans la limite de ses pouvoirs et avec le peu d'irrigation qu'elle a pu se donner jusqu'à ce jour,
l'Italie, dont les provinces méridionales sont propres à cette culture, notamment la riche plaine
qui s'étend de Capoue à Naples, augmentèrent
leur culture cotonnière. Quelques autres contrées
plus éloignées, le Pérou, par exemple, et les Indes-
Occidentales, s'ingénièrent de leur mieux, en uti-
lisant, à cet effet, le matériel que pouvait leur expédier l'Europe mécanicienne.

Dans quelques-uns de ces pays la culture du
coton a rencontré des obstacles. Dans l'Asie-Mi-
neure, à Tarsous par exemple, les capsules de
la plante, parvenues à maturité, ne se compor-
tent pas comme dans la plupart des autres contrées, faute probablement d'une chaleur suffisante.
Ailleurs elles s'ouvrent de manière qu'il n'y ait
plus qu'à cueillir à la main les houppes de duvet;
à Tarsous, elles restent fermées indéfiniment; il
fallait inventer une machine qui brisât l'enveloppe
dure de la capsule, sans en mêler les débris à la
fibre textile. Le problème est résolu par un mécanisme rustique qui a figuré à l'Exposition. Il prend

la moitié d'un cheval de force, mais permet à une ouvrière de faire l'ouvrage de plus de vingt (1).

En France même, sur les bords de la Méditerranée, on a fait, sur une fort petite échelle, il est vrai, des tentatives qui ont été couronnées de succès, entre autres sur la plage de Pérols, près de Montpellier (2), dans les sables des dunes. Le coton non-seulement y est venu à parfaite maturité, mais encore il a pu être récolté, en partie, dès la fin du mois d'août, et le reste dans le courant de septembre, alors que, sur des terrains plus riches du voisinage, le coton n'a été mûr qu'un mois plus tard.

En proie à l'anarchie et à la guerre, le Mexique, qui a cultivé le coton avec succès de tout temps, même avant l'arrivée des Européens, parce que son climat s'y prête fort bien, ne prit aucune part à ce mouvement. En revanche, la Perse, à laquelle on ne pensait guère, a apporté quelque chose.

Depuis la cessation de la guerre civile des États-Unis, les pays, jusque-là non producteurs, du moins pour le marché général, ou peu adonnés à ce commerce, n'ont pas discontinué leurs efforts, quoique les prix fussent moins encourageants.

(1) Voir tome IV, page 169.
(2) Ces essais, dus à M. Hortolès fils, habile pépiniériste de Montpellier, ont fait l'objet d'un rapport spécial de M. Focillon. Voir tome VI, page 222.

Ainsi, le Brésil a livré à l'Europe, dans la campagne de 1866-67, comme dans les années de la grande cherté, le quadruple de ce qu'il lui fournissait avant la crise. L'Égypte persiste aussi dans son accroissement de production.

Il est vrai que les prix, quoique bien moindres qu'en 1864, ne sont pas retombés à leur ancien niveau, et la masse livrée au marché général de l'Europe est loin d'être remontée au point où elle était avant la guerre civile des État-Unis. De 850 millions de kilogrammes, elle était déchue jusqu'à 340 ou 350; elle n'est encore revenue qu'à 700 millions environ. En particulier, les États-Unis n'ont pas atteint la moitié de leur exportation antérieure. Au lieu des 716 millions de 1860, ils n'ont exporté, en 1866-67, que 310 millions de kilogrammes. C'est que le Sud est désorganisé encore dans son agriculture comme dans ses institutions politiques et sociales. Lorsqu'il sera reconstitué sur des bases solides, il est vraisemblable que la culture du coton y reprendra un grand essor; de toutes les branches de la race européenne, la nation qui peuple les États-Unis est celle qui a le plus de séve industrielle, celle qui fait le plus dans un temps donné.

Si les autres pays producteurs, l'Inde, le Brésil, l'Égypte, au lieu de subir simplement par reflet l'influence du génie européen, le portaient en eux-mêmes, les résultats que nous venons d'indiquer, quelque remarquables qu'ils soient, auraient été largement dépassés. L'esprit de l'Europe, qui s'introduit de plus en plus dans l'Inde, y révèle son ascendant par les travaux publics qui s'organisent spécialement en vue de la production et du commerce du coton. Ce sont des chemins de fer, des canaux de transport et d'irrigation (1), et enfin des barrages sur les rivières et les fleuves, afin de se ménager de grands moyens d'arrosage.

Il est très-vraisemblable que, avant qu'il soit longtemps, l'Europe pourra trouver des approvisionnements indéfinis de coton dans l'Inde, où de temps immémorial le coton est cultivé pour les besoins de la population indigène, qui en fait la matière principale de son vêtement, la base des tissus dont elle se sert pour les usages les plus divers. Ce qui s'y est passé depuis 1861 autorise à prédire que la qualité, qui laisse à désirer, ne gagnera pas moins que la quantité.

## CHAPITRE IV.

### LA LAINE.

Pour la fabrication des vêtements et pour les tissus qui servent à l'ameublement, la laine ne le cède pas en importance au coton; dans les

---

(1) Le rapport de M. Engel-Dollfus, tome VI, page 203, contient des renseignements curieux au sujet des travaux de canalisation et d'irrigation entrepris, exécutés ou en cours d'exécution dans l'Inde, pour favoriser la culture du coton.

régions tempérées, et à plus forte raison dans les pays froids, l'usage des tissus de laine est indispensable à la santé. L'industrie est parvenue à fabriquer, avec la laine, les articles les plus divers, depuis le tissu épais des draps forts dont s'enveloppent, dans la saison rigoureuse, les hommes soucieux de leur conservation, jusqu'à la mousseline de laine qui rivalise en légèreté avec celle de coton. La laine longue ou peignée, et la laine cardée ou à brins courts, dont les étoffes s'emploient le plus souvent après avoir subi le feutrage au foulon, donnent deux catégories, nombreuses l'une et l'autre, de produits d'aspect très-différent. La laine s'emploie beaucoup aussi à l'état de mélange avec la soie et avec le coton. Elle se prête à recevoir les teintures les plus solides et de toutes les nuances, ce qui ne contribue pas peu à en étendre l'usage. On en fait des articles du plus grand luxe, comme les châles de l'Inde, et d'autres qui se vendent à vil prix, comme les draps bruns, dits *burel* ou *couleur de la bête,* ou les tissus obtenus avec la *renaissance,* c'est-à-dire provenant de l'effilochage d'anciennes étoffes hors d'usage(1).

Les machines des fabriques de tissus de laine sont aujourd'hui très-multipliées, de manière à

(1) Voir, au sujet de la laine et de ses usages, le rapport de M. Moll, tome VI, p. 516, et celui de M. Darroux, tome XIII, p. 817.

La renaissance porte aussi le nom de *shoddy.*

varier ces tissus et à les perfectionner par la division du travail, et elles présentent des caractères qui leur sont exclusifs.

On ne saurait dire que, depuis sept ou huit ans, l'industrie ait précisément imaginé de nouveaux tissus de laine ; mais l'usage des tissus légers de cette substance s'est beaucoup répandu, parce que c'est un genre dans lequel on s'est rendu plus habile, et parce que, dans ces derniers temps, le coton ayant énormément enchéri (il était monté au quadruple et au sextuple), il a été possible de demander avec avantage à la laine des tissus qu'on avait l'habitude de faire avec le coton. De nos jours la mécanique est devenue tellement ingénieuse qu'elle se joue de problèmes pareils.

A l'égard de la laine brute, un résultat important a été acquis : la production de cette matière première s'est agrandie, non-seulement dans les pays anciennement civilisés, où la race ovine sert à la double fin de fournir aux populations une nourriture substantielle, et d'être une des bases principales de leur vestiaire, mais aussi dans certaines contrées où une population clair-semée se livre à l'industrie pastorale et se consacre à produire de la laine pour les manufactures de l'Europe et des États-Unis.

Parmi ces contrées, il y a lieu d'en distinguer trois : l'Australie, le Cap de Bonne-Espérance, ou plutôt la vaste colonie qui s'étend sur ses derrières, et le bassin de la Plata.

L'Australie, où le mouton est un animal importé, possède aujourd'hui un nombre de bêtes à laine au moins égal à celui de la France. Il n'y a pourtant que soixante-dix ans que le premier troupeau y arriva, et il se composait de huit bêtes seulement, huit mérinos, dont trois béliers et cinq brebis. Le climat leur a été parfaitement propice ; la laine de l'Australie est fine, forte, ductile, d'une torsion facile ; elle sert en grande partie comme laine à peigne.

Les laines du Cap sont d'une qualité moins relevée, mais elles s'améliorent, et, de même que pour l'Australie, la quantité s'en développe ; elle reste cependant à une grande distance de la production australienne.

Les laines de la Plata n'ont commencé à se produire qu'après que ces beaux pays eurent rompu les liens de dépendance ou plutôt d'asservissement qui les attachaient à leur métropole. Ce ne fut qu'en 1826 que des moutons à laine fine commencèrent à s'y propager. En 1850, l'exportation en était bien modique encore, et dans la *Bande Orientale,* c'est-à-dire sur la rive gauche du fleuve, derrière Montevideo, où le climat était particulièment favorable, la production était absolument insignifiante. Dans ces dernières années, elle a acquis, sur les deux rives et à l'intérieur, une grande activité. La progression est actuellement très-prononcée, plus même qu'en Australie.

Tandis que celle-ci, de 1859 à 1866, était passée de 15 millions de kilogrammes à 30,500,000 kilogrammes, la Plata s'était portée de 7,500,000 à 27 millions. C'est 268 pour 100 contre 108. Il semble qu'un esprit nouveau ait pénétré enfin dans ces contrées, si bien faites pour être le siége d'une nation populeuse, prospère et grande. Sans nous abandonner aux illusions d'un vain amour-propre national, nous ferons remarquer que la présence de colons français, presque tous venus du pays basque, a contribué à ce changement heureux. Pourquoi dois-je ajouter que l'administration française, qui aurait dû s'applaudir de cette émigration féconde, propre à faire parvenir à la richesse un certain nombre des enfants de la France, et à augmenter notre influence au dehors par un procédé qui vaut bien celui des armes, s'en est, au contraire, montrée inquiète et mécontente, et, par ses recommandations, a cherché à arrêter le courant des émigrants (1)!

Les laines de la Plata sont fines, mais d'un degré médiocre de force. Des croisements intelligents et une sélection persévérante réussiront vraisemblablement à leur faire acquérir les qualités

(1) Les propriétaires des Basses-Pyrénées se plaignent de ce que l'émigration enchérit la main-d'œuvre. Mais les paysans basques ont bien le droit d'aller chercher au dehors des salaires élevés.

qui leur manquent. Le principal obstacle à leur adoption, dans un grand nombre de manufactures, provient de ce que les toisons sont infestées d'une graine plate, hérissée de petits crochets, difficile à détacher, qui provient d'une plante très-abondante dans les immenses plaines ou *pampas*, où vivent les troupeaux de moutons sous la garde de leurs pâtres à cheval, les *Gauchos*. Pour retirer ces graterons ou *carrétilles*, on a inventé en Europe des machines successivement perfectionnées qui, malgré les améliorations dont elles ont été l'objet, brisent les brins de laine, et même ne remplissent pas parfaitement leur objet d'enlever ces corps étrangers. Les manufacturiers, ou plutôt les savants qui les conseillent, se sont tournés alors d'un autre côté. Ils ont frappé à une autre des portes de la science. Ils se sont adressés à la chimie, puisque la mécanique ne leur donnait pas pleine satisfaction. On a constaté que l'action de l'acide sulfurique désagrégeait les graterons, et les réduisait en une poussière facile à expulser, et il est possible de procéder de telle sorte que l'acide laisse intacte la laine ou le tissu qui en a été fabriqué. Dès lors, l'emploi des laines de la Plata ne peut manquer de s'accroître dans une forte proportion.

Cette découverte, toute récente, d'un procédé extrêmement simple pour débarrasser de leurs graterons les laines de la Plata, et toutes les autres qui pourraient être dans un cas analogue, est

un des faits les plus importants qui se soient produits en faveur des industries textiles (1).

La laine brute, après le lavage qui la sépare du suint, est depuis quelques années l'objet d'une opération avantageuse, conséquence de
la supériorité de la machine appelée la peigneuse,
dont il existe plusieurs modèles (2). Les peigneuses diverses usitées aujourd'hui sont des
dérivés d'un premier type, dû à Heilmann, homme
d'une grande habileté, qui mourut pauvre et malheureux. Sa peigneuse a produit aux acquéreurs
de son brevet des sommes énormes (3). La peigneuse servit d'abord aux fabriques de tissus,
tels que les mérinos, pour lesquels on a besoin de
séparer le brin long, le seul qu'on puisse employer dans les fabricàtions de ce genre, de celui
qui était plus ou moins court. Ensuite, on y
a eu recours pour retirer de la laine courte ou
à carder la proportion de laine longue qui s'y
rencontre. On fait passer ainsi par le peigne beaucoup de laine ordinaire, ce qui augmente l'approvisionnement de laine peignée à l'usage de
l'industrie, fort en progrès, des tissus qui exigent

(1) Voir ce qui en est dit tome VI, page 282.
(2) Voir au sujet des peigneuses, le rapport de M. Alcan,
tome IX, page 182.
(3) Il est bon de dire que, sans y être obligés autrement que
par leur conscience, ces acquéreurs font une pension à la
famille de Heilmann.

cette matière première. Ce qui reste est très-bon pour faire des étoffes feutrées par le foulage, comme les draps. C'est à peu près comme l'opération chimique de l'affinage, au moyen de laquelle on retire d'un lingot d'argent des parcelles d'or qui étaient disséminées dans la masse, sans y être d'aucune utilité.

## CHAPITRE V.

### LA SOIE.

La production de la soie soulève une question palpitante, celle des moyens propres à guérir le ver à soie du mûrier du mal qui l'a atteint depuis plusieurs années.

On sait que successivement le fléau a gagné les différents pays où on se livrait à la production de la soie. Les graines du Japon sont, en ce moment, les seules qui restent exemptes de la contagion. C'est pour cela qu'on les fait venir à grands frais, quoiqu'elles ne produisent qu'une soie de qualité inférieure et qu'elles soient fort chères. Il ne reste plus que cette ressource, et si le mal envahit le Japon, comme il a désolé les autres contrées séricicoles, il semble que l'industrie des soieries doive être fort compromise, à moins qu'on ne trouve enfin un procédé efficace pour écarter le mal.

D'après M. Pasteur, deux maladies différentes

sévissent actuellement sur le bombyx du mûrier. L'une se manifeste par le développement, dans les organes du ver, d'un nombre infini de corpuscules noirâtres, auxquels on la reconnaît facilement.

Si le ver provient d'une graine saine, la contagion, dans le cas où elle se déclarerait, ne pourra l'atteindre qu'après la transformation en chrysalide, et n'empêchera pas la formation du cocon. Au contraire, la graine provenant de papillons malades est elle-même infectée et ne donne que des vers languissants, incapables de filer leurs cocons, si même ils ne meurent bien avant cette période du travail.

Par conséquent, pour obtenir des cocons, il faut avant tout se procurer une graine d'origine nonsuspecte. A cet effet, avant de décider que telle chambrée servira à la reproduction, on y fera une prise d'essai, et on examinera au microscope les organes des chrysalides; s'ils sont dépourvus de corpuscules noirs, la graine, provenant de la chambrée en expérience, donnera presque à coup sûr des vers qui tous feront des cocons. Est-ce à dire que les nouvelles chambrées seront toutes aptes à la reproduction d'une bonne graine? Non, il pourra en être autrement, si elles ont été élevées dans des locaux encore infectés ou au voisinage de graines atteintes. Un nouvel examen microscopique, semblable au précédent, sera donc nécessaire pour faire le choix; c'est une opération facile et rapide.

Lorsqu'on a déjoué cette première maladie on n'est pas sauvé encore.

Une seconde maladie, celle des *morts-flats*, qui semble aussi héréditaire, atteint les vers au moment où ils vont filer. Elle détermine une grande mortalité. M. Pasteur pense être, pareillement, à cet égard sur la voie de la guérison.

M. Pasteur a déjà pu, cette année (1) vérifier par l'observation les idées qu'il avait émises l'année dernière; si elles se confirment définitivement, elles procureront à la sériciculture des procédés rationnels pour régénérer nos races indigènes (2). Il en est grand besoin : en 1865, l'importation des soies étrangères en France a été de 73 pour 100 de ce qu'employait l'industrie des soieries, tandis que, en 1855, Lyon et Saint-Étienne consommaient 80 pour 100 de soies indigènes (3).

Des essais poursuivis avec une remarquable persévérance ont eu lieu et se continuent dans le but d'obtenir de la soie avec un bombyx autre que celui du mûrier. Depuis un certain nombre d'années, M. Guérin de Menneville consacre des efforts intelligents à élever celui de l'ailante ou vernis du Japon. D'autres personnes don-

(1) Compte rendu de l'Académie des sciences d'avril 1868.
(2) Voir le rapport de M. de Quatrefages, tome XII, p. 439.
(3) Voir le rapport de M. Raimbert, t. IV, page 163.

nent leurs soins à celui du ricin ; plusieurs croient qu'il y a quelque chose à attendre de celui du chêne.

Dans l'Orient, des vers d'une autre sorte donnent une certaine production de soie. Les observations recueillies par Humboldt établissent qu'au Mexique les Aztèques cultivaient des vers autres que celui du mûrier, et qu'on y récoltait encore, au commencement du siècle, de la soie qui provenait de divers insectes différents du nôtre (1).

Il est assez vraisemblable que l'industrie, en s'appliquant à perfectionner ces différentes sortes de soie, finirait par atteindre des résultats satisfaisants. On est fondé à le supposer par la grande amélioration qu'avaient reçue les soies françaises produites par le bombyx du mûrier, dans le délai de moins d'un siècle. A l'origine, elles étaient à peine médiocres; elles ont fini par être les plus belles. Sans décourager ces tentatives, le plus

---

(1) « La Nouvelle-Espagne offre plusieurs espèces de chenilles indigènes qui filent de la soie semblable à celle du *Bombyx mori* de la Chine, mais qui n'ont pas encore été suffisamment examinées par les entomologistes. C'est de ces insectes que vient la soie de la Misteca, qui déjà, du temps de Montézuma, était un objet de commerce. On fabrique encore aujourd'hui, dans l'intendance d'Oaxaca, des mouchoirs de cette soie mexicaine. L'étoffe est rude au toucher, comme certaines soieries de l'Inde qui sont également le produit d'insectes très-différents du ver à soie de nos muriers. » ( *Essai sur la Nouvelle-Espagne*, tome III, p. 67, édition de 1827 ).

sage cependant est de redoubler d'efforts pour arriver à la guérison du bombyx du mûrier. On a lieu de croire que, grâce à M. Pasteur, on va trouver la solution du problème (1).

## CHAPITRE VI.

### LE SOUFRE.

Dans cette revue des matières premières, à l'égard desquelles des faits nouveaux se sont produits, il y a lieu de faire une place au soufre. Par lui-même, le soufre a peu d'usages, ou, pour mieux dire, il en avait peu, avant qu'on eût reconnu en lui un spécifique contre la fatale maladie dont la vigne fut attaquée, il y a vingt-cinq ans, l'oïdium ; mais, il y a longtemps déjà qu'il figure comme un article des plus utiles dans l'arsenal de l'industrie, pour l'acide sulfurique dont il est le radical, et qui, lui-même, est un agent si énergique et tant employé, depuis qu'on est parvenu à le fabriquer à bon marché (2).

Il y a peu d'années, le soufre se tirait principale-

(1) Quand la soie sera redevenue abondante, on verra disparaître les « charges » et tous les genres de falsification dont se plaignent les industriels honorables, et dont il est question plus d'une fois dans les Rapports (tome IV, page 179, et tome VII, page 332.)

(2) On peut calculer que, depuis un siècle, le prix de l'acide sulfurique a baissé dans le rapport de 12 à 1.

ment de la Sicile, où les flancs de l'Etna en
recèlent des quantités indéfinies que l'exploitation
n'épuise pas, puisque les émanations du volcan
le régénèrent, du moins en partie, dans le sein des
couches superficielles, après qu'on l'en a retiré.
Mais, quoiqu'il abonde dans cet endroit, et que
l'extraction en soit facile, il revenait cher, par
diverses raisons, aux manufactures d'acide
sulfurique et aux autres consommateurs, qui, des
diverses parties de l'Europe, s'adressaient là.

Les Siciliens s'obstinaient et s'obstinent encore (1) à se servir des méthodes les plus barbares pour retirer le soufre des terres auxquelles
il est mêlé. Le gouvernement des Deux-Siciles,
abusant du besoin qu'on en avait partout, le
frappait d'un droit considérable à l'exportation.
On s'est donc mis, sur le continent et en Angleterre, en quête d'un soufre autre que celui des
solfatares siciliennes, comme on l'avait fait dans
l'Empire français, du temps des grandes guerres
de Napoléon I$^{er}$, alors que la mer nous était
fermée. On s'est adressé avec succès au sulfure de fer appelé pyrite, corps bien connu pour
la ressemblance qu'il offre avec le roi des métaux. La pyrite, sous l'action d'une chaleur peu
élevée, livre une forte proportion de son soufre,

(1) Voir ci-après, tome VII, le beau Rapport de M. Balard sur les industries chimiques : *Extraction du soufre en
Sicile*, page 9.

qui se volatilise, et on a pu très-bien remplacer le soufre tiré des Solfatares de la Sicile, par de la pyrite employée directement, qu'on introduit dans les vastes appareils clos, appelés *chambres de plomb*, où se fabrique l'acide sulfurique Il y a donc en Europe une grande exploitation des filons et amas de pyrite de fer. La France en offre un groupe intéressant dans le département du Gard, et, avant qu'on s'occupât de mettre à profit ces gisements, d'habiles manufacturiers, MM. Perret, avaient établi la fabrication de l'acide sulfurique au moyen des pyrites de Chessy et Sainbel, et lui avaient donné de très-grandes proportions. Les pyrites de ces deux localités contiennent un peu de cuivre qu'on ne manque pas d'en retirer.

La pyrite, qui est un des minéraux les plus répandus dans la nature, est exploitée maintenant dans tous les États où les arts chimiques ont pris du développement. Les Iles Britanniques, la Prusse, la Suède, la Belgique, rendent ainsi des masses de pyrite de fer, souvent associée à la pyrite de cuivre, circonstance avantageuse, puisqu'on recueille alors deux produits au lieu d'un, et que le bénéfice obtenu sur le cuivre réduit d'autant le prix de revient du soufre. Le four de M. Gerstenhoffer, qui donne de très-bons résultats pour l'emploi des pyrites dans la fabrication de l'acide sulfurique, et qui s'applique avantageusement aux minerais d'une médiocre teneur, a été décrit par M. Balard (1).

Quelques contrées, où les industries chimiques n'ont encore que de faibles proportions, utilisent leurs gîtes de pyrite en la vendant aux autres. Le plus beau gisement de pyrite qui soit en exploitation est celui qui, après s'être montré en Espagne sur plusieurs points, apparaît avec une richesse exceptionnelle dans la province contiguë d'Alemtejo, en Portugal, et qu'on y travaille à San Domingos. Il était représenté à l'Exposition par un magnifique bloc de pyrite toute pure, dont l'éclat, non moins que les dimensions, attirait les regards. Cette mine avait été l'objet de travaux importants du temps des Romains, à cause du cuivre qui y est associé au fer; mais elle était tombée dans l'oubli. Il y a peu d'années qu'on s'est remis à l'attaquer avec un grand déploiement de forces. Le voisinage d'un fleuve, la Guadiana, que les bâtiments de mer remontent facilement, et qu'on a rejoint par un chemin de fer, rend aisé le débouché de la pyrite de cet endroit. On l'envoie principalement en Angleterre, où les industries chimiques ont tant de développement. En huit ou neuf ans, une ville s'est élevée à San Domingos, et le port qui dessert la mine, celui de Pommerao, creusé par l'homme

(1) Voir ci-après, tome VII, page 23.

entreprenant et habile (M. James Mason, fait baron de Pommerao par le roi du Portugal) auquel est due toute cette création, est fréquenté par de nombreux navires que la pyrite seule y attire.

## CHAPITRE VII.

### LE PÉTROLE.

Une des plus remarquables nouveautés industrielles qui aient signalé les dernières années, est l'exploitation du pétrole dans l'Amérique du Nord. On en trouvera l'histoire plus loin, dans l'excellent rapport de M. Daubrée (1). On a ici la mesure des résultats qu'un peuple peut tirer d'une découverte, même dans un court intervalle de temps, lorsqu'il possède à un haut degré le génie de l'industrie, qu'il cultive les sciences, non-seulement à cause des grandes vérités qu'elles révèlent à l'esprit, mais aussi en vue de leurs applications aux arts utiles, que le capital ne lui fait pas défaut, et qu'il s'est assuré la jouissance de la liberté du travail. Le pétrole était une curiosité plutôt qu'une richesse, en Amérique comme ailleurs, lorsque, dans l'État de Pensylvanie, quelques hommes intelligents, remarquant cette huile qui coulait en

(1) Tome V, page 68.

petite quantité à la surface du sol, y constatèrent la présence d'éléments assez divers, et se demandèrent si, par une exploitation rationnelle, on ne pourrait pas en tirer du sein de la terre de grandes quantités.

Une industrie tout entière s'est édifiée sur cette pensée, dans la Pensylvanie, où le pétrole est de qualité supérieure, et dans diverses localités de l'Amérique du Nord, en dehors de cet État. Le pétrole est aujourd'hui la base d'un vaste commerce, qui, de l'autre côté de l'Atlantique, a déterminé la fondation de plusieurs villes, et qui occupe une grande quantité de navires pour porter le pétrole brut en Europe et dans quelques autres contrées, où il est raffiné. Ce raffinage est plus qu'une simple épuration; il fractionne le pétrole brut en plusieurs produits distincts, ayant chacun son emploi spécial.

On calcule que, depuis 1861 jusqu'en 1867, il a été extrait ainsi du sein de la terre, dans l'Union américaine 1,300 millions de litres de pétrole, faisant au delà de 1,040,000 tonnes, et dont les trois quarts ont été exportés en Europe. La progression est continue : en 1861, l'exportation fut d'un peu plus de 5 millions de litres; en 1866 et 1867, elle a dépassé 300 millions. Le litre brut a varié de prix entre 20 et 30 centimes, de sorte qu'au prix moyen de 25 centimes, 400 millions de litres feraient 100 millions de francs. Le pétrole est devenu, après un si petit nombre d'années, le troisième article, par ordre d'importance, de l'exportation des États-Unis.

Le raffinage de la substance brute a donné naissance, en Europe, à des établissements dont on peut voir le modèle à Nanterre, près Paris (1). Ces usines fournissent plusieurs produits oléagineux, depuis une huile légère, qui remplace l'essence de térébenthine, jusqu'aux huiles les plus épaisses qui servent au graissage des machines, et une petite proportion de paraffine, corps d'un beau blanc, dont on fait des bougies. Le plus intéressant de ces produits, brûlé dans des lampes d'une forme particulière et à bon marché, fournit l'éclairage domestique à bien plus bas prix que les autres huiles; grand avantage dans une ville comme Paris où tant de personnes industrieuses travaillent chez elles après le coucher du soleil et où, dans l'intérieur des familles, tant de luminaires sont en activité chaque soir. On estime que l'huile de pétrole et l'huile de schiste, autre éclairage de nature minérale, auquel le pétrole se substitue à cause de son bon marché, font ensemble le quart au moins de la consommation de Paris. Avec le pétrole, l'éclairage ne revient qu'à la moitié de ce qu'il coûte avec l'huile de colza. Dès qu'on sera parvenu à le dégager complétement d'une odeur qui lui est propre, et à en rendre l'emploi plus généralement inoffensif, il se

(1) Établissement Maréchal et Cogniet.

répandra beaucoup plus. Dans l'état actuel des choses, il ne paraît pas qu'en France le pétrole soit d'un usage aussi étendu que dans d'autres pays.

A l'imitation des États-Unis, on s'est mis à exploiter le pétrole, et en général les huiles minérales naturelles, dans plusieurs pays où l'existence de sources oléagineuses avait été constatée depuis longtemps. C'est en Russie que ces tentatives ont été le plus remarquables, et paraissent reposer sur les bases les plus larges. La région qui entoure le Caucase forme la principale zone pétrolifère de l'Europe. Le pétrole s'y trouve dans les terrains tertiaires qui bordent les deux extrémités de la chaîne; en ce moment les principales exploitations sont sur le littoral occidental de la mer Caspienne, aux environs de Bakou et dans la presqu'île d'Apschéron.

Des personnes dont l'opinion a du poids pensent que le pétrole est appelé à des usages nouveaux; que, par exemple, on pourra en retirer un beau gaz d'éclairage à bas prix, et qu'il sera possible de s'en servir comme d'un combustible pour des machines à vapeur, particulièrement pour les machines motrices des paquebots ou des navires de guerre. Mais ce sont des questions dont l'étude est à peine commencée, et un Rapport sur l'Exposition n'est pas le lieu où l'on ait à les discuter.

# CHAPITRE VIII.

## LES BOIS.

—

### § 1. — Bois de charpente, de menuiserie, et d'ébénisterie.

Les bois considérés comme matière première de la charpente, de la menuiserie et de l'ébénisterie, se sont présentés en très-grande variété à l'Exposition. Le Brésil, en particulier, avait fourni un contingent des plus digne d'attention; on pourra en voir l'énumération dans le travail détaillé de M. Émile Fournier (1). Il est hors de doute qu'un jour les forêts sans limites de la vallée des Amazones fourniront à notre ébénisterie des matières fort avantageuses et en quantité inépuisable; il est même possible qu'on en tire, à l'usage des chemins de fer, des traverses qui se recommanderaient par leur grande durée, à ce point que, malgré les frais de transport, il y ait intérêt à s'en servir, de préférence à toutes les essences de nos forêts. La question est maintenant à l'essai sur notre propre territoire, au moyen d'un certain nombre d'échantillons envoyés par le gouvernement brésilien.

(1) Voir ci-après, tome VI, page 3. *Brésil*, page 54.

L'Amérique déjà nous fournit en quantité des bois d'ébénisterie, qui sont préférés à ceux de nos propres climats, à cause de la richesse de leurs teintes. La mode, qui aime tant à varier, a pu déjà et pourra indéfiniment puiser, dans les vastes forêts des régions équinoxales du Nouveau-Monde, de quoi satisfaire ses idées changeantes. A une époque, c'est l'acajou qui a la vogue; dans un autre moment ou dans un autre pays, c'est le palissandre, ou le courbaril ou l'ébène (1). Que la mode ne s'arrête pas, qu'elle soit plus capricieuse que jamais : les forêts de cette partie de l'Amérique ont de quoi lasser sa mobilité.

L'Amérique offre aussi, dans la même zone d'entre les tropiques, des approvisionnements indéfinis en bois de teinture. En fait de bois de construction, elle n'est pas moins abondamment pourvue, et à cet égard la zone tempérée, si spacieuse dans l'Amérique septentrionale, ne le cède pas aux climats ardents des régions plus voisines de l'Équateur. Le chêne vert des États-Unis concourt depuis longtemps aux approvisionnements de notre marine impériale. Le Canada et les États-Unis livrent à l'Europe beaucoup de bois pour la charpente et la menuiserie, et même des navires tout construits. Par son bois de teck, l'Inde contribue non-seulement à procurer aux armateurs de nos

---

(1) L'ébène vient pourtant de l'Inde en plus grande quantité que de l'Amérique.

contrées européennes des navires de la plus grande durée, mais même à fournir à nos chemins de fer des voitures réputées impérissables.

Le double royaume de Scandinavie, placé au nord de notre continent, a reçu de la nature, pour son patrimoine, de grands espaces qui consistent en forêts sauvages assises sur un sol escarpé plus qu'en terres fertiles. Mais la race intelligente, sobre et vaillante qui le peuple, tire un excellent parti de cette richesse, qui, au premier abord, semble si peu maniable. La Suède, et encore plus la Norwége, font un prodigieux commerce de bois. Leurs navires, qui voyagent avec une économie extrême, apportent à toutes les nations de l'Europe des bois de charpente et de construction que leur qualité supérieure fait préférer à ceux des autres provenances, notamment à leurs similaires de l'Amérique du Nord. D'après les renseignement recueillis par M. Émile Fournier et consignés dans son Rapport, la Suède exporterait 3 millions de stères et la Norwége 26 (1). Vainement le fer, dont le prix diminue sans cesse, et que de plus en plus on excelle à travailler à peu de frais, fait au bois une rude concurrence pour une multitude d'usages ;

(1) Voir le Rapport de M. Émile Fournier, tome VI, page 28, pour ce qui concerne la Suède et la Norwége. Ce chiffre de 26 millions de stères est emprunté à un document statistique, publié, à l'occasion de l'Exposition, par l'administration norwégienne.

le commerce des bois grandit toujours, parce que
les peuples, de plus en plus industrieux, de plus
en plus dans l'aisance, ont en tout genre des besoins toujours croissants.

## § 2. — La vannerie. — Les ouvrages en bambou. — Le tanin.

L'industrie de la vannerie, qui utilise certains
arbustes flexibles, dont l'osier est le principal,
est aussi fort en progrès dans certains États,
parmi lesquels on doit citer la France et la Belgique. Il y a des provinces que cette petite industrie contribue à enrichir. Ainsi l'arrondissement
de Vervins fait pour pour plus de 2 millions et
demi d'articles de ce genre (1). On exporte ces
produits au loin.

Les pays de l'extrême Orient ont une famille
de plantes, les bambous, dont ils retirent, dans un
genre voisin de notre vannerie, toute sorte d'articles domestiques. Ils montrent ainsi un mélange
remarquable de patience et d'une autre qualité de
l'esprit qui est voisine du génie. Il ne serait pas
impossible que cette branche de l'industrie asiatique s'établît dans nos contrées. On pourrait y
avoir, comme matière première, des bambous ré-
coltés plus près que dans l'Inde ou la Chine.

Un autre produit des forêts est le tanin, ou
pour mieux dire les écorces et autres parties

(1) Voir le Rapport de M. Émile Fournier, tome VI, page 82.

des végétaux qui recèlent ce corps, principe actif de l'opération du tannage. La variété en est beaucoup plus grande qu'on ne l'avait supposé, et on commence, dans les pays lointains, à retirer de certains bois et de certaines écorces, par la macération dans l'eau bouillante, des extraits de tan liquide, dont les tanneurs européens font leur profit (1).

# CHAPITRE IX.

## FABRICATION DE LA GLACE.

La glace peut, dans les usages domestiques, rendre des services fort divers. Pendant l'été, les boissons fraîches ne sont pas seulement agréables, elles sont recommandées par l'hygiène. Dans une foule de maladies, la glace serait d'une assistance décisive, et par exemple, quand il s'agit des blessés et des amputés. Dans les maisons isolées, loin des marchés, elle sert à conserver des approvisionnements de viande et d'autres denrées que la chaleur corrompt rapidement. Enfin, dans l'industrie, il est une multitude d'opérations qu'elle peut faciliter. Les Américains s'en servent pour des opérations commerciales qui ont bien leur importance. Ainsi, en toute saison, on transporte

(1) Voir tome VI, page 95, le Rapport de M. Cavaré fils.

des viandes de la vallée de l'Ohio à Baltimore, à
Philadelphie, à New-York, en les entourant de
glace. Les Norwégiens emploient le même expédient, pour apporter frais aux contrées de l'Europe
moyenne ou méridionale le poisson de mer qu'ils
viennent de pêcher.

Il n'est pas possible toujours, à beaucoup près,
de s'adresser aux glaciers que la nature a placés
parmi les hautes chaînes de montagnes. Dans les
villes situées au bord de la mer, on peut tirer la
glace d'une très-grande distance par la navigation;
mais ce moyen n'est pas à l'adresse des villes de
l'intérieur. Dans les établissements isolés, à moins
d'avoir une glacière, expédient qui ne réussit pas
toujours, il est fort difficile de se procurer de la
glace, et il n'y faut pas songer à en faire des pro-
visions à bord des navires. C'était donc un problème utile à résoudre que celui de faire la glace
sur place, en quelque lieu à peu près qu'on se
trouvât, autrement que par ces mélanges réfrigé-
rants qui, depuis longtemps, permettaient d'en
faire de fort petites quantités, mais ne la produi-
saient que très-chèrement.

Deux frères, MM. Ferdinand et Edmond Carré,
ont donné, chacun par moitié, la solution du problème.

On avait déjà remarqué, à l'Exposition de 1862,
la machine à faire la glace de M. Ferdinand Carré.
Cet habile inventeur met à profit la propriété qu'ont
les liquides volatils d'absorber une grande quan-

tité de chaleur, en passant à l'état gazeux. Il est aujourd'hui parvenu à produire la glace artificiellement, à peu de frais et sur une grande échelle. Pour le succès de l'opération, pour qu'elle fût commode et économique, il fallait que cette absorption de chaleur se fît à basse température ; il a donc choisi un liquide très-volatil, l'ammoniaque liquéfié sous pression. Ce choix est heureux à un autre point de vue, le gaz ammoniac est très-soluble dans l'eau froide : un volume d'eau en dissout quatre cents de ce gaz, qu'il rend quand on provoque l'ébullition.

Voici en quoi consiste l'opération de M. Ferdinand Carré : on enferme dans une des branches d'un siphon métallique une dissolution de gaz ammoniac dans l'eau ; on chauffe cette première branche jusqu'au degré de l'ébullition ; l'ammoniaque se distille et va, sous la forte pression qui existe dans l'appareil, se condenser dans la seconde branche qui est plongée dans l'eau froide.

Si on laisse ensuite refroidir la branche du siphon qu'on avait chauffée, et dans laquelle il ne reste plus que l'eau où l'ammoniaque était dissoute, un vide relatif se fait par l'absorption dans l'eau refroidie du gaz ammoniac demeuré épars dans l'appareil, et l'ammoniaque liquéfiée, qui était transportée dans l'autre branche du siphon, se distille à son tour. Par là il se produit, autour de cette seconde branche du siphon, un froid intense, qu'on utilise pour faire passer à l'état de glace une certaine quantité d'eau mise en contact avec cette partie de l'appareil.

Le travail est continu (1), et, à la condition d'opérer sur une certaine échelle, on produit ainsi la glace tout à fait économiquement. Avec un appareil de 4,800 francs, on obtient 25 kilogrammes de glace par heure, à l'état de cylindres longs et commodes à manier ; elle revient à 5 centimes environ le kilogramme. Un appareil de 24,000 francs rend 200 kilogrammes par heure, et le prix de revient n'est plus que de 1 centime.

On conçoit dès lors la portée industrielle de l'invention Carré, et les applications diverses qu'on en pourrait faire. Disons un mot seulement des emplois hygiéniques et médicaux. Que de blessés seraient arrachés à la mort après une bataille, dans les pays chauds et partout dans l'été, si les armées portaient dans leurs bagages quelques machines à faire de la glace ! Pour opérer, on n'aurait besoin de rien de plus que d'un peu de combustible qu'on trouve partout, car la même quantité d'ammoniaque, bien emprisonnée dans le siphon hermétiquement clos, sert indéfiniment. Qu'on suppose que la machine Carré eût existé en 1859 et que les ambulances française et autrichienne en eussent été pourvues le soir de la journée de Solférino ! Combien aussi on

(1) Voir le Rapport de M. le baron Thénard, tome VIII, page 370.

pourrait améliorer le régime et l'existence de nos matelots, lorsqu'ils sont exposés aux ardeurs de la zone torride, et combien qui meurent seraient sauvés, si chaque navire de la marine impériale était muni d'un appareil dont le fonctionnement n'exigerait qu'un peu de vapeur empruntée à la chaudière de la machine motrice !

Si l'appareil de M. Ferdinand Carré convient parfaitement à une production industrielle de la glace, il devient incommode lorsqu'on en réduit les dimensions, afin de ne produire qu'une faible quantité. Il faut alors dépenser trois heures de travail et 1 kilogramme de charbon de bois, pour obtenir 2 ou 3 kilogrammes de glace.

M. Edmond Carré a heureusement obvié à cet inconvénient. Son principe est le même que celui qui a guidé son frère ; mais c'est à la volatilisation de l'eau elle-même, dans le vide, et en présence de l'acide sulfurique concentré, absorbant la vapeur à mesure qu'elle se produit, qu'il demande la production du froid nécessaire à la formation de la glace. L'expérience était classique ; seulement, et c'est en cela que consiste le perfectionnement auquel M. Edmond Carré doit son succès, il active l'absorption de la vapeur par l'agitation continue de l'acide sulfurique.

On use ou plutôt on fait passer à l'état d'acide étendu d'eau un kilogramme d'acide sulfurique, pour 3 kilogrammes de glace, et le moindre appareil peut produire 400 grammes à l'heure. Dans

7

certains cas, le prix de revient sera presque nul, car dans les distilleries de betteraves on pourrait se procurer, par 1,000 tonnes de betteraves à distiller, 30 tonnes de glace qui ne leur coûte- raient qu'une force motrice insignifiante, puis- qu'elles ont l'emploi de l'acide sulfurique étendu d'eau.

Dans le cas où l'on n'aurait pas le moyen d'uti- liser l'acide dilué, il en faudrait pour cinq ou six centimes par kilogramme de glace (1).

Les inventions des deux frères Carré se com- plètent heureusement : à l'industrie, aux grands établissements tels que les hôpitaux et les navires de la flotte, les appareils de M. Ferdinand Carré; aux familles, celui de M. Edmond Carré.


# CHAPITRE X.

### LES MINES MÉTALLIQUES.

—

§ 1. — Des données générales de cette industrie.

Dans l'état actuel de l'industrie des mines mé- talliques, on peut utilement, entre autres points, considérer les trois suivants : l'instruction profes-

(1) Voir le Rapport de M. le baron Thénard, tome VIII, page 376.

sionnelle qui prépare les ingénieurs ; la formation et le renouvellement continu d'une population
ouvrière spéciale à ce genre de travaux, qui ne
s'improvise pas ; l'exploitation proprement dite,
c'est-à-dire l'ensemble des méthodes raisonnées
et expérimentales, d'après lesquelles on s'efforce
de faire tourner au mieux les chances souvent aléatoires de ces sortes d'entreprises.

*L'instruction professionnelle des ingénieurs*
est complétement livrée à l'initiative privée en
Angleterre, malgré les essais, jusqu'à présent in-
fructueux, tentés au *Practical Museum* de Londres. En Allemagne, elle est instituée dans plusieurs écoles célèbres (Freyberg, Przibram, etc.),
situées au centre de districts miniers importants.
En France, ces études sont centralisées principalement à l'École des mines de Paris, où l'enseignement est essentiellement théorique (1), sauf à
être complété par des voyages.

Ces trois systèmes différents ont les conséquences que voici :

L'Angleterre manque d'ingénieurs suffisamment
au courant des études théoriques ; ses mines sont,
pour la plupart, dirigées par des *capitaines de
mines (captains of mines)*, anciens maîtres mineurs, excellents praticiens, mais enclins à suivre
la routine.

(1) Voir à ce sujet les observations de M. Petitgand, tome V,
pages 694 et suivantes.

tement l'étude de la formation des fentes, c'est-à-dire des cassures opérées par les cataclysmes terrestres dans la croûte de la planète, de celle des modes suivant lesquels ces fentes ont été ultérieurement remplies de substances minérales, qui sont les filons mêmes sur lesquels s'exerce l'industrie minière (1). Ce mémoire trace des règles positives, et en suivant les principes qu'il avait posés, M. Rivot est parvenu, en quelques années, à assurer la prospérité de l'exploitation des mines de galène argentifère de Vialas (Lozère), dont les propriétaires ont le bon esprit de suivre ses conseils.

En se guidant par des considérations semblables, M. Moissenet a tout récemment découvert, dans la Creuse, des gisements étendus d'étain, dont l'analogie avec ceux de Cornouailles semble prouvée dès aujourd'hui. Il reste à savoir quel avenir leur est réservé; cet avenir est subordonné à leur richesse intrinsèque.

Des plaintes ont été exprimées en France au sujet des entraves que notre régime administratif apporterait à l'exploitation des gisements nombreux, et dont vraisemblablement plusieurs sont riches, que recèle notre sol. Cependant, la loi de 1810 est libérale. Il est vrai qu'on peut distinguer entre la loi même et les règlements ou usages

(1) Ce Mémoire important est inséré dans les *Annales des mines* de 1863, tome IV, page 309.

administratifs qui servent à l'appliquer. Il est à désirer que toute réglementation excessive disparaisse dans un bref délai, en ce genre de travail comme en tout autre.

Une des principales causes de la nullité presque absolue de notre industrie minière, à l'exception des mines de charbon et de fer, qui jouissent d'une certaine popularité, réside dans la défiance des capitaux qui n'aiment pas à s'engager dans des opérations où il faut rester longtemps sans recevoir des bénéfices. L'intervention de l'État a levé cette objection en Allemagne; mais c'est un expédient qui s'accorde peu avec les idées modernes. Il ne pourrait être appliqué chez nous qu'à titre transitoire. On lira avec intérêt sur ce sujet les observations contenues dans un Rapport spécial de M. Petitgand (1).

Le succès d'un petit nombre de compagnies de mines métalliques, s'il était éclatant, déterminerait probablement chez nous les capitaux à tenter l'expérience sur d'autres points du territoire.

### § 2. — Des faits principaux qui ont marqué les dernières années.

Les mines d'or de la Californie et de l'Australie présentent ce changement que, de plus en plus,

(1) Tome V, page 687.

l'exploitation se dirige vers les filons de quartz
aurifère, au lieu des alluvions. La masse qu'on en
extrait est ensuite pulvérisée dans des bocards
qui sont devenus de plus en plus forts, et le minerai bocardé est soumis à un traitement métallurgique qui est en rapport avec sa nature. Pour
faire marcher les bocards on a les cours d'eau et
des machines à vapeur chauffées soit avec le bois,
qui abonde en Californie, soit avec la houille
ou un combustible minéral qui y ressemble (1). On
fait ainsi intervenir la mécanique autant qu'on le
peut; cette intervention est commandée, encore plus
qu'ailleurs, dans des contrées où la main-d'œuvre
est à des prix exorbitants, quintuple ou même décuple de ce qu'elle se paye dans les mines métalliques du continent européen.

Dans les deux pays, la Californie et l'Australie,
la production du précieux métal n'est pas en croissance; au contraire, elle diminue.

Si dans l'Australie et la Californie la main-
d'œuvre devient moins exceptionnellement chère,
et que les méthodes de traitement des minerais se
perfectionnent encore, la production de l'or devra
augmenter. Les filons exploitables sont, dans les
deux pays, en nombre indéfini.

Les nouveaux États et Territoires qui se sont
constitués dans la partie de l'Union américaine

(1) Rapport de M. Daubrée, tome V, page 53.

voisine de l'océan Pacifique, et dans l'intérieur, à la droite du Missouri, tels que le Nevada, le Colorado, l'Idaho, le Montana, l'Arizona, le Washington, le Dakotah, l'Utah, le Nouveau-Mexique, présentent des gisements d'or en alluvions et en roches, dont une partie déjà est livrée à l'exploitation. Il en est de même dans l'Amérique anglaise, du côté du Pacifique. Sur l'autre versant du nouveau continent, dans la Nouvelle-Écosse, qui appartient aussi à l'Angleterre, des mines d'or intéressantes viennent d'être mises en exploitation, et on les travaille avec une assez grande activité.

Les mines d'or de l'empire de Russie n'ont révélé à l'Exposition aucune nouveauté importante, dans leur mode d'exploitation ou la grandeur de leur production : mais il a été mieux constaté que l'espace occupé par les alluvions aurifères est sans limites dans les possessions asiatiques de cette puissance. Ainsi continue à se vérifier ce qu'écrivait l'illustre Humboldt, il y a une trentaine d'années, que la présence de l'or, sur l'étendue où il est reconnu en gisements exploitables dans l'empire de Russie, est un des phénomènes les plus généraux qu'on puisse signaler à la surface de notre globe.

A l'égard de l'argent, les mines reconnues et les résultats obtenus, dans les six ou sept dernières années, ont plus d'importance que pour l'or. Les citoyens des États-Unis, par une exploration

sommaire, la seule qu'ils pussent faire en si peu
de temps sur des espaces aussi vastes, ont reconnu que les nouveaux États ou Territoires, que
nous venons de nommer, offraient de nombreux
filons de ce métal, et que, dans le nombre, il s'en
trouvait d'une très-grande richesse. Le filon de
Comstock, au district de Washoë, dans l'État de
Névada, a déjà fourni des sommes très-considérables (plus de 80 millions par an dans les dernières années), malgré les circonstances désa-
vantageuses qui, provisoirement, en caractérisent
l'exploitation (1). Un autre filon, celui du *Pauvre
Homme (Poor Man's lode)* dans l'Idaho, donne
de grandes espérances. Beaucoup d'autres ont été
l'objet de tentatives qui promettent. Les connaisseurs admiraient, à l'Exposition, les échantillons
riches en argent *rouge* et en argent sulfuré qui
provenaient de cette partie de l'Union ; ceux de

---

(1) Le filon déjà célèbre de Comstock est, dans l'opinion
de plusieurs ingénieurs, appelé à renouveler les merveilles
du Potosi, ou de la *Veta Madre* de Guanaxuato, ou de la *Veta
Grande* de Zacatecas. Un projet grandiose de canal d'écoule-
ment et d'asséchement pour ce beau gisement a été formé
par un ingénieur établi dans le pays, M. Sutro, et la législature
locale s'est empressée de l'encourager. S'il est mis à exécution, les conditions d'exploitation en seront fort améliorées,
et la proportion du métal argent, annuellement versée sur le
marché général, s'en ressentira.

l'Idaho étaient les plus remarqués à cause de leur volume (1).

Les dernières années ont démontré la grandeur et la variété des richesses métalliques de la Sardaigne qui, du reste, dès le temps des Romains, était réputée sous ce rapport. On y exploite avec succès, sur de grandes proportions, des mines de fer aciéreux et des mines de plomb argentifère. Tout nouvellement, on y a découvert et mis en exploitation des mines de zinc d'une grande richesse. Il faut signaler surtout, à Iglesias, près de la mer, un magnifique gisement de calamine sur lequel des travaux importants ont été organisés et dont on transporte les produits dans diverses contrées où sont établies des usines à zinc. A Iglesias comme à peu près partout, dans la profondeur, la calamine tourne à la blende (sulfure de zinc).

Les mines de zinc qui fournissent le plus de métal aujourd'hui sont celles de Prusse, dans les provinces du Rhin et de la Silésie. A côté des mines sont des usines qui extraient du minerai le métal. Le zinc produit par ces provinces s'élève aujourd'hui à plus de 60,000 tonnes. Le célèbre établissement de la Vieille-Montagne, en Belgique, qui puise des minerais dans toute l'Europe, n'en fait qu'un peu plus de la moitié.

La Suède et l'Espagne offrent des mines de zinc dont l'exploitation s'est fort activée. La mine

(1) Voir le travail de **M. Daubrée**, tome V, page **168**.

de blende située près d'Askersund est remarqua-
blement riche. Elle fournit du minerai à la Vieille-
Montagne qui, non-seulement continue de produire des masses de zinc brut, mais qui ne se re-
lâche pas dans ses efforts pour élaborer ce métal
et lui trouver des usages nouveaux. C'est la
Vieille-Montagne qui approvisionne une partie du
monde en toute sorte d'ustensiles de ménage en
zinc et en articles de zinc pour les constructions,
particulièrement pour les toitures et le revêtement
des fenêtres et œils-de-bœuf. Depuis peu d'années
on exploite, avec succès aussi, le zinc en Pologne
pour traiter ensuite le minerai sur les lieux (1).

A l'égard du cuivre, métal des plus utiles, les
faits qui ont signalé ces derniers temps consistent
surtout dans une plus grande activité imprimée à
des mines déjà connues. Les mines du Chili sont
celles qui ont le plus développé leur extraction.
Le Chili est le pays qui aujourd'hui donne le plus
de cuivre. Les mines de Coquimbo surtout y sont
remarquables par l'intelligente activité qui y règne
aujourd'hui. Au Chili, on ne se contente plus d'extraire le minerai du sein de la terre, on en traite
une bonne partie pour en retirer le métal. Le pays
possède assez d'habiles métallurgistes pour procéder ainsi. Sous ce rapport une mention toute
particulière doit être faite de M. Domeiko, qui, de-

(1) Voir, au sujet de la métallurgie du zinc, le travail complet de M. Fuchs, tome V, page 627.

puis plus de trente ans, étudie scientifiquement et pratiquement les ressources du pays et y répand les connaissances spéciales. Minéralogiste, chimiste et géologue, M. Domeiko, ancien élève de l'École des mines de Paris, fait honneur à cette école, par les services signalés qu'il ne cesse de rendre à sa patrie d'adoption. L'exportation de cuivre du Chili, tant en minerais qu'en barres et lingots, est d'une valeur bien supérieure à celle de l'argent qu'il fournit, six ou sept fois plus grande. Elle s'est élevée, en 1865, à plus de 70 millions de francs.

L'Australie, par ses mines de Burra Burra, rend une quantité considérable de cuivre. Les exploitations des bords du lac Supérieur, aux États-Unis et au Canada, ont pris du développement aussi. Il s'y est improvisé une ville nouvelle, Copperopolis; elle a plus de 2,000 habitants. Celle d'Alto, au Chili, qui doit pareillement son origine au cuivre, est parvenue, dans l'intervalle de peu d'années, à 9,000.

L'Espagne est plus avancée dans l'industrie minérale que dans la plupart des industries manufacturières. Sa législation spéciale, cependant, laisse à désirer plus que celle de la France, mais les mœurs de la profession se sont perpétuées dans le pays. Malheureusement les capitaux y manquent et les transports y sont difficiles.

La race espagnole a fait ses preuves au Mexique et au Pérou, dans les seizième, dix-septième et dix-huitième siècles. Aujourd'hui, dans les contrées hispano-américaines, l'absence de voies de transport, ainsi que de moyens d'éducation appropriés et, pour le Mexique au moins, le défaut absolu de sécurité, suscitent à l'exploitation des mines d'argent et d'or des difficultés qu'on ne rencontre pas ailleurs. Seul, le Chili fait une brillante exception à cette situation déplorable.

L'empire du Brésil a cessé de compter pour la production de l'or où il se distinguait naguère. Il trouve plus d'avantage à produire, pour l'Europe, du coton, du sucre et du café, et il s'y consacre.

Indépendamment des mines d'or de ses provinces asiatiques, la richesse minérale de l'empire de Russie mérite d'être mentionnée. L'exploitation des mines métalliques y est déjà importante, et le réseau des chemins de fer, à l'extension duquel le gouvernement russe s'applique avec une sollicitude éclairée, provoquera à cet égard une amélioration marquée.

# SECTION II

**Les machines. — Progrès et extension
de la mécanique en général.**

---

## CHAPITRE I.

INTRODUCTION CONTINUE DE LA MÉCANIQUE DANS
L'INDUSTRIE.

---

§ 1. — L'invasion de la mécanique dans l'industrie
s'étend chaque jour.

C'est un des caractères dominants de l'industrie
moderne, le plus saillant de tous peut-être, que la
mécanique la pénètre de toute part. Toutes les
branches de l'industrie éprouvent les unes après
les autres cette sorte d'invasion, qui est pour le
bien général, malgré l'effroi qu'elle a inspiré à un
écrivain généreux et d'ailleurs fort éclairé, Sis-
mondi, et malgré la défaveur avec laquelle elle
est envisagée parmi les populations ouvrières.
Elle a toujours pour effet l'augmentation de la
puissance productive de la société, la multiplication des produits pour une même quantité de

travail humain, et les cas ne sont pas rares où l'accroissement soit dans des proportions colossales (1).

Certes, la mise en œuvre d'idées empruntées au domaine des sciences autres que la mécanique peut aussi donner lieu à des progrès considérables de l'industrie. La chimie réalise souvent des changements qui tiennent du prodige. On a pu lui appliquer avec justesse le vers classique :

Sous ses heureuses mains le cuivre devient or.

Il serait possible de citer des cas où une simple opération physique a suffi pour métamorphoser une industrie, ou même pour lui donner naissance. Ainsi, la filature du lin à la mécanique a été rendue possible par l'idée qu'on a eue de faire passer les étoupes et les fils à demi formés par un bain d'eau chaude.

Mais quelles que soient les merveilles que l'industrie doit à la chimie, quelque secours qu'elle tire de la physique, les perfectionnements dont la mécanique est l'origine l'emportent en ce sens que la mécanique est d'une application plus générale ; elle est d'utilité universelle.

Par la vertu de la mécanique, des fabrications qui, naguère, formaient le lot de quelques artisans peu et mal outillés, établis dans une petite boutique

(1) Nous en avons cité des exemples, pages 22 et 23 de cette Introduction.

ou une chambre, passent successivement à l'état de grande industrie. Presque tout s'y faisait à la main ou avec un petit nombre d'intruments d'une grande simplicité. Aujourd'hui, elles ont un nombreux outillage mis en mouvement par la vapeur ou par des chutes d'eau, et on y peut observer d'une manière très-accentuée la division du travail marchant de front, ainsi que c'est la règle, avec l'introduction des machines et des outils perfectionnés.

Il n'y a pas bien longtemps que des industries, qui aujourd'hui sont entièrement sous la loi de la mécanique, et qu'on s'imaginerait volontiers y avoir été toujours, ont été conquises par elle. Les personnes qui aiment ce genre d'études n'ont qu'à remonter jusqu'à l'origine du XIX$^e$ siècle : elles seront étonnées de la grandeur et de la multiplicité des changements, dus à l'introduction de la mécanique, qui s'offriront à elles (1).

(1) Voici quelques lignes que j'extrais du Cours d'économie politique fait à Reims en 1866-67, sous les auspices éclairés de la Société industrielle de cette importante ville manufacturière, par M. Félix Cadet, professeur de philosophie au lycée.

« Ne vous souvient-il pas en quel état se trouvaient les choses ( à Reims ), il y a trente ou trente-cinq ans ? Cela se faisait en famille, avec une bonhomie qui fait sourire la génération actuelle, d'un sourire exempt, bien entendu, de toute amertume et de toute raillerie. Le fabricant triait sa laine, souvent la peignait lui-même, la dégraissait ; il étendait ses échées ; il encollait lui-même ses chaînes ; sa femme ou

Au milieu de ces fabrications nombreuses qui composent les articles dits de Paris, j'en prends une à peu près au hasard, celle des lorgnettes de spectacle. Elle est devenue récemment, grâce à la mécanique, une grande industrie, très-bien outillée, avec une extrême division du travail. Les machines ingénieuses qu'elle emploie, non contentes de faire beaucoup de travail en peu de temps, économisent les matières de valeur, comme l'ivoire, dont est fait le corps des lorgnettes (1).

La même observation s'applique aux porte-plumes, aux encriers en tôle mince vernissée, et à mille articles analogues (2).

L'industrie de la chapellerie a été renouvelée par

ses enfants bobinaient; en un mot, il était à la fois ouvrier et fabricant.

« On trouve encore des spécimens de cette industrie rudimentaire à Mouy (Oise), peut-être même pas loin d'ici, parmi les fabricants de mérinos grande largeur, sur les bords de la Suippe. Les choses ont changé depuis, vous le savez. » (*Cours d'économie politique*, par M. Félix Cadet, page 105. )

(1) C'est ce qu'on peut voir, à Paris, dans l'établissement de M. Lemaire, rue Oberkampf. M. Lemaire est l'inventeur des mécanismes qu'il emploie. Il a, de plus, organisé dans sa fabrique un système d'apprentissage d'un grand intérêt.

(2) M. Bac, à Paris, a, pour la fabrication des porte-plumes, des encriers de poche en tôle mince et de plusieurs articles semblables, un établissement remarquable, dont il a lui-même imaginé les mécanismes.

la mécanique. L'homme auquel elle est le plus redevable est un chapelier de Paris, M. Laville. Il
a perfectionné les machines des autres et en a
conçu de nouvelles qu'il a mises en usage dans
son établissement, et qui de là se sont répandues au dehors (1). C'est par l'initiative de
cet intelligent et infatigable manufacturier que la
chapellerie est devenue si prospère en France.
La chapellerie française ainsi outillée a rapidement décuplé sa production. Elle a su aussi utiliser de nouvelles matières. Il y peu d'années, le
chapeau de soie était presque le seul qu'on fabriquât. A présent, il ne représente pas plus du
vingtième de la production totale. C'est le feutre
qui est devenu le tissu en vogue, et il s'est prêté
à tous les usages et à toutes les formes. Le succès
général de cette fabrication a donné naissance à
des industries toutes nouvelles, telles que les
« couperies de poils » sur lesquelles le Rapport de
M. d'Aligny, sur la Classe 57 (2), contient des observations intéressantes. Il a déterminé aussi un
commerce étendu de matières premières. Une
quantité de poils à l'usage de la chapellerie vient
du nouveau monde.

A vrai dire, il faut s'attendre à ce que toutes les
industries passent par là l'une après l'autre. Les

(1) Tome IV, page 105.
(2) Tome IX, page 228. Voir aussi tome VI, page 127, le
Rapport de M. Servant.

industries du bâtiment semblaient plus que d'autres vouées au travail manuel, à l'exclusion de la mécanique. En réalité, la mécanique aujourd'hui s'en est emparée.

La menuiserie se fait à la mécanique (1). Il en est de même de la serrurerie, jusques et y compris les clous de tout échantillon. On façonne mécaniquement les charpentes (2), et on taille mécaniquement les pierres. Une machine pétrit le mortier, une autre élève les pierres ou les briques, en remplaçant, pour les maçons, l'apprenti qu'ils appelaient l'*oiseau*.

On fabrique à la mécanique des châlets tout entiers en pièces numérotées, pour être expédiés, par les chemins de fer, aux départements et au delà des mers, à l'étranger, sur le modèle de ceux de la Suisse, non sans y joindre des enjolivements en découpures, que les chefs de famille des vallées helvétiennes auraient considérés comme un luxe inquiétant, mais qu'aujourd'hui le petit bourgeois peut se permettre parce que la machine les exécute à vil prix.

Dans l'industrie si variée et souvent si délicate des tissus, la mécanique, qui y a déjà bien établi sa souveraineté, étend sans cesse son empire; elle n'y laissera pas un coin qui ne soit directement sous sa loi. Ainsi, en ce moment, nous la voyons

(1) Tome X, page 135, Rapport de M. Viollet-Le-Duc.
(2) Tome X, pages 106, 113.

s'attaquer avec succès au tissage des velours fins (1).

La mécanique pénètre jusque sur le terrain de la chimie, son émule, pour y faire des innovations dont celle-ci se trouve parfaitement : depuis quelque temps déjà on remarquait dans les ateliers de teinture d'ingénieuses dispositions mécaniques; l'impression au rouleau des toiles de coton et des papiers de tenture en est un remarquable exemple. Maintenant apparaissent dans l'art du teinturier de nouveaux procédés où la mécanique joue un rôle important (2).

Parmi les machines nouvelles qui aspirent à remplacer les doigts de l'homme, même dans les détails de la vie privée, on a vu au Champ-de-Mars une machine à faire des cigarettes (3).

Dans le dernier demi-siècle, la mécanique a complétement transformé l'art de la meunerie, si essentiel dans la société. A cet égard, le contraste est frappant entre les pays civilisés, tels que l'Europe et les États-Unis, et les régions arriérées du nord de l'Afrique, qui sont peuplées de tribus arabes. Chez ces dernières, le blé, de nos jours encore, est écrasé entre deux pierres, à main

(1) Tome IX, page 304, Rapport de MM. Ch. Callon et F. Kohn.

(2) Le système Gouchon. Voir tome IX, page 183, Rapport de MM. Alcan et Simon.

(3) Rapport de M. Cavaré fils, tome VIII, page 426.

d'homme, ou plus exactement par le travail des
femmes qui en gémissent comme les servantes de
Pénélope astreintes à ce même labeur, et une
multitude de pauvres créatures y subissent cette
pénible corvée. Au contraire, dans les moulins
perfectionnés, qui fournissent aux peuples civilisés
la magnifique farine dont ils se nourrissent, le
labeur humain a presque disparu. Le curieux, qui
s'y promène, n'y rencontre aucun ouvrier. Il semble
que ce soient des fées qui fassent la besogne. Il y
a une fée, en effet : c'est la mécanique.

La boulangerie est à son tour envahie par les
procédés perfectionnés, empruntés à l'arsenal de
la mécanique. L'Exposition montrait en concurrence, et constamment en activité, les appareils
Lebaudy, et ceux que mettent en usage, pour leur
clientèle, deux boulangers de Paris, MM. Plouin
et Vaury. Chaque jour, le public s'arrachait le
pain, à la sortie du four. Dans les deux bou-
tiques, le pétrin mécanique était seul en usage.
Ainsi va être supprimé le travail du geindre, si
peu attrayant pour le consommateur et si dur pour
l'ouvrier, au corps nu et à la sueur ruisselante (1).

La maréchalerie tend à devenir un art essentiellement mécanique : MM. Mausoy, de Clichy,
fabriquent, à la machine, des fers de tous modèles, au moyen d'un outillage perfectionné. Leur

(1) Voir ci-après tome VIII, page 351.

usine n'est déjà plus la seule qui marche sur cette donnée.

La France produit actuellement, par an, pour 25 à 30 millions de francs de cols-cravates (1). C'est la machine à découper et la machine à coudre qui ont donné à la lingerie dite de confection le moyen de s'étendre à ce point, par la modicité de plus en plus marquée des prix de vente. A Paris, plus de dix mille ouvrières vivent de cette industrie de la lingerie en grand, et leur salaire est loin d'avoir baissé par l'introduction des machines; elles gagnent en moyenne 2 francs par jour, et les plus laborieuses vont jusqu'à 4 francs.

Appliquée à l'agriculture, la mécanique lui rend les mêmes services qu'aux autres industries : elle la dispense de chercher un personnel qu'elle ne trouverait pas. Dans des pays où la population n'a que peu de densité, elle permet de porter la production des denrées de première nécessité, des céréales par exemple, à ce point qu'il y en ait non-seulement pour les indigènes, mais aussi pour l'exportation sur une grande échelle. La moissonneuse, machine dont il existe plusieurs modèles, parmi lesquels le meilleur est celui de M. M<sup>c</sup> Cormick, de Chicago, donne à l'Amérique du Nord le moyen de fournir du blé à l'Europe, après avoir nourri ces populeuses cités qui font l'orgueil et la

(1) Voir ci-après le Rapport de M. Hayem aîné, tome IV, page 304.

puissance des États du littoral, Boston, New-
York, Philadelphie, Baltimore. Sans elle, comment l'Ohio, l'Illinois, le Michigan et tous les
autres États grands producteurs de blé, auraient-
ils assez de bras pour ramasser leurs récoltes sur
la vaste étendue qu'ils ensemencent? Les États-
Unis comptent en activité environ 175,000 de ces
machines dont la majeure partie est du système
Mᶜ Cormick (1). Un homme distingué, fort compé-
tent en ces matières, M. Gould, président de la
Société d'Agriculture de l'État de New-York, estime que l'ensemble de ces machines remplace, au
moment de la moisson, jusqu'à quinze cent mille
hommes qu'on ne trouverait à aucun prix (2).
Avec la moissonneuse, la récolte est faite sur une
propriété en très-peu de jours ; de sorte qu'il suffit d'une veine de beau temps pour la couper et la
mettre à l'abri. De plus, elle empêche la perte
d'une quantité notable de grains; on estime que
le blé ainsi sauvé peut aller à près d'un hectolitre par hectare.

(1) Voir, sur la moissonneuse Mᶜ Cormick, le Rapport de
M. Tisserand, tome XII, page 45; celui de M. Aureliano,
page 125, et celui de M. Boitel, tome VIII, page 182.

A lui seul, dans ses ateliers, M. Mᶜ Cormick en a fabriqué 80,000. D'autres constructeurs se sont servis de son modèle, son brevet étant expiré.

(2) D'autres calculs indiqueraient un nombre moins considérable. Mais, dans tous les cas, l'avantage est immense, et la
face de la culture en est changée.

Une simple opération, la compression, qui se fait par une machine, permet de transporter au loin les fourrages. Pour la guerre, c'est d'une grande utilité; pour l'approvisionnement des capitales où il y a un très-grand nombre de chevaux, c'est une ressource en l'absence de laquelle les prix seraient excessifs (1).

Qu'était l'art dentaire il y a un siècle? un métier borné et immobile. Et qu'était le dentiste? un praticien vulgaire. Aujourd'hui le dentiste, pour réussir, doit être un chirurgien savant, et il a à son service des industries montées en grand: la fabrication des instruments mêmes, celle des dents, celle des pièces en caoutchouc, celle d'un or particulier. On en trouvera le détail, qui est fort curieux, dans le Rapport de M. Th.-W. Evans (2). La mécanique et la chimie prêtent ici l'une et l'autre leur concours. L'établissement de M. Samuel White, à Philadelphie, pour les instruments spéciaux, les dents artificielles et l'or spongieux, occupe 300 ouvriers. C'est aux États-Unis que la chirurgie dentaire a reçu le plus de développements et a acquis sa supériorité, parce que c'est là que les arts qui s'y rattachent ont été le plus perfectionnés par la mécanique et la chimie.

(1) Voir le Rapport de M. Aureliano, tome XII, page 129, et celui de M. Barral, tome VI, page 404.

(2) Tome II, page 389.

## § 2. — Des résultats généraux de l'introduction des machines.

Le progrès des industries, c'est-à-dire leur extension, la quantité de produits qu'elles livrent au commerce et à la consommation, et l'abaissement du prix des objets fabriqués suivent partout l'invasion de la mécanique. Le nombre des ouvriers occupés semblerait devoir être diminué par l'usage des machines : au contraire, il augmente, tant la demande et, à la suite, la fabrication deviennent grandes par la réduction des prix.

De tous les textiles, le coton et la laine sont ceux au travail desquels la mécanique s'est le plus grandement adaptée. C'est eux de même qui emploient le plus de bras. Mais aussi quelles proportions les industries textiles en général, celles du coton et de la laine en particulier, n'ont-elles pas acquises avec l'assistance des machines ! Dans les relevés statistiques qu'il a dressés, M. Alcan estime que, sur une valeur de plus de 11 milliards, produite dans toute l'Europe en tissus de toute sorte (coton, laine, lin, chanvre, jute, soie), le coton fait 3,648 millions ; la laine, 3,631 ; ensemble : 7,279 millions, ou les deux tiers de la totalité (1).

Le coton est un textile exotique, et, il y a cent

(1) *Études sur les arts textiles à l'Exposition de 1867*, page 346. — *Ibid.*, page 357.

ans, la production des articles de coton était insignifiante en Europe. A cette époque, la soie
primait les autres textiles par la valeur de la production qui en provenait. Elle est aujourd'hui au
dernier rang, quoique la fabrication des soieries
ne soit pas restée stationnaire, et qu'elle monte
présentement, en Europe, à 1,628 millions (1).

L'Angleterre est le pays où l'application de la
mécanique à l'industrie en général s'est étendue
le plus. Les industries textiles, et l'industrie du
coton entre toutes, sont celles qui en offrent les plus
frappants exemples. La conséquence est que c'est
l'Angleterre qui travaille le plus et surtout qui
produit le plus, et où spécialement les industries
textiles se sont le plus développées. Elle fait, avec
les textiles, des articles divers pour 4,536 millions,
juste les deux cinquièmes de ce qu'en produit
toute l'Europe. Elle fabrique des articles en coton
pour deux milliards de francs, sur une valeur d'un
peu plus de trois et demi fournie par l'Europe entière, soit 57 pour 100 (2).

Veut-on mesurer l'influence que le développement des arts mécaniques peut exercer sur les
salaires? De tous les ouvriers de l'Europe, le
mieux payé est celui de l'Angleterre. En Russie,
il y a des filatures de coton à la mécanique, mais
en même temps on file beaucoup au rouet. M. Alcan

(1) *Études sur les arts textiles*, déjà citées, page 338.
(2) *Ibid.*, page 346.

nous apprend que, dans cet empire, les fileuses à
la mécanique gagnent 1 fr. 25, et les fileuses au
rouet 24 centimes seulement (1).

Désire-t-on savoir à quel point, par suite du
progrès des arts mécaniques, la population des
pays industrieux est elle-même pourvue d'objets
produits dans les industries textiles? Déduction
faite de l'exportation, ce qui reste à la population
britannique en articles de toute sorte provenant
de ces industries, pour le vêtement, les usages
domestiques et l'ameublement, représente une
somme de 94 francs par tête. En France, c'est
57 francs; en Belgique, 52, et en Russie, 16.

L'Italie, d'après M. Alcan, ne serait pas plus
avancée que la Russie, elle le serait même moins;
on y compterait encore 300,000 fileuses au rouet,
gagnant 15 centimes par jour.

Ce n'est pas à dire que, dans quelques cas,
l'introduction d'une machine nouvelle, qui est un
progrès marqué pour la Société en général, ne
soumette les ouvriers, en particulier, à une dure
épreuve. Quand elle se fait subitement et à la
fois dans tous les ateliers d'une même ville et
d'une même province, une partie notable des ouvriers est immédiatement privée de travail, et des
centaines, des milliers de personnes restent ainsi
sans gagne-pain. Le cas est rare, mais il est possible d'en citer des exemples. Il n'en faut rien

(1) *Études sur les arts textiles*, page 357.

conclure contre les machines. La seule conclusion à tirer, c'est qu'une société bien organisée doit prévoir les circonstances de ce genre, et que tout le monde doit s'y prêter, les chefs d'industrie, les administrations locales et même l'administration de l'État. Mais le concours des ouvriers eux-mêmes est indispensable. Ils doivent, par la pratique de l'épargne, se préparer le moyen de parer eux-mêmes à ces cruelles extrémités dans la mesure du possible.

Les populations ouvrières ont lieu de compter, dans ces conjonctures, sur l'active sympathie des autres classes de la Société. Mais le propre d'une civilisation avancée, d'une nation mûre pour une constitution libérale, c'est que chacun compte avant tout sur la puissance de ses propres efforts, sur la vertu de sa propre prévoyance; c'est que l'initiative personnelle soit assez développée chez chacun pour qu'il y trouve des ressources véritables.

On a l'exemple de ce qui doit se passer en pareil cas, dans ce qui s'est fait en Angleterre, lorsque le coton y a manqué tout à coup par l'effet de la guerre civile des États-Unis. Il s'ensuivit presque aussitôt une grande perturbation dans les moyens d'existence des ouvriers. Le travail leur fit défaut. Ce n'était pas la mécanique qui en était la cause, mais l'effet était le même, et il y avait bien plus de bras inoccupés qu'il n'y en avait jamais eu et qu'il n'y en aura jamais, du fait

d'une machine nouvelle ou d'un nouveau procédé
manufacturier. La nation anglaise a offert alors
un grand spectacle : tout le monde y a fait son
devoir, les chefs d'industrie et les chefs de l'aris-
tocratie ont rivalisé de zèle et de générosité ; les
autorités communales et le Parlement ont déployé
une sollicitude aussi intelligente que secourable.
Les ouvriers ont été admirables de patience, de
résignation et de dignité. Si un grand nombre
d'entre eux n'avaient eu des épargnes, la crise
eût été bien plus douloureuse.

En se plaçant à un tout autre point de vue,
n'a-t-on pas lieu d'admirer les ressources que la
mécanique fournit à la guerre même? Sans leurs
machines à fabriquer les fusils, les Américains du
Nord auraient-ils pu armer à temps leurs millions
de soldats et en finir avec l'effroyable guerre civile qui, après avoir causé tant de dépenses en
hommes et en argent, occasionné tant de dévasta-
tions et de désastres, devait pourtant aboutir à
l'abolition de l'esclavage des noirs dans les États
du Sud (1)?

Le perfectionnement des armes à feu, fusils et
canons, relève entièrement de la mécanique. Il
s'agit, en effet, de lancer dans une direction donnée, en s'en écartant aussi peu que possible, un
projectile, balle ou boulet; de le faire parvenir à la

(1) Voir tome IV, pages 464 et 472, le Rapport de M. Treuille
de Beaulieu et celui de M. Challeton de Brughat.

plus grande distance possible et de multiplier le plus possible le nombre des coups dans un même espace de temps. Ces trois aspects du problème ont été envisagés successivement par les constructeurs, qui en ont trouvé des solutions bien plus satisfaisantes que les anciennes, autant qu'on peut qualifier de satisfaisantes des inventions dont l'objet est de répandre davantage la dévastation et la mort. Sur ce dernier point, cependant, on peut remarquer que le caractère destructeur et exterminateur des nouvelles armes peut bien avoir l'effet de rendre les guerres plus rares et d'empêcher qu'on ne se batte sans les plus graves motifs. A la première collision, l'on verra, pour peu que les belligérants y apportent de l'obstination, des malheurs si grands des deux côtés, qu'il devra en résulter un sentiment général d'épouvante et un cri universel d'horreur contre la guerre.

### § 3. — Exemple particulier de l'imprimerie.

Aucune industrie n'a, depuis quinze ans, été, plus que l'imprimerie, transformée par la mécanique, non sans le concours des autres sciences cependant. Avec la presse mécanique, rien de plus facile que de tirer 6,000 feuilles à l'heure ; on est allé jusqu'au double, on peut même atteindre le quadruple (1). Pour les besoins des journaux popu-

---

(1) Les presses Marinoni le font avec 7 ouvriers seulement

laires, qui ont un débit de 100,000 et 200,000 exemplaires, le tirage de 6,000 à l'heure, qu'à Paris on regarde comme le plus commode, ne permettrait pas d'atteindre le résultat nécessaire, si l'on n'y ajoutait rien; mais on a la ressource des clichés. Même avec la presse mécanique, si l'on n'avait aucun expédient pour lui venir en aide, on devrait, pour obtenir les grands tirages en un petit nombre d'heures, faire plusieurs *compositions,* et autrefois c'est ce qui se pratiquait pour les journaux qui avaient le plus d'abonnés, quoiqu'ils fussent loin d'atteindre les nombres que nous venons de dire. Aujourd'hui, quelque grand que le tirage puisse être, on ne fait qu'une composition, mais on la multiplie par le clichage (1). L'art de clicher s'est lui-même extrêmement simplifié. Il s'est réduit à prendre une empreinte avec du blanc d'Espagne et du papier étendus sur la composition. Une pareille empreinte, qui a le mérite de ne coûter presque rien, y joint l'avantage de sécher très-vite. On peut donc presque aussitôt y verser un métal très-fusible, qui ne détériore pas le moule, se durcit immédiatement et donne un

pour chacune. Voir tome II, page 18, Rapport de M. Paul Boiteau.

(1) Une découverte vraiment originale est la prise d'empreintes au moyen de la gélatine, qui amplifie les types si on la fait gonfler dans l'eau, et les diminue si on la resserre par l'alcool. Ce procédé est dû à M. A. Martin. Voir tome II, page 85, Rapport de M. Paul Boiteau.

bon tirage. Si une empreinte ou un cliché ne suffit pas, on en prend deux, trois, le nombre qu'on veut. On cite des journaux populaires qui emploient vingt-quatre clichés. Avec vingt-quatre machines, et seulement 6,000 feuilles à l'heure par machine, on tire, en une heure, 144,000 exemplaires.

De compte fait, il y a trente ou quarante ans, pour tirer un journal à 120,000 seulement, on aurait eu besoin de cent soixante presses et de quinze cents ouvriers; matériel et personnel impossibles à réunir. Aujourd'hui, on y suffit avec quatre-vingt-dix ouvriers et neuf machines. Et même avec quatre machines Marinoni et vingt-huit ouvriers, en une seule heure!

A l'Exposition même, on voyait fonctionner une presse mécanique de M. Jules Derriey, à petits cylindres, qui imprimait 10,000 feuilles à l'heure. C'est juste le chiffre que, dans la petite mécanique typographique, la presse Lecoq permet d'obtenir couramment pour le numérotage des billets de chemin de fer (1).

La multiplication des reliefs, sinon des empreintes, s'emploie pour la lithographie comme pour la typographie. On transporte un dessin, une fois tiré, sur une nouvelle pierre, comme on fait un cliché en métal, par un procédé approprié.

(1) Voir tome IX, pages 280 et 285, le Rapport de MM. Laboulaye, Doumerc et Normand.

Il se tire ainsi d'une seule gravure un nombre il-limité d'exemplaires. C'est par ce procédé qu'il est possible d'obtenir à vil prix des cartes de géographie et de la musique. Aussi vend-on main-tenant 50 centimes de jolis petits atlas de géo-graphie, de dix ou douze cartes avec texte. De même il y a de petits solféges à 15 centimes et des partitions complètes d'opéra à 2 francs (1).

Ce qu'on appelle « l'aciérage » des types, c'est-à-dire l'opération électro-chimique par laquelle on dépose du fer sur des clichés d'imprimerie, ou sur des caractères mobiles, ou même sur des planches de gravure en creux ou en relief, est encore une cause d'économie et de bon marché dans la pro-duction des livres et des estampes, par la durée qui en résulte pour les types.

Il ne manque donc plus rien pour que les popu-lations, qui veulent s'instruire, aient sous la main, en abondance, les livres et les cartes qui leur sont nécessaires. Si même, pour se cultiver l'esprit et le sentiment, elles jugent à propos de se livrer au charmant plaisir de la musique, au lieu des jeux grossiers qui ont été en honneur parmi leurs pères, ou du cabaret qui est encore pire, rien ne sera plus aisé. C'est, du moins, ce qui semble.

(1) Le Rapport de M. Paul Boiteau, sur l'imprimerie, offre sur ce sujet et sur tout ce qui concerne cette industrie des renseignements pleins d'intérêt. Voir ci-après, tome II, pages 11, 14 et 72.

Malheureusement dans quelques pays, parmi lesquels j'ai le regret d'avoir à nommer la France, le système réglementaire s'interpose et paralyse les meilleures dispositions du public. Une réglementation arriérée sur l'industrie de la librairie oppose un insurmontable obstacle, dans les trois quarts du pays, au désir que les populations ne peuvent manquer d'éprouver de plus en plus, de profiter du bon marché des imprimés en tout genre, livres, dessins, cartes et musique. Les petites villes et les villages ne peuvent avoir aucun dépôt de livres. Ce commerce n'est permis qu'à des libraires de profession, le pratiquant à l'exclusion de tout autre; or, le débit des livres dans une petite localité ne suffirait pas, s'il restait isolé, à faire vivre une famille. Ainsi, quand bien même le gouvernement voudrait multiplier indéfiniment les brevets de librairie, dont seul il est le dispensateur, il ne trouverait pas à les placer dans les endroits que nous venons d'indiquer. Tant que le commerce des livres ne sera pas une industrie libre, la France sera un pays où la grande majorité de la population lira très-peu. La liberté de la librairie est une des mesures par lesquelles un gouvernement peut le mieux manifester sa volonté de répandre les lumières (1).

---

(1) Le gouvernement avait proposé, à l'occasion de la loi sur la presse, qui a été votée cette année (1868), de réformer la législation de la librairie et celle de l'imprimerie qui ne

# CHAPITRE II.

## LES NOUVELLES FORCES MOTRICES.

—

### § 1. — L'air comprimé.

L'Exposition n'est pas sans présenter un certain contingent, en fait de nouvelles forces motrices à l'usage de l'industrie, jusques à présent bornée à l'action du vent, aux appareils hydrauliques et à la machine à vapeur.

Il convient de signaler, à ce sujet, une tentative aujourd'hui complétement victorieuse, celle de transmettre, par le moyen de l'air comprimé, même à une distance de plusieurs kilomètres, la force et le mouvement fournis par une chute d'eau. La force élastique de l'air comprimé devient ainsi un moteur. Toutefois, elle ne l'est réellement que de seconde main ; il faut d'abord une force qui comprime l'air, et celle-ci, jusqu'à présent, a été une chute d'eau ; mais on pourrait l'emprunter au vent, et, à la rigueur, à toute autre moteur.

Il y a déjà longtemps qu'un ingénieur modeste et laborieux, homme de bien en même temps, feu

vaut pas mieux. L'une et l'autre industrie seraient devenues libres. La majorité du Corps législatif a jugé à propos d'ajourner cet affranchissement.

M. Andraud, avait conçu et travaillé l'idée d'emmagasiner et d'envoyer au loin, au moyen de l'air comprimé, les forces motrices naturelles et particulièrement celle qui est disponible sur les cours d'eau, et qui peut s'élever, dans un grand pays comme la France, à des millions de chevaux. Le mérite d'avoir résolu, d'une manière parfaitement pratique, ce difficile problème sur de grandes proportions, appartient à M. Sommeiller, ingénieur en chef du percement du mont Cenis (1).

D'autres avaient essayé avant lui, au mont Cenis même ; mais, en y apportant le contingent de son propre génie, il a transformé les essais antérieurs, et, grâce à lui, le mécanisme a pu acquérir toutes les qualités réclamées par l'industrie, surtout la continuité dans l'usage. Le percement du mont Cenis sera un des monuments de notre siècle. Creuser une spacieuse galerie de plus de 12,000 mètres, non-seulement à travers des terrains d'une très-grande dureté, au moins sur une partie du parcours, mais encore sans le secours de puits intermédiaires ; avancer avec une rapidité bien supérieure à celle qu'obtient le mineur, lorsqu'il fore les trous, le fleuret à la main ; surmonter, par une aération puissante, au fond de ce couloir de plus en plus prolongé, l'inconvénient des exhalaisons humaines qui vicient l'atmosphère, et celui de la fumée de la poudre qui ne contribue

(1) Il a été assisté de MM. Grattoni et Grandis.

pas moins à rendre l'air irrespirable, telle est la série des résultats, tous nouveaux, tous intéressants, dont le souterrain du mont Cenis offre le spectacle. Le succès du système est complet, et on se considère aujourd'hui comme assuré d'achever le percement dans le délai de trois années environ (1).

Le principe nouveau, maintenant qu'il a réussi dans un travail considérable, ne peut manquer de recevoir de nouvelles applications. Un brevet d'invention a été pris pour utiliser, dans les villes comme Paris, la force motrice de l'air comprimé, au moyen de réservoirs d'où partirait une canalisation semblable à celle du gaz, qui lui-même est devenu une force motrice, et en cela l'air comprimé ferait concurrence au gaz. Quant à présent, cette idée peut être taxée de chimère; mais combien de projets, qui étaient pleins d'avenir, ont commencé par se présenter sous une forme irréalisable!

## § 2. — Eau sous pression.

Nous n'avons pas à décrire ici les beaux appareils dont M. Armstrong a vulgarisé l'emploi; la grande difficulté était d'y éviter les coups de bélier auxquels les organes des machines, et en particulier les tuyaux, ne sauraient résister; il y

(1) Voir le Rapport de M. Huet, tome X, page 215.

est parvenu en faisant communiquer les parties, qui y sont exposées, avec les conduits amenant l'eau sous pression, au moyen de soupapes s'ouvrant vers celle-ci. Ce sont donc de vraies soupapes de sûreté, qui se soulèvent au delà d'un certain effort (1).

L'eau sous pression joue actuellement deux rôles distincts dans la mécanique : elle sert tantôt de moteur proprement dit (machines Armstrong, Coque, Samain) (2), tantôt d'accumulateur de force vive. Dans ce dernier cas, elle est destinée à exercer, par intervalles, de très-puissants efforts, et il serait difficile de remplacer la docilité et la précision, aussi bien que la force des machines fondées sur cette donnée (outillage Bessemer, monte-charges, machines des docks, etc.). C'est au moyen de pistons plongeurs à simple effet qu'on utilise l'eau sous pression. La distribution par tiroir a été généralement substituée au système compliqué des anciennes machines à colonne d'eau.

Un troisième emploi de l'eau sous pression tend à prendre une certaine importance; il consiste dans ses propriétés quasi-lubréfiantes, que M. Girard avait mises en évidence. Les paliers hydrauliques de M. Jouffray en sont une heureuse application (3).

(1) Rapport de M. Worms de Romilly, tome IX, page 65.
(2) *Ibid.*, page 70.
(3) *Ibid.*, page 5.

### § 3. — Air chaud.

M. Laubereau a exposé une machine à air chaud dont le principe est nouveau. C'est la même quantité d'air qui, successivement échauffée et refroidie, actionne une machine à cylindre et tiroir ordinaires. Le déplacement de la masse gazeuse est produit par un piston spécial, qui l'amène tantôt au-dessus d'un foyer, tantôt dans un réservoir refroidi par des injections d'eau. Il reste à savoir ce qu'en dira l'expérience (1).

### § 4. — Gaz d'éclairage.

C'est à MM. Otto et Langen (2), de Cologne, que revient l'honneur d'avoir exposé la machine à gaz la plus économique. Tandis qu'une machine Lenoir consomme, par heure et par force de cheval, environ 2,500 litres de gaz, la nouvelle machine, selon M. Le Bleu, n'en exigerait que 1,200. Le principe consiste à mélanger le gaz de beaucoup d'air. Le résultat est obtenu plutôt par la dilatation de cet air échauffé, du fait de la détonation, que par l'expansion due à la détonation même. De cette manière, un piston lourd, à longue course verticale, est brusquement soulevé, et agit par son poids dans la descente.

(1) Voir le Rapport de M. Le Bleu, tome IX, page 98.
(2) *Ibid.*, page 99.

Notons aussi une ingénieuse idée de M. Hugon, celle de faire absorber par l'eau, sous la forme de chaleur latente de vaporisation, l'excédant de calorique dégagé par l'inflammation du mélange détonant; il évite ainsi la combustion des graisses dont on enduit les organes des machines et le grippement des surfaces frottantes. L'inflammation du gaz, qui, dans la machine Lenoir, est due à l'étincelle électrique, se produit dans la nouvelle machine au moyen d'un petit jet de gaz constamment allumé devant un tiroir, qui s'ouvre et se referme rapidement au moment de la détonation. Celle-ci s'opère ainsi plus régulièrement.

## § 5. — Gaz ammoniac.

Ce gaz peut être employé de deux manières, comme source de force motrice : à l'état de dissolution, ou préalablement liquéfié par une forte pression. A l'état de dissolution, M. Frot l'a appliqué aux chaudières des machines ordinaires. Après avoir agi, le gaz passe dans un *condenseur*, muni d'un *dissoluteur* et d'un *serpentin d'extraction*, dont les fonctions consistent à reconstituer une dissolution saturée du gaz, en évitant, autant que possible, les pertes. Mais cet emploi du gaz ammoniac, comme moteur, n'est pas encore sorti de la période des essais. Selon des juges éclairés, on doit s'attendre à ce qu'il donne des résultats importants (1).

A l'état liquéfié, le gaz ammoniac et quelques autres sont probablement appelés à un bel avenir industriel, à cause du travail mécanique disponible qu'ils représentent sous un petit volume : un litre d'ammoniaque liquéfiée à la pression de 10 atmosphères donne, à la température de 25 degrés, un mètre cube de gaz, soit mille fois le volume primitif.

Les chaudières Imbert, faites avec des plaques de tôle soudées sans rivures, conviennent spécialement à toutes les applications de ce genre, car elles préviennent les pertes de gaz, qui sont inévitables avec les chaudières ordinaires (2).

### § 6. — Moteurs électriques.

On ne remarque rien de neuf dans l'emploi de l'électricité comme force motrice. La tendance actuelle est bien plutôt de transformer le travail mécanique en électricité que cette dernière en force motrice.

(1) Voir ci-après, tome IX, page 99. M. Ch. Tellier, ingénieur civil, a publié récemment un volume intéressant sur cette matière. Il est intitulé : l'*Ammoniaque dans l'industrie.* — 1 vol. in-8°, Rotschild, à Paris.

(2) Voir tome IX, page 87, le Rapport de M. Luuyt.

# CHAPITRE III.

## MACHINES A VAPEUR.

—

### § 1. — Machines fixes.

La machine à vapeur rend tellement de services qu'on ne saurait attacher trop de prix à ce qui la perfectionne. En fait de machines à vapeur, les machines fixes, celles qui sont à demeure dans un atelier, et attachées au sol, sont les plus nombreuses. On en a beaucoup de modèles.

Pour ces machines, le système Woolf se répand chaque jour davantage ; la théorie l'avait indiqué, il y a longtemps, comme préférable ; la pratique aujourd'hui sanctionne manifestement cette indication. On sait qu'il concilie l'emploi des plus grandes détentes, avec un écart modéré des efforts maximum et minimum : il économise ainsi le combustible, et permet de réduire, pour une même force, le poids de la machine, parce que les organes de celle-ci n'ont pas à passer par les laborieuses alternatives d'une tension excessive et d'une tension presque nulle.

La double enveloppe de vapeur autour des cylindres se combine très-bien avec les grandes détentes, adoptées généralement aujourd'hui. M. Hirn a montré, par une expérience, devenue classique, la détente produisant, de son seul fait, une condensation d'eau. On ne peut éviter ce phénomène fâcheux qu'en restituant à la vapeur, qui menace de se convertir en eau, une partie de la chaleur latente qu'elle a transformée en travail mécanique.

Citons, comme nouveautés, deux machines américaines, celle de M. Corliss et celle de M. Hicks. La première (1) est remarquable par un nouveau mode de distribution de la vapeur. Quatre tiroirs, ou plutôt quatre robinets cylindriques y sont mûs par des leviers à ressort, tantôt entraînés dans un mouvement connexe à celui de la machine, tantôt déclanchés et livrés à l'action des ressorts. On y règle très-facilement la détente. La machine Hicks se compose de quatre pistons plongeurs à simple effet, par groupes de deux, dont chacun sert de tiroir à son voisin. La détente est réglée une fois pour toutes. Cette machine, recommandable d'ailleurs par la simplicité de ses organes, n'a pas encore été mise à l'épreuve en Europe (2).

Les organes et accessoires des machines à vapeur fixes méritent aussi une mention. Il faut signaler les nouveaux régulateurs isochrones de MM. Rolland, directeur général des tabacs, Léon Foucault, Farcot (3).

(1) Rapport de M. Luuyt, page 77.
(2) *Ibid.*, page 78.
(3) Voir ci-après le Rapport de M. Worms de Romilly, tome IX, page 12.

Une invention intéressante est celle des générateurs tubulaires à circulation, de M. Field. La flamme y lèche extérieurement une série de tubes fixés, par une de leurs extrémités, à un réservoir commun, libres et fermés à l'autre, de sorte que leur dilatation n'éprouve aucun obstacle; pour assurer une circulation facile à l'eau dans ces tubes, d'autres tubes, ouverts aux deux bouts, et évasés à la partie supérieure, y sont plongés intérieurement. L'eau relativement froide du réservoir descend par ces seconds tubes; l'eau chaude et la vapeur produite s'échappent par l'espace annulaire. Il suffit de dix à onze minutes pour mettre en pression un générateur de ce système, d'une dizaine de chevaux (1).

On peut citer aussi le régulateur d'alimentation des chaudières Belleville, dont le principe, bien apprécié aujourd'hui, consiste à débarrasser les générateurs des grandes masses d'eau, qui en font le poids et le danger. Le régulateur fonctionne automatiquement et supprime l'injection d'eau, quand la pression dépasse une certaine limite (2).

Les appareils, destinés à prévenir les incrustations, offrent un grand intérêt pratique; aucun d'eux n'a, jusqu'à présent, parfaitement résolu le problème; mais plusieurs ont approché de la

(1) Rapport de M. Luuyt, tome IX, page 84.
(2) *Ibid.*, page 89.

solution. Le système Schmitz présente des dispositions très-rationnelles : il empêche le dépôt de se produire sur les parois directement chauffées, en entretenant, tout le long, un courant d'eau constant (1).

Signalons enfin les recherches entreprises par M. Henry Sainte-Claire Deville, sur l'emploi des huiles minérales dites lourdes, comme combustible, pour chauffer les générateurs de vapeur. On essaye même le pétrole, quoique l'inflammabilité qui le caractérise le rende fort dangereux pour une telle destination.

### § 2. — Mécanique des chemins de fer.

Le chemin de fer est un appareil essentiellement mécanique; on lui a consacré déjà en Europe une somme d'environ vingt-huit milliards; c'est une raison pour qu'on s'occupe incessamment d'en tirer de plus grands effets, en le perfectionnant.

Outre les travaux de terrassement, tranchées profondes et remblais épais, qui lui sont communs avec les canaux et les routes, il y a lieu de distinguer, dans le chemin de fer, deux éléments qui lui sont propres, la voie proprement dite et le matériel, dont la pièce principale est la machine locomotive.

(1) Rapport de M. Luuyt, page 88.

La voie se compose de deux parties, le rail et les traverses, sans compter le ballast, dont il n'y a pas grand'chose à dire. Pour le rail, l'idée nouvelle, aujourd'hui bien acquise, est de le faire en acier Bessemer, au lieu de fer. Nous ne reviendrons pas sur ce sujet dont il a été suffisamment parlé ailleurs (1).

Les traverses, jusqu'à présent, étaient presque uniquement en bois. On cherche aujourd'hui à y substituer le fer, qui est plus durable même que les meilleures essences qu'il soit possible de faire venir d'outre-mer, et on en espère une notable économie. On verra ci-après, dans le rapport de MM. Eugène Flachat et de Goldschmidt (2), où en est la question. Elle s'expérimente en France et en Prusse par deux procédés différents (traverse de Fraisans, système Vautherin, et rail Hartwich).

La locomotive est l'objet de beaucoup d'efforts, dont on trouve l'exposé lucide dans le Rapport de M. Couche (3). La plus utile de toutes ces nouveautés consiste dans l'emploi prolongé de la contre-vapeur. Par ce procédé, lorsqu'un train est lancé à grande vitesse, et plus particulièrement lorsqu'il descend une rampe rapide, la vapeur, au lieu de pousser en avant la machine et le train, est employée à les retenir.

(1) Voir ci-dessus, page XLI, et ci-après, tome IX, p. 397.
(2) Tome IX, page 417.
(3) Tome IX, page 423.

Par là, on évite un danger sérieux que présentent les chemins de fer, lorsque des trains notablement chargés ont à descendre des rampes rapides. Par économie, on a dû introduire des rampes
de 20, 25, 30 millimètres par mètre et plus, dans
les pays de montagnes, au lieu des 5 et même
des 3 millimètres qu'à l'origine on considérait
comme le maximum le plus rationnel. Ces des-
centes raides présentaient un péril qu'il importait
de conjurer.

Pour construire avec économie des chemins de
fer dans des pays très-accidentés, il fallait aller
au delà des fortes inclinaisons que nous venons
de citer. A cet effet, M. le baron Séguier a inventé un mode de traction par locomotive, qui
porte aujourd'hui le nom de M. Fell; c'est le con-
structeur, qui a mis la dernière main aux locomotives appropriées à cet usage (1). On vient d'en
faire l'application au mont Cenis même, juste
au-dessus du souterrain. Ce passage offrira ainsi
la comparaison de deux systèmes très-différents
qui seront en concurrence.

Les appareils fumivores, qui évitent aux voyageurs le désagrément de la fumée, sont depuis
longtemps en usage, et, dans ces dernières années, ils ont été l'objet de quelques améliorations.

Il y a peu à dire sur les voitures et les wagons.
Pour l'ensemble des chemins de fer distribués sur

(1) Voir tome IX, page 472, Rapport de M. Couche.

la surface de la planète, ils forment un nombre dont on est surpris. On estime que ce n'est pas moins d'un million (1). En France la valeur du matériel roulant, locomotives, voitures et wagons, est de 800 millions de francs aujourd'hui. Les Compagnies de chemins de fer ont un grand intérêt à ce qu'un matériel aussi coûteux soit établi et entretenu de manière à avoir une grande durée. Il n'y a pourtant aucune innovation remarquable à signaler dans la construction des voitures et des wagons. Pour le service des voyageurs particulièrement, chaque nation garde certaines formes qu'elle trouve plus commodes (2).

Avec les voyages à long parcours, les voitures à lit doivent se multiplier et se perfectionner. Il en faudra de bien disposées sur la ligne de 5,400 kilomètres, entre New-York et San-Francisco, où le voyage se fera vraisemblablement, dans la plupart des cas, d'une seule traite. Les Américains se sont livrés déjà à des essais qu'ils continueront sans doute avec la persévérance qui leur est propre. On peut s'en remettre à eux pour trouver une solution satisfaisante.

(1) Rapport de M. Henry Mathieu, tome IX, page 479.
(2) *Ibid.*, pages 479 et 480.

10

# CHAPITRE IV.

### MACHINES-OUTILS.

—

§ 1. — Observations générales sur ces appareils.

Le but des appareils appelés machines-outils (1) est de transformer un bloc de matière, bois ou métal, de manière à lui donner en tout sens des dimensions bien arrêtées. Après avoir rempli la condition première de fixer la pièce en travail, de sorte qu'elle se présente dans des conditions convenables de stabilité et d'orientation, on la soumet à l'outil proprement dit, organe actif de l'appareil, et il faut que cet outil, très-solidement emmanché, surtout lorsque la matière sur laquelle on opère est un métal, suive une marche géométriquement définie, selon l'objet qu'on se propose. Cette marche résulte de l'agencement des organes qui constituent la machine-outil. Telle est la formule générale de ce genre d'instruments. Le génie des constructeurs consiste à la bien réaliser.

Les machines-outils sont une des plus belles acquisitions de l'industrie moderne. Elles lui ont procuré un nouveau degré d'énergie intelligente.

(1) Voir le Rapport de M. Tresca, tome IX, page 111.

Elles ajoutent sans cesse à la puissance productive du genre humain. Elles ont fourni le moyen d'atteindre deux objets : l'un, de fabriquer, particulièrement en fer, acier ou fonte, des pièces dont auparavant les dimensions étaient inabordables ; l'autre, non moins important, de donner à la fabrication des pièces de toute sorte une précision mathématique, ce qui a déterminé le progrès de la mécanique tout entière, et, avec elle, celui de l'industrie en général. Avec le matériel d'il y a cinquante ans, lorsqu'on avait à fabriquer de très-fortes pièces, on procédait de la même manière que s'il se fût agi d'articles de petites dimensions et de l'exécution la plus simple. C'était la main de l'ouvrier qui menait l'outil. Assez souvent cependant elle s'aidait alors de quelques instruments accessoires peu variés, d'une médiocre consistance. Ces instruments ont été l'embryon grossier des machines-outils ; ils se manœuvraient à bras par l'ouvrier opérateur lui-même, en certains cas avec l'aide de quelques autres. Aujourd'hui l'embryon est parvenu à la plénitude de l'existence, au complet développement de ses forces. L'outil, c'est-à-dire la pièce qui agit sur le bloc de fer, d'acier, de cuivre ou de bois à élaborer, est mu et guidé absolument par la mécanique. Il suit la direction qu'on veut, parce que c'est un jeu aujourd'hui de transformer le mouvement fourni par une machine en un autre mouvement quelconque ; il a la force qu'on veut, puisqu'on est le maître de

rendre aussi puissante qu'on le désire la machine
motrice qui met en fonctions la machine-outil.

C'est avec les machines-outils surtout qu'on est
fondé à dire que l'homme regarde faire, et que les
forces naturelles agissent pour lui. Avec leur concours, on tourne sans aucune difficulté les pièces
de métal les plus fortes, telles que les énormes
arbres de couche des machines à vapeur de navigation ; par elles, on rabote le fer comme si c'é-
tait des planches de sapin ; on mortaise, on
alèse, on perce, on scie, on taraude, avec une
parfaite aisance et sans bruit, tous les métaux dont
sont faits les engins employés dans les arts. De
même on taille les engrenages, de même on
martèle. La machine-outil qu'on nomme le marteau-
pilon est une des plus curieuses inventions de
notre temps. La *machine à fraiser* (1) n'est pas la
moins remarquable des combinaisons qui forment
les machines-outils. Je pourrais citer vingt autres
opérations qu'on leur confie avec le même succès.

Nos locomotives modernes, si puissantes et si
bien ajustées qu'elles peuvent se mouvoir avec la
vitesse de cent kilomètres à l'heure et plus, sans
que le mouvement précipité de leurs organes les
détraque ; nos machines de navigation à vapeur,
si énergiques et si rapides, n'existeraient pas
sans les machines-outils ; les pièces dont elles

(1) Je renvoie, pour l'explication de ces termes et des déno-
minations ci-dessus, au Rapport de M. Tresca, t. IX, p. 111.

sont faites ne seraient pas exécutables avec le degré indispensable de précision. Sans les machines-outils, toutes nos machines sans exception seraient défectueuses, parce que la forme de leurs organes serait incorrecte. Aussi, dans tous les ateliers de construction, se sert-on aujourd'hui des machines-outils. L'atelier qui tenterait de s'en passer n'aurait plus qu'à fermer; personne ne voudrait de sa fabrication parce que ce serait du rebut.

Le nom de l'inventeur des machines-outils, M. Whitworth, de Manchester, mérite d'aller à la postérité (1).

Le caractère principal des machines-outils en 1867, par comparaison avec 1862 et les années précédentes, consiste en ce que : 1° elles sont plus puissantes et font la besogne plus en grand; 2° elles sont plus automatiques, c'est-à-dire se passent plus complétement de la main de l'homme.

On a remarqué en 1867 quelques particularités. La *fraise,* dont le domaine était très-restreint, à l'origine des machines-outils, a pris beaucoup de

(1) **M. Whitworth** a, en outre, le mérite d'avoir consacré une somme très-considérable, fruit de son travail, à une fondation en faveur de jeunes mécaniciens intelligents, mais sans fortune, pour qu'ils reçoivent l'éducation qui en fera des ingénieurs. Il ne s'agit de rien moins que de trente bourses de cent livres sterling (2,500 francs) chacune. Il a dû, à cet effet, donner un capital de 100,000 livres sterling ( 2,500,000 francs).

faveur et entre maintenant dans l'organisme d'un grand nombre de ces appareils (1).

On a constaté, à l'Exposition de 1867, cette particularité que les constructeurs de pays placés à une grande distance les uns des autres apportent un génie différent à l'établissement des machines-outils. Les Américains du Nord, par exemple, procèdent d'après des données qui leur sont propres et qui diffèrent de celles des constructeurs européens. C'est ainsi que le domaine de l'industrie s'agrandit par le concours des peuples rivaux. On a remarqué des dispositions ignorées de l'ouest de l'Europe, dans les machines-outils de M. W. Sellers, de Philadelphie, et même dans celles d'un plus proche voisin, M. Zimmermann, de Chemnitz en Saxe; tout en faisant fort bien, ces deux maisons travaillent dans un ordre d'idées autre que celui des grands constructeurs de France et d'Angleterre.

### § 2. — Indication de quelques machines-outils.

Parmi les nouveautés de détail qu'on rencontre en grand nombre dans les machines-outils, on peut citer les applications nouvelles de la scie à lame sans fin. Il y a du temps déjà qu'on s'en servait avec avantage pour le découpage du bois, de manière à tailler une multitude de pièces et à don-

(1) Voir tome IX, page 114.

ner à peu de frais tous les ornements dont on enjolive les chalets. Voici qu'on en fait usage pour confectionner des objets en fer, en découpant un bloc ou une plaque de ce métal. Une plaque de fer de vingt-cinq millimètres d'épaisseur peut être débitée suivant une courbe quelconque, à raison de quarante millimètres environ de développement par minute, ou près de deux mètres et demi par heure. On remarquait à l'Exposition un bloc de fer de vingt centimètres d'épaisseur, taillé par la scie à lame sans fin en une double spirale, et le trait n'avait qu'une épaisseur de deux millimètres (1).

La taille des engrenages a donné naissance à d'heureuses combinaisons mécaniques. Pour les engrenages cylindriques, M. W. Sellers, et, pour les engrenages coniques, M. Zimmermann, ce dernier s'inspirant d'ailleurs des idées de M. Potts, ont produit des machines où le tracé complet des dents s'effectue automatiquement (2).

Le frappeur mécanique de M. Davies, destiné à remplacer le travail du forgeron, semble appelé à un grand succès (3). Il se compose d'une machine à vapeur placée dans un grand anneau horizontal, et agissant sur la queue d'un lourd marteau dont l'ouvrier peut régler l'action au moyen d'une pé-

(1) Tome IX, page 115.
(2) *Ibid.*, page 126.
(3) *Ibid.*, page 131.

dale. L'anneau portant le mécanisme peut prendre diverses inclinaisons, en obéissant à un appareil hydraulique. Le frappeur mécanique ferait le travail de six ou sept enclumes.

M. Bouquié, dont l'idée première a été interprétée par M. Deny, a inventé une remarquable machine à faire les chaînes. On n'a qu'à lui confier des tiges de fer, elle les courbe et les sertit, et il en sort une chaîne prête à servir.

MM. Evrard et Boyer ont exposé une machine à fabriquer les charnières, se faisant à elle-même les pièces de fer et de cuivre qui lui sont nécessaires ; les plaques découpées, pliées, percées, passent si rapidement par les diverses phases de leur transformation que l'œil a de la peine à les suivre. Les machines à faire les clous, tant remarquées lors de leur apparition, sont bien dépassées.

Parmi les machines-outils qui travaillent le bois, on a remarqué la rabotteuse à lames hélicoïdales de M. Maréchal, de Paris, et surtout l'outil appelé à juste titre le *menuisier universel,* qui est composé d'une table, d'une lame de scie circulaire montée sur un axe horizontal, et d'un double système rectangulaire de guides à inclinaison variable, permettant ainsi presque toutes les opérations de la menuiserie (1).

Outre les machines-outils qui servent à travailler les métaux et les bois, il en est d'autres

(1) Rapport de M. Tresca, tome IX, page 148.

qui façonnent les matières argileuses (1). Elles
sont aujourd'hui fort bien entendues. Dans cette
industrie, il convient de citer M. Borie. Le premier, il a établi une grande fabrication de briques
creuses dont l'emploi s'est répandu beaucoup.
A Paris, on s'en sert avec profusion. A ses premiers produits il a ajouté les poteries creuses
pour la construction des cheminées dans l'intérieur
des murs. M. Borie fabrique aussi des tubes quadrangulaires qui ont jusqu'à soixante centimètres de côté sur quatre-vingts de hauteur. Placés
les uns au-dessus des autres, ces cylindres forment une cheminée d'usine très-convenable, au
moins dans une installation provisoire.

### § 3. — De l'armature des outils. — Emploi du diamant pour les forages.

Telle est l'harmonieuse unité de la nature que
tout ce qu'elle présente peut être tourné à l'avantage de l'homme. Un tel objet, de l'apparence la plus
vulgaire et même la plus rebutante, est quelquefois
la matière première d'un article de grand luxe;
réciproquement, tel objet, ordinairement à l'u-
sage du luxe le plus éclatant, peut se prêter à
une destination modeste et se mettre à rendre
avec avantage des services qu'on était habitué à
demander à des matières fort ordinaires. Le gou-

(1) Rapport de M. Tresca, tome IX, page 159.

dron de gaz, ce liquide noir et infect d'où l'on extrait l'anilime, point de départ de tant de brillantes couleurs, est un exemple du premier cas; le diamant en offre un du second. Ce corps, qui ne semblait bon qu'à satisfaire la vanité de la plus belle moitié du genre humain, peut servir autrement que comme une coûteuse superfluité. On est parvenu à en faire, malgré son prix élevé, incomparable, l'instrument d'un travail assez humble. Il y a longtemps que les vitriers emploient, pour découper le verre, des pointes de diamant, débris des ateliers où l'on taille les pierres précieuses. Aujourd'hui se révèle pour le diamant un usage nouveau, où seul il peut parfaitement réussir; c'est d'armer l'extrémité des outils avec lesquels on fore les roches dures, et nommément le quartz, que le mineur, à son grand regret, rencontre souvent sur son chemin : les ingénieurs du percement du mont Cenis en savent quelque chose

C'est le diamant noir qui a été appliqué à cette destination avec un plein succès; il coûte beaucoup moins cher, mais il a autant de dureté que la plus belle eau.

Outre les forages que le mineur est obligé d'effectuer dans des roches dont le quartz forme au moins un des éléments, l'industrie a lieu d'opérer sur les pierres dures dans un but tout différent et sur des proportions beaucoup plus exiguës. Tel est le cas où l'on travaille des pierres d'une grande dureté pour en faire des objets d'art. Le diamant noir reproduit ici ses services ; par son moyen, il devient assez facile de buriner le granit, le porphyre et les substances analogues.

# CHAPITRE V.

## MÉCANISMES DIVERS.

—

### § 1. — Machines à coudre.

Les promesses que faisait la machine à coudre, aux Expositions précédentes, se sont amplement réalisées. Cet ingénieux mécanisme se répand avec une grande rapidité. Il est devenu d'un maniement très-facile, et il ne se dérange pas ; il est ainsi à l'usage des familles. C'est une précieuse ressource à la campagne, et, pour l'ouvrière qui a pu se la procurer, une fortune. La machine en elle-même a été rendue à la fois et plus parfaite et plus utile. Elle fait aujourd'hui toutes les sortes de points. Dans les grands établissements de confection, tels que celui de M. Hayem, de Paris, où l'on exécute en toile tous les articles, les plus délicats comme les plus ordinaires, on n'a plus lieu de faire usage de l'aiguille. En même temps que l'utilité de la machine à coudre augmentait, le prix a diminué.

On peut s'expliquer d'un mot le succès de cette

machine, ou plutôt de ces machines, car il en existe plusieurs modèles : d'après MM. Wheeler et Wilson, de New-York, il faudrait, pour confectionner une chemise d'homme, quatorze heures vingt-six minutes de travail d'une couturière ; il suffit d'une heure seize minutes avec la machine. Celle-ci faisant 640 points à la minute dans la toile fine, une ouvrière n'en fait que 23, vingt-huit fois moins (1).

Pour la machine à coudre, quoiqu'il y en ait en Europe, et notamment en France, d'habiles constructeurs (2), la palme appartient aux États-Unis, où la production en est immense. La seule maison Wheeler et Wilson fabrique et vend 50,000 machines par an ; les fabricants européens n'atteignent pas 15,000. L'invention du mécanisme adopté par la maison Wheeler et Willon est due à MM. James et Henry House. Une autre maison américaine, MM. Willcox et Gibbs, mérite aussi d'être signalée. Les services rendus à l'industrie des machines à coudre par M. Élias Howe junior ne sauraient être passés sous silence. Il en fut le premier promoteur.

Les effets économiques et sociaux de cette machine se développeraient bien davantage si les

(1) Voir ci-après le Rapport de M. Henry F.-Q. d'Aligny, tome IX, page 246.

(2) Entre autres M. Callebaut, de Paris, et J. Coignard, de Nantes. Voir tome IX, page 245.

prix de vente continuaient de s'abaisser et si l'on imaginait quelque combinaison de crédit qui permît à l'humble ouvrière d'acquérir, sauf à le payer sur ses bénéfices, l'instrument qu'il lui est impossible de se procurer dans les conditions actuelles.

§ 2. — Le sondage. — Forage des puits de mines dans les terrains aquifères.

Les opérations de l'art du sondeur ont pris une grande extension. Les sondages proprement dits, ou puits artésiens, ont atteint des profondeurs énormes avec des diamètres proportionnés, et on en a trouvé dans les mines, pour le foncement des puits d'exploitation à travers les terrains aquifères, une application du plus grand intérêt.

Deux maisons en France ont acquis dans l'art du sondage une grande supériorité sur leurs émules du dedans et du dehors, celles de MM. Degousée et Laurent et de MM. Dru frères, les uns et les autres établis à Paris. MM. Degousée et Laurent ont achevé, en 1866, un forage de 858 mètres, pour le service de l'hôpital de la marine à Rochefort. L'eau qui en jaillit a une température de 40 à 44 degrés. La même maison exécute à La Chapelle, pour la ville de Paris, un puits d'un diamètre plus grand encore (1). La quantité de

(1) 1ᵐ43, restreint à 1ᵐ35 seulement par le tubage. Voir tome VIII, page 6.

sondages exécutés par la même maison, en France, en Algérie et ailleurs, est extrêmement considérable.

La maison Dru frères est la continuation de la maison Mulot, dont le chef, M. Mulot père, a rendu tant de services. Cette maison a exécuté cinq mille sondages; MM. Dru exécutent, sur la Butte-aux-Cailles, pour la ville de Paris, un grand sondage qui sera le pendant de celui de La Chapelle.

Dans des opérations de cette importance, on emploie des outils d'une force colossale; on en trouvera le détail dans les rapports ci-après, de M. Gernaert (1) et de M. Laurent-Degousée (2).

Le progrès le plus saillant, dans l'art qui nous occupe, consiste en un moyen de foncer les puits de mines à travers des terrains présentant de très-grandes affluences d'eaux. M. Kind, ingénieur de la Saxe royale, connu pour son habileté dans cette industrie, avait déjà creusé des puits de grand diamètre, à niveau plein, c'est-à-dire au milieu de l'eau; mais on avait échoué quand on avait voulu les garnir d'un cuvelage imperméable qui garantît la mine de l'invasion des eaux traversées. M. Kind et M. Chaudron, ingénieurs des mines de Belgique, ayant été appelés à essayer le foncement d'un puits au lieudit l'Hôpital, dans la concession de la Compagnie de Saint-Avold,

(1) Tome VIII, page 5.
(2) *Ibid.*, page 13.

située sur le prolongement, en France, du bassin houiller de Sarrebruck, ont accepté la tâche, quoiqu'il s'agît de traverser des bancs aquifères à l'extrême. Dans cette localité, diverses tentatives entreprises précédemment avaient occasionné une dépense de plus de vingt et un millions sans résultat. On avait besoin de deux puits, l'un de 2m 50 de diamètre pour l'aérage, l'autre de 4m 10 pour l'extraction. On a procédé comme pour les forages ordinaires, mais avec un outillage beaucoup plus fort, en travaillant à niveau plein, et après trente mois, moyennant une dépense de 700,000 francs, y compris tout l'outillage acheté pour la circonstance, on avait complétement réussi. L'innovation principale a été de garnir le puits avec des tronçons de cylindres en fonte de 1m 50 de hauteur, et de 3m 40 de diamètre, dont chacun était coulé d'une seule pièce et qu'on assemblait exactement.

En Algérie, les oasis naissent avec l'eau jaillissante. Ce sont nos soldats qui, sur les bords du Sahara, sont aujourd'hui chargés d'étendre ainsi le domaine de la verdure et de la fertilité. En dix ans, ils ont creusé 75 puits (1).

Les légions romaines n'auraient pas mieux

(1) Ces 75 puits ne donnent pourtant, tous ensemble, que 45,000 litres par minute; c'est à peine deux tiers de mètre cube par seconde. On est donc, en Afrique, loin du rendement des puits du bassin parisien.

fait. Voilà des travaux militaires auxquels les amis de la civilisation applaudissent !

### § 3. — Câble télo-dynamique de M. Hirn.

M. Hirn, du Logelbach (Haut-Rhin), a trouvé un moyen de tirer parti des chutes d'eau mieux que par le passé. Le progrès qui lui est dû ne consiste pas dans une nouvelle forme de roue hydraulique rendant plus d'effet que les anciennes, ni dans l'amélioration d'une autre machine quelconque, comme serait le bélier hydraulique ou la turbine.

L'invention de M. Hirn consiste à transmettre, sans une grande déperdition, la force motrice d'une machine hydraulique ( et même d'une machine quelconque) à une assez grande distance, par un moyen très-peu dispendieux, puisqu'il se réduit à un très-petit nombre de poulies. Si les chutes d'eau offrent l'avantage de fournir de la force à bon marché, elles ont eu jusqu'ici l'inconvénient d'assujettir l'usinier à un emplacement déterminé, qui exposait son établissement à des périls quelquefois extrêmes de la part du cours d'eau fournissant la force motrice. Les fleuves et rivières et même les ruisseaux sont parfois de dangereux voisins. Un autre effet de cet assujettissement, c'était sou-

(1) Voir le Rapport de M. Dubocq, tome VIII, page 43.

vent de n'offrir aux manufactures qu'un espace fort étroit, encaissé entre le bord du fleuve et les rochers bordant le vallon. La nécessité de placer les usines sur le bord des rivières entraînait enfin cette autre conséquence regrettable, d'enlever à l'agriculture des terrains qui communément sont ceux du rendement le plus élevé. Avec le système de M. Hirn, le moteur seul sera sur le bord de la rivière ; la manufacture sera sur un plateau, à quelque distance de là, à l'abri du courroux des eaux, et elle aura ainsi, sans une excessive dépense, la faculté de se déployer à l'aise sur un terrain nivelé. Le système de M. Hirn a déjà reçu des applications qui ne laissent pas de doute sur son efficacité.

# CHAPITRE VI.

## MÉCANIQUE DES INDUSTRIES DES TISSUS.

---

### § 1. — Filature de la laine et de la soie.

La filature des *laines cardées* présente, comme les autres industries textiles, des progrès de détail. On a ici à signaler de nouvelles extensions de la mécanique. Le graissage et le chargement de la matière première s'effectuent automatiquement. Les métiers *self-acting*, longtemps réservés

11

au coton, deviennent d'usage général pour la laine.
Le métier continu Vimont, dont on parle depuis
longtemps, n'est pas encore parvenu au degré de
perfection qu'il lui faudrait pour se répandre, mais
on espère y arriver (1).

L'industrie de la soie emploie, pour dévider
les cocons, des appareils *à mouliner* qui présentent des bobines spéciales pour chaque grosseur
de fil dévidé ; mais cette opération est difficile avec
les cocons étrangers que l'Europe est forcée d'employer en grande quantité, depuis que la maladie
du ver à soie a tant diminué la production des
soies de France et d'Italie, parce que ces cocons
sont fort irréguliers. M. A. Honegger, de la Suisse,
a imaginé un appareil automatique, espèce de
doigté des plus impressionnables, qui transporte
chaque grosseur de fil à la bobine convenable,
et réalise ainsi toutes les conditions d'un bon
échantillonnage.

### § 2. — Machines à tisser.

Les machines du tissage, qui sont si variées,
puisqu'il faut qu'elles se modifient d'après la nature des textiles et d'après le genre du tissu lui-
même, occupent toujours une grande place dans
les expositions. Elles ont donné lieu cette fois à
un excellent rapport, dû à un des hommes les plus

(1) Tome IX, page 187; Rapport de MM. Alcan et Simon.

compétents, M. Michel Alcan (1). Là, comme dans toute l'industrie, la mécanique étend de plus en plus son domaine. De plus en plus, les métiers sont automatiques, de sorte que l'ouvrier, au lieu de mettre la navette en mouvement, n'est là que pour parer aux accidents.

Rien de plus facile, à ce qu'il semble au premier abord, pour les cas les plus habituels et les genres les plus communs, que d'organiser un bon tissage mécanique. L'opération du tissage, en uni du moins, étant d'une extrême simplicité, rien, par conséquent, de plus facile à produire, par un moteur quelconque, que le mouvement de la navette portant le fil de la trame : elle ne fait qu'aller et venir, toujours suivant une même direction rectiligne, toujours traçant le même sillon. Le fait est pourtant que, pour le tissu de coton le plus élémentaire, le calicot, on a été longtemps à accomplir la substitution du tissage mécanique au tissage à la main. Beaucoup d'entre nous se rappellent avoir vu la lutte entre les deux systèmes. Même dans les villes de l'Angleterre, où l'industrie cotonnière existe sur les plus grandes proportions, avec la concurrence la plus active, les tisserands à la main (hand-loom weavers), victimes de ce progrès, n'ont disparu qu'il y a peu de temps. Pour le drap, qui est une étoffe de laine d'un tissage fort simple, à l'heure qu'il est, on peut affir-

(1) M. Alcan a été assisté de M. Édouard Simon, ingénieur.

mer qu'en France la substitution n'est point générale encore.

La difficulté de tisser mécaniquement est bien
plus grande, elle semble presque insurmontable,
lorsqu'il s'agit des toiles damassées, qui présentent des dessins quelquefois très-riches, mais qui
sont d'une seule nuance, et à plus forte raison
pour des étoffes telles que les châles, à l'instar
de l'Inde, ou les soieries façonnées de Lyon, deux
cas où à la complication du dessin se joint la
grande variété des couleurs. Pour les articles de
ce genre, il est curieux que le problème ardu
qu'ils soulevaient, par la variété même de leur
contexture, ait été résolu très-pratiquement, et
que la solution ait été appliquée en tous lieux,
avant que, pour une portion au moins des calicots
et la majeure partie des simples toiles de laine
cardée que le foulage convertit en drap, les manufacturiers employassent, sur une grande échelle,
le tissage mécanique.

Pour les tissus tels que les toiles unies, de quelque textile que ce soit, ou pour ceux qui ne mettent
en œuvre qu'un très-petit nombre de navettes, la
mécanique a procuré l'avantage de battre, dans
le même temps, un nombre de coups bien supérieur à celui que pouvait donner la main du tisserand, et c'est en cela que consiste la supériorité
même du tissage mécanique. A l'Exposition, l'on
était assourdi du bruit de ces navettes qui préci-
pitaient leur course et s'arrêtaient brusquement en

choquant le rebord du sillon où elles s'agitaient, pour revenir avec la même rapidité frapper le rebord opposé. Le danger est que, dans ce mouvement si vif, le fil ne se rompe fréquemment, et c'est là qu'a longtemps résidé l'obstacle à la propagation du tissage mécanique. Par des dispositions ingénieuses, on est parvenu successivement à diminuer ce péril, et, comme nous le dirons tout à l'heure, on espère être au moment de le faire disparaître.

Pour les tissus d'une seule nuance, à dessins compliqués, et pour ceux qui sont composés d'un grand nombre de fils de diverses couleurs, l'intervention de la mécanique s'est faite au moyen du métier Jacquard, qui remonte déjà à plus d'un demi-siècle. Depuis, on a perfectionné la Jacquard des premiers temps ; on la perfectionne même tous les jours. Le *battant-brocheur* de M. Meynier avait été une amélioration considérable ; il donnait de grandes facilités pour le cas, qui se présentait fréquemment, où un objet isolé, comme une fleur, revenait périodiquement de distance en distance dans le tissu. Un des défauts de la Jacquard primitive consiste dans l'énorme dépense qu'il fallait faire en pièces de carton percées de trous, qui se succédaient l'une à l'autre, en suivant le mouvement de la fabrication, de manière à régler le mouvement des fils d'après le nombre et la position des trous eux-mêmes. Les grandes maisons avaient des cartons pour des centaines de mille francs. On s'est appliqué à réduire le nombre des cartons, et enfin on a remplacé le carton par du papier; d'après les calculs de M. Alcan, cette substitution produirait une économie de 80 pour 100.

On verra, dans le Rapport de MM. Alcan et Simon, l'exposé des modifications heureuses que le métier Jacquard a éprouvées dans ces derniers temps et de celles qui se préparent et semblent près de réussir (1).

Pour les tissages plus simples, on a remarqué le métier de MM. Howard et Bullough, invention à laquelle les juges éclairés attribuent une grande importance, mais qui n'a pu encore être beaucoup expérimentée, parce qu'elle ne fait que de se produire. Ce métier offre une heureuse disposition par laquelle, dès que le fil de la trame se casse ou se trouve épuisé dans la navette, celle-ci est remplacée par une autre qui était en attente. On assure, et cela se comprend bien, qu'il en devra résulter une économie notable (2).

On remarque aussi des métiers mécaniques à plusieurs navettes.

### § 3. — Métier mécanique à faire le velours.

Il s'est produit à l'Exposition une machine à tisser le velours, due à M. Joyot (3). Jusqu'ici,

(1) Tome IX, pages 208 et 211.
(2) Tome IX, page 201.
(3) Tome IX, page 204.

on ne faisait mécaniquement que les velours à grosses boucles et les tapis veloutés. Au dire de M. Alcan, le succès du métier Joyot serait assuré. Ce serait un secours précieux pour les manufacturiers qui, comme ceux de la France et de l'Angleterre, payent un prix élevé de la main-d'œuvre et ont cependant à supporter, pour cet article, la concurrence de pays où la main-d'œuvre est encore à bas prix.

### § 4. — Métiers mécaniques à faire le tricot.

Les métiers mécaniques à faire le tricot, ou métiers à maille, ont été l'objet de grands perfectionnements depuis 1862. Il y en a deux catégories, les *rectilignes* et les *circulaires*.

Par les changements survenus dans les dernières années, la production du métier rectiligne est centuplée. Un fabricant français, M. Tailbouis a, sous ce rapport, rendu de très-grands services. Le métier circulaire n'est pas resté en arrière; il était admirablement représenté à l'Exposition, grâce à M. Buxtorf. Certains modèles de ce métier font jusqu'à cinq cent mille mailles à la minute, dépassant fort en cela le métier rectiligne.

Le progrès de ces dernières années consiste en ce que le métier circulaire s'applique aux ouvrages les plus variés, et donne des effets comparables à ceux du métier Jacquard.

Enfin on est arrivé à un métier simple, très-
peu coûteux, et d'une manœuvre si facile que,
sans apprentissage, le premier venu peut tricoter
un bas avec talon renforcé et pointe. On n'a qu'à
tourner une manivelle. Il tient le milieu entre le
système rectiligne et le système circulaire; on
l'appelle justement *le tricoteur omnibus* (1).

Nous renvoyons, pour les autres parties du matériel servant à faire les tissus divers, au Rapport
de MM. Alcan et Simon. Il résulte de l'ensemble
des faits que l'amélioration des dernières années
est très-marquée. La puissance productive de
l'homme est, dans ces industries, en croissance
continue.

(1) Tome IX, page 214.

# SECTION IV.

## ARTS RELEVANT DE LA PHYSIQUE ET DE LA CHIMIE.

---

## CHAPITRE I.

### TÉLÉGRAPHIE ET PHOTOGRAPHIE.

—

### § 1. — Télégraphie.

Le service télégraphique s'étend tous les jours. En France, il se développe sur 33,648 kilomètres. Ce mode de communication a pénétré dans tous les pays du monde, et se montre de plus en plus utile. Les nouveautés de l'industrie télégraphique sont des appareils de transmission qui se recommandent soit par la célérité, soit par un caractère spécial d'exactitude (1).

Le télégraphe imprimeur de M. Hughes joint, à une grande rapidité de manipulation, l'avantage d'imprimer les dépêches en caractères typographiques. Il envoie environ dix mots par minute,

---

(1) Voir ci-après le Rapport de M. Edmond Becquerel, qui traite de la télégraphie électrique en général, tome X, page 5.

deux fois plus que les appareils de M. Morse, qui
ont d'abord rendu tant de services, et dont l'invention première date de 1832; aussi, est-il adopté
sur toutes les grandes lignes françaises (1).
M. Caselli et M. Lenoir ont résolu le problème des
télégraphes autographiques. Par leurs procédés,
on peut reproduire les dessins et même les signa-
tures. Il est vrai que la rapidité de la transmission
laisse encore à désirer (2).

M. Guyot d'Arlincourt est l'inventeur d'un appareil qui présente des avantages et que l'administration française a été heureuse de s'approprier (3).

L'événement le plus considérable de la télégraphie a été la pose définitive du câble transatlantique qui, la première fois, s'était brisé presque
aussitôt. Cette entreprise a donné lieu à un beau
déploiement de volonté et de courage de la part
de M. Cyrus Field, de New-York. Les ingénieurs
chargés de la pose même y ont montré un esprit
de ressources et une habileté dans les détails dont
on doit les féliciter. Il appartenait à M. de Vougy
plus qu'à personne de traiter ce sujet dans ce
Recueil. Nous renvoyons le lecteur à son exposé (4).

(1) Voir ci-après le Rapport de M. Edmond Becquerel,
tome X, page 8.

(2) *Ibid.*, page 12.

(3) *Ibid.*, page 10.

(4) *Ibid.*, page 29.

## § 2. — Photographie.

La photographie comptait 650 exposants en
1867. C'est assez dire l'immense développement
qu'a pris, dans ce derniers temps, cet art ou cette
industrie, car la photographie tient de l'un et de
l'autre.

M. Davanne (1) en a résumé, dans un excellent
travail, les progrès et les procédés les plus récents. On y remarquera les efforts de MM. Niepce-
Saint-Victor et Poitevin, pour fixer photogra-
phiquement, non-seulement le dessin, mais aussi
les couleurs et fonder ainsi l'héliochromie (2). Les
impressions par le bichromate de potasse et la
gélatine, les applications de la photographie à la
céramique, sont autant de nouveautés intéressantes
qui témoignent des efforts souvent heureux des
inventeurs et de leur persévérance aussi infatigable qu'ingénieuse.

La gravure héliographique se perfectionne et
tend à prendre de l'extension; plusieurs inventeurs s'en occupent avec beaucoup d'intelligence
et un zèle que les obstacles ne rebutent pas (3).
Les demi-teintes laissent encore à désirer; mais
ce qu'on a obtenu déjà est considérable. Citons

(1) Tome II, page 193.
(2) Ibid., page 195.
(3) Ibid., page 206.

ici les noms de MM. Garnier, Salmon, Placet et Nègre.

Les applications de la photographie aux recherches microscopiques, à la topographie, à l'astronomie, ont déjà rendu de grands services à la science ; M. Laussedat a montré le parti qu'on en peut tirer pour l'art militaire (1).

Notons encore les appareils dits panoramiques, dont l'idée première est due, soit à feu M. Garella, ingénieur en chef des mines, soit à M. Martens, et qui permettent d'embrasser dans une vue d'ensemble le cercle tout entier de l'horizon (2).

## CHAPITRE II.

### INSTRUMENTS ET APPAREILS DE CHIRURGIE.

La construction des instruments et appareils de chirurgie a fait en Europe de grands progrès. Elle en a surtout fait en France. Les plus illustres chirurgiens ont fourni leur concours actif et empressé aux constructeurs ; ceux-ci, se mettant à la hauteur de ces opérateurs éminents, ont fait beaucoup d'efforts et de sacrifices pour perfectionner et pour innover avec succès. Par le travail de M. Nélaton (3), qui, plus que personne, a le droit

(1) Tome II, page 247.
(2) *Ibid.*, page 231.
(3) *Ibid.*, page 332.

de parler de ces outils si divers qu'il manie en maître, on verra où en est cette industrie, si importante pour le soulagement des maux de l'humanité.

Entre autres instruments, on remarquera le *cautère à gaz,* qui applique une chaleur de 1,000 degrés.

Parmi les nouveautés, on doit signaler pareillement l'emploi, qui devient usuel, du protoxyde d'azote, comme anesthésique, à la place du chloroforme, qui est plus redoutable (1). Dans un autre genre, on a remarqué un appareil de M. Émile Javal, l'*optomètre,* qui redresse certains yeux dont on ne savait jusqu'ici comment corriger les défauts (2).

On sera plus frappé encore des ingénieux moyens qu'un amateur, mu par de nobles sentiments et aussi modeste que dévoué, M. de Beaufort, a imaginés pour rendre aux amputés l'usage des membres qu'ils ont perdus. Ces mécanismes joignent à l'avantage de l'efficacité celui d'un très-bas prix. On lira avec une satisfaction peu commune ce qu'en dit, dans son intéressant travail, M. le docteur Tillaux (3). On y remarquera le soldat revenu de la Crimée, amputé des deux bras, qui a pu, avec les appareils Beaufort, faire quatre

(1) Tome II, page 407.
(2) *Ibid.*, page 329.
(3) *Ibid.*, page 370.

parties d'échecs, sans que son adversaire se doutât
de sa mutilation.

L'exposition de la grande commission sanitaire
des États-Unis qui, pendant la guerre civile de
1861 à 1865, a montré tant de sollicitude et su
dépenser utilement de si fortes sommes pour le
soulagement des militaires blessés, offrait un grand
intérêt (1). L'Europe y a trouvé des modèles à
imiter.

La gymnastique, qui se rattache par un lien
direct à la médecine et à la chirurgie, a donné
lieu à un rapport lumineux de M. le docteur Demarquay. On y trouve l'indication des tentatives
qui se font pour la répandre et en introduire
la pratique dans l'éducation de la jeunesse; c'est
peu en comparaison de ce qui devrait se faire.
Le savant rapporteur se demande avec raison (2) comment chaque ville n'a pas quelque
établissement où, par une gymnastique bien combinée, tout enfant et, au besoin, toute personne
de l'âge mûr, puisse maintenir l'indispensable
équilibre entre les forces du corps et l'activité de
l'intelligence. Il est persuadé que des exercices de
ce genre, si l'on savait en contracter l'habitude,
mettraient fin à la plupart des infirmités physiques dont restent atteintes, toute la vie, tant de

(1) Rapport de M. le docteur Th.-W. Evans, tome II,
page 378.

(2) Tome II, page 358.

personnes bien douées du côté de l'esprit. Malheureusement, pour que les excellents avis de M. le docteur Demarquay portassent leur fruit, il faudrait que ceux qui sont destinés à en recueillir le bienfait y prêtassent leur concours en montrant le désir de les suivre, et en général on y est fort peu disposé.

# CHAPITRE III.

## INSTRUMENTS DE PRÉCISION ET HORLOGERIE.

L'astronomie, la géodésie, l'électricité surtout, ont donné naissance à des appareils vraiment nouveaux (1). Le télescope de Foucault (2), la machine électrique sans frottement de M. Holtze, la machine d'induction, sans pile ni aimant, de M. Ladd, sont des inventions remarquables. Quant aux perfectionnements, ils défient toute nomenclature abrégée, et nous renvoyons pour le détail au travail de M. Lissajous, inventeur lui-même de divers instruments d'optique et d'acoustique précieux pour les démonstrations.

(1) Voir le Rapport de M. Lissajous, tome II, page 146.
(2) Pour le prix de 550 francs on établit un télescope à miroir argenté qui, avec 60 centimètres seulement de foyer et 11 centimètres de diamètre, amplifie jusqu'à 220 fois les images et peut servir à décomposer les nébuleuses. Une lunette du même pouvoir coûterait 1,200 francs.

Parmi les constructeurs d'appareils de précision, M. Rhumkorff a conservé, en ce qui touche les appareils électriques, la supériorité qui lui a valu déjà le grand prix fondé par l'Empereur (1).

M. Eichens est l'inventeur d'un dispositif spécial pour la mobilité de l'oculaire dans les télescopes Foucault, dont il a fait la construction (2).

La Suisse se distingue toujours par le bon marché et la perfection relative de ses produits d'horlogerie. Malgré cette redoutable rivalité, la France exporte annuellement pour 5 millions d'articles de ce genre ; Besançon, qui en cela grandit toujours, a la plus forte part de cette exportation.

Le balancier, qui constitue la pièce la plus délicate des chronomètres, a été l'objet de travaux mathématiques remarquables, qui se traduisent par des résultats pratiques ; ils sont dus à MM. Philipps et Résal, l'un et l'autre du corps des mines de France (3).

Comme un curieux exemple de ce qu'une intelligente division du travail permet à l'industrie, en fait de bon marché, nous mentionnerons ici les mouvements de montre que la maison Monnin-

(1) Voir ci-après le Rapport de M. Privat-Deschanel, tome II, page 423. Peut-être un instrument présenté par un physicien danois, M. Soren Hjorth, a-t-il beaucoup d'avenir. Les expériences de MM. Granier et Jules Feuquières portent à le penser.

(2) Voir ci-après le Rapport de M. Lissajous, tome II, p. 449.

(3) *Annales des mines*, années 1866 et 1867.

Japy livre au prix de 4 fr. 50, et qui sont fabriqués à l'aide d'une très-nombreuse série de machines (1).

# CHAPITRE IV.

CARTES ET PLANS ; CARTES DU LIEUTENANT MAURY.

On trouvera plus loin (2) une notice très-intéressante de M. Ferri Pisani, sur les cartes topographiques, hydrographiques et géographiques. Tous les États civilisés ont entrepris l'exécution d'une carte de grande dimension qui offrît l'image fidèle et détaillée de leur superficie. Il s'agissait de représenter exactement, par le dessin topographique, les montagnes, les vallées, et en un mot tous les accidents physiques, naturels et même artificiels, qui caractérisent et définissent le territoire. Seuls les petits États ont déjà vu la fin de cette œuvre minutieuse, à laquelle on a lieu de regretter qu'aucune convention ne soit venue donner le caractère, qui eût été fort désirable, de l'uniformité. La polychromie, qui n'est devenue pratique que tout récemment, fournira peut-être une formule plus élégante et plus commode aux

(1) Voir le Rapport du Jury spécial du *Nouvel ordre de récompenses*, ci-après, page 465.
(2) Tome III, page 557.

12

données des immenses travaux déjà exécutés sur
le terrain, pour qu'on en ait une représentation
bien intelligible.

Nous ne devons pas quitter ce sujet sans mentionner, en matière de cartes géographiques, les
heureux efforts d'un simple particulier, M. Justus
Perthes, de Gotha. Le Jury a honoré en lui l'alliance, toujours profitable, de l'industrie et de la
science.

Le Dépôt de la Marine impériale de France
continue à se recommander par ses travaux d'une
exactitude supérieure. Le ministère de l'agriculture, du commerce et des travaux publics a eu
l'excellente idée de faire dresser des cartes agro-
nomiques, qui manquaient et qui seront fort
utiles (1).

Dans ces derniers temps, la navigation, qui relie
les continents l'un à l'autre et qui est un moyen de
transport si économique, a été favorisée bien heureusement, pour les grands trajets, par les cartes
dues à un homme éminent qu'avec le monde savant nous appellerons le *lieutenant* Maury, nom
qu'il a illustré, parce que c'est dans ce grade modeste qu'il a commencé ses beaux travaux. Ces
cartes indiquent les directions que les navires à
voiles doivent adopter pour profiter le mieux possible des courants de l'atmosphère et des vents,
et raccourcir ainsi le voyage. On lira dans le Rap-

(1) Voir tome II, page 651.

port de M. Darondeau, le savant ingénieur hydrographe en chef de la Marine impériale de France, jusqu'où peut être portée par ce moyen l'économie de temps (1).

# CHAPITRE V.

## GALVANOPLASTIE, ÉLECTRO-MÉTALLURGIE (2).

La galvanoplastie, qui remonte déjà à une trentaine d'années, est devenue récemment, par les perfectionnements successifs qu'elle a reçus, une grande industrie, qui ne concourt pas seulement à orner l'intérieur de nos maisons, en y répandant de jolis objets d'art, d'un fini remarquable, mais qui peut contribuer aussi à l'ornementation la plus apparente de nos cités, puisque l'exécution des articles les plus volumineux a complétement cessé de l'effrayer (3). On a pu voir, à l'Exposition, la reproduction en cuivre de grands reliefs tirés de l'Arc de Constantin à Rome. Un de nos musées, auquel l'Exposition aurait pu l'emprunter, au moins en partie, offre, en panneaux détachés, un objet d'art d'un format plus grand encore : c'est

(1) Voir ci-après, tome II, page 597.
(2) Voir ci-après, tome VIII, pages 123 et 154, les Rapports de M. de Jacobi et de M. Oudry.
(3) Voir tome VIII, page 148.

la copie en cuivre, grandeur naturelle, par la galvanoplastie, de la colonne Trajane. Une pièce de cette dimension mériterait qu'on l'érigeât au milieu d'une place publique, où elle deviendrait un des embellissements de la capitale. Dans la cour du Louvre, par exemple, encadrée entre les beaux corps de bâtiments de ce Palais, comme la colonne de la campagne d'Austerlitz dans le majestueux carré de la place Vendôme, elle serait d'un très-grand effet. D'ailleurs elle se trouverait ainsi dans le milieu qui lui conviendrait le mieux, au centre d'un édifice consacré à notre plus importante collection nationale d'archéologie et d'œuvres d'art. Voilà où en est venue, petit à petit, cette invention qui avait commencé par des imitations de médailles et de camées, et qui sembla présomptueuse quand, en 1849, elle exposa un Christ d'un mètre de longueur.

En se modifiant, dans le but d'obtenir des produits du même aspect, mais moins coûteux, la galvanoplastie est arrivée à faire d'autres objets qui déjà servent effectivement à embellir nos places publiques et nos rues. L'industrie qui se livre à ce nouveau genre est souvent désignée sous le nom d'électro-métallurgie (1). En dé-

(1) C'est ainsi qu'elle est qualifiée dans le Rapport de M. Oudry, tome VIII, page 154. La galvanoplastie proprement dite serait ainsi l'art de produire, par l'électricité, des pièces massives, c'est-à-dire entièrement du même métal, tandis que

posant une couche de cuivre, métal inatta-
quable à l'air, dont on règle l'épaisseur à son
gré, sur la fonte de fer, métal à vil prix, fort aisé
à modeler, mais fort oxydable; elle fournit le
moyen d'exécuter à bon marché des pièces monumentales, du même effet que si elles étaient coulées en bronze de Corinthe. On en a la mesure
par un grand nombre de fontaines éparses dans
Paris, telles que celle de la place Louvois, qui
est un bijou, quoiqu'elle ne dispose que d'un filet
d'eau, les deux de la place de la Concorde qui, en
répandant chacune un torrent, animent si heureusement cet espace si vaste. On sait aussi que
les candélabres à pied, qui, au nombre de 20,000,
distribuent, ou vont distribuer, dans tout Paris,
la lumière du gaz, et dont le modèle est élégant,
sont obtenus par le même procédé. Ils ne coûtent que le quart de semblables candélabres en
bronze, et ceux-ci n'auraient ni plus d'apparence
ni plus de solidité (1).

L'inventeur de la galvanoplastie est M. H. de
Jacobi, de l'Académie des sciences de Saint-
Pétersbourg, et le Jury a eu à cœur de lui en
rendre hommage. C'est lui qui, s'attachant à éla-

l'électro-métallurgie se bornerait à déposer une couche mince
d'un métal sur une pièce faite d'un autre par un procédé
différent, c'est-à-dire par la fusion, ou par le marteau et la
lime.

(1) 200 francs au lieu de 800.

borer son idée, l'a fait passer successivement par
les phases qu'elle a traversées jusqu'à ce jour.
M. Oudry est un des hommes qui ont le plus
contribué à faire jouir le public de ces conquêtes
de la science. Il a établi à Auteuil de grands ateliers, où il a exécuté la copie des reliefs de l'arc
de Constantin, et celle, que nous venons de
mentionner, de la colonne Trajane, grâce aux encouragements que l'Empereur lui a accordés avec
sa munificence accoutumée. C'est aussi lui qui,
reprenant les fontaines antérieurement coulées en
fonte de fer, pour les recouvrir de cuivre, les a
sauvées d'un prochain désastre et les a entièrement renouvelées. Sans l'électro-métallurgie, ce
ne serait plus aujourd'hui que de la ferraille
rongée de rouille ; grâce à cet art et à l'habileté
avec laquelle M. Oudry le pratique, ce sont des
bronzes du même air que les statues antiques.
Enfin les ateliers d'Auteuil ont produit et continuent de produire les innombrables candélabres
des rues de Paris.

La maison Christofle, non moins renommée par
le soin qu'elle apporte à sa fabrication que par
l'étendue de ses affaires et la diversité de ses productions, avait exposé une quantité d'objets exécutés par la galvanoplastie et d'une grande perfection.

Nous ne pouvons passer sous silence les heureux résultats obtenus par M. Van Kempen, de
Vorschooten (Pays-Bas), qui produit industriel-

lement de l'orfévrerie massive d'argent, composée seulement de deux pièces soudées, sans anode intérieur (1). La galvanoplastie est ainsi parvenue à remplacer la fonte, dans la belle industrie de l'orfévrerie, avec une grande économie de métal. Déjà, en 1843, M. de Jacobi avait obtenu de semblables ouvrages massifs, mais il le déclare lui-même, il était loin de supposer alors que ses méthodes délicates deviendraient bientôt un procédé manufacturier, appliqué sur de telles proportions.

## CHAPITRE VI.

### ARTS DIVERS.

§ 1. — Nouvelles couleurs tirées du goudron de gaz.

Parmi les progrès dus à la chimie, il n'en est pas de plus intéressant que la continuation des découvertes de matières colorantes puisées dans le goudron de houille. Dès 1862, on énumérait treize couleurs ayant cette origine, et que la teinture utilisait. Elles formaient presque toute la gamme du spectre solaire. L'Exposition de 1867 ne révèle pas moins de dix produits nouveaux, avec des subdivisions. C'est ainsi qu'on a la série des mar-

(1) Voir le Rapport de M. H. de Jacobi, tome VIII, page 149.

rons, des gris et des noirs, un jaune, des violets et des verts fort estimés.

De plus, les opérations se sont simplifiées, ce qui a déterminé la baisse des prix. Ces substances colorantes, dont la plupart sont aujourd'hui des corps bien définis chimiquement, s'obtiennent plus pures, plus faciles à fixer, et moins fugaces. C'est sous ce dernier aspect qu'elles laissaient le plus à désirer. Si elles n'ont pas encore acquis un degré de solidité qui permette de les employer pour la teinture des étoffes destinées à un long usage, telles que celles qui servent dans l'ameublement ou que les draps, elles ont du moins acquis la durée qu'il faut pour les articles de modes.

Parmi les personnes qui ont contribué le plus, dans ces derniers temps, à multiplier ces substances colorantes et à en perfectionner la préparation, il convient de faire une mention toute particulière de M. A.-W. Hofmann, de Berlin (1).

### § 2. — L'Aluminium et son bronze.

Des différents métaux qui ont été obtenus, dans ces dernières années, en grand nombre, l'aluminium est, jusqu'à présent, le seul qui ait trouvé un emploi d'une certaine importance. A cause de

(1) Voir ci-après le Rapport de M. Balard, tome VII, page 212, et celui de M. A.-W. Hofmann, tome VII, page 223.

la grande légèreté qui le distingue, on en fait les corps ou cylindres des lorgnettes de spectacle; mais c'est principalement à l'état de bronze qu'il obtient de la faveur. Le bronze d'aluminium est un alliage qui a beaucoup d'éclat; on en fond des couverts qui ressemblent au vermeil; il est peu altérable, d'une grande ténacité et résiste fort au frottement. On l'a essayé pour diverses destinations avec succès. Il est vraisemblable que, avant qu'il soit longtemps, il sera beaucoup plus employé. Ce n'est plus qu'une question de prix, et, à cet égard, la baisse est fort probable; elle se manifestera du moment qu'on en aura adopté quelque usage nouveau d'une certaine étendue.

## § 3. — Platine.

Depuis quelques années, on a perfectionné les moyens d'obtenir une très-grande chaleur de la combustion de l'hydrogène carboné, au moyen de l'oxygène pur ou à peu près. Le calorique fourni par ce moyen rend de grands effets. De cette manière, par exemple, on fond aisément le platine qui, il y a vingt ans, passait pour infusible, et l'Exposition en montrait de gros lingots, qui, au surplus, avaient apparu à Londres en 1862, du fait de MM. Mathey et Johnson. Le platine fondu est plus blanc et plus beau que le platine spongieux, auquel on était réduit naguère, et auquel on donnait du corps en le battant. Il n'est pas impossible qu'on arrive à lui procurer ainsi, pour la fabrication des objets d'art, une vogue que jusqu'à ce jour son aspect terne lui avait interdite.

### § 4. — Acides hydrofluorique et fluo-silicique.

L'acide fluorhydrique, par l'action énergique qu'il exerce sur les silicates, devait trouver un emploi dans les arts. Il y a, en effet, assez long-temps qu'on s'en sert pour dépolir le verre. En ménageant des *réserves*, on a trouvé le moyen d'obtenir ainsi des dessins sur verre qui ont de l'agrément. Deux hommes industrieux, MM. Jardin et Blancoud, habiles graveurs sur métaux, s'étant appliqués aussi à la gravure sur pierre dure, ont eu l'idée d'employer pour leurs opérations l'acide fluorhydrique, et ils sont parvenus à opérer dans des conditions remarquables de bon marché. En poussant la gravure à une certaine profondeur et en lui donnant un contre-évasement, de sorte que la rainure fût un peu plus large au fond qu'à la surface, ils ont pu faire des incrustations très-adhérentes d'or ou d'un autre métal. On remarquait, dans la magnifique exposition de la maison Christofle, une toilette en pierre dure qui offrait ce genre d'incrustation parfaitement exécuté par MM. Jardin et Blancoud (1).

(1) Voir le Rapport de M. Barre, tome II, page 188.

Quelques autres personnes se sont servies du même procédé pour la gravure peu profonde sur l'émail de la porcelaine (1).

Grâce à M. Tessié du Motay, qui a déjà beaucoup contribué par ses découvertes aux progrès de la gravure sur verre, l'extraction de l'acide fluo-silicique est devenue industrielle (1). Transformé en fluo-silicate, cet acide a trouvé déjà plusieurs emplois dans la verrerie et l'industrie des faïences (2).

Le fluo-silicate de potasse remplace le borax, qui coûte beaucoup plus cher.

### § 5. — La nitro-glycérine.

Une invention chimique, sur laquelle l'attention a été justement appelée, est la nitro-glycérine, substance explosive, qui remplacerait la poudre de mine. La poudre fit une révolution dans l'exploitation des mines et des carrières. Il est surprenant que la découverte de Roger Bacon, déjà vieille de plusieurs siècles, et datant de l'enfance de la chimie, n'ait pas été détrônée encore, quand la chimie a livré à l'industrie tant de corps nouveaux, possédant des qualités puissantes en tout genre. Pour les travaux publics, qui ont pris de si grandes proportions depuis quelque temps, un agent plus actif que la poudre est fort désirable. Les ful-

(1) Voir le Rapport de M. Dommartin, tome III, page 175.
(2) Voir le Rapport de M. Balard, tome VII, page 135.

minates semblent, au premier abord, donner la
solution du problème; mais ils sont d'un maniement si dangereux qu'on a dû s'abstenir même
de les essayer. Tout ce qu'on a pu faire jusqu'ici
a été d'en fabriquer des capsules pour les armes
à feu, ou d'en charger des torpilles sous-marines
pour la défense des côtes ou des fleuves.

La nitro-glycérine se présente mieux. Non que
le transport en soit exempt de périls; quelques
accidents très-graves ont montré le contraire. Mais
on a un expédient bien simple, pour empêcher qu'il
n'y en ait des explosions à bord des wagons de
chemins de fer ou des paquebots : c'est de la
faire sur place, au moment même de s'en servir,
de façon à n'avoir jamais à la confier à un chemin de fer ou à un paquebot. Rien de plus facile
que cette préparation; elle peut s'improviser dans
le désert. Il est à ma connaissance que la nitro-
glycérine a été employée pendant neuf mois consécutifs, en remplacement et à l'exclusion de la
poudre de mine, pour faire une tranchée large,
profonde, dans un calcaire très-dur (1). On a en-
levé ainsi plus de 10,000 mètres cubes de rocher,
sans avoir à déplorer le plus léger accident. Le
travail a été fait avec moins de la moitié du temps
qu'il y eût fallu avec la poudre, et la dépense a été
réduite à moitié. La nitro-glycérine se préparait

(1) Rectification de la route impériale n° 9, au Pas de
l'Escalette, département de l'Hérault.

dans un endroit écarté, à une petite distance des travaux.

Jusqu'ici, la nitro-glycérine a été utilisée de préférence dans les travaux à ciel ouvert. On en a fait un grand usage dans les carrières de grès des Vosges de Saverne. Pour s'en servir dans les puits et les galeries, il faut recourir à une ventilation énergique, parce que quelques-uns des gaz produits par l'explosion de la nitro-glycérine exercent une action délétère sur l'économie animale (1). Cependant elle est d'un usage courant dans les mines royales de la Haute-Silésie, pour les travaux où l'eau se présente en abondance sous le fleuret du mineur ; on sait, en effet, que la nitro-glycérine éclate sous l'eau, sans aucune difficulté, et c'est une de ses supériorités.

Dans ces mêmes mines de Silésie, on essaie, en ce moment, une autre substance explosive, la dynamite, due à M. Nobel, l'inventeur de la nitro-glycérine. Ce nouveau produit, dont la puissance est égale à celle de la nitro-glycérine, c'est-à-dire quatorze fois plus grande que celle de la poudre, ne coûte, dit-on, que deux fois celle-ci, tandis que le prix de la nitro-glycérine est sept fois celui de la poudre. La préparation de la dynamite est restée

(1) Un habile chimiste, M. Kopp, qui avait observé l'usage de la nitro-glycérine dans les carrières de Saverne, a publié une note détaillée sur la manière de la préparer, de la conserver et de s'en servir.

secrète. On assure qu'elle est d'un maniement moins dangereux que la nitro-glycérine.

## § 6. — Verrerie.

Dans la verrerie, indépendamment de l'emploi du four Siemens, dont nous avons déjà signalé les avantages, on peut citer, en fait d'innovations intéressantes, la gravure mate sur cristal, obtenue par MM. Kessler, Tessié du Motay et Maréchal, au moyen de dérivés de l'acide fluosilicique, au lieu de la roue du tailleur (1). L'emploi des dérivés de l'acide fluorhydrique ne donnait que la gravure brillante.

Le montage des grandes pièces de cristal est arrivé à des proportions colossales (2). Dans les pièces fines, les connaisseurs remarquent avec étonnement les dispositions de couleur sur couleur (3), nouveauté qui est d'un effet fort riche.

Le spath fluor, introduit dans la masse même du verre, remplace maintenant, dans les globes d'éclairage, l'usage du dépoli ou du verre opalisé; M. Paris, de Bercy, a montré avec quelle perfection on peut par ces nouveaux globes tamiser la lumière et la disperser.

(1) Rapport de MM. Eugène Péligot et Bontemps, tome III, page 68, et Rapport de M. Balard, tome VII, page 139.

(2) Tome III, page 72.

(3) *Ibid.*, page 68.

La production annuelle des glaces, en Europe, atteint actuellement environ un million de mètres carrés, soit un carré d'un kilomètre de côté. Le prix a baissé, depuis vingt ans, de 60 pour 100. Ces deux faits, la baisse des prix et la grande production, se montrent ainsi corrélatifs l'un de l'autre pour cette industrie, comme pour toutes les autres.

Dans le Rapport sur l'Exposition de 1862 (1), on a mentionné le nouveau procédé d'étamage des glaces, qui consiste à remplacer l'étain et le mercure par l'argent, au moyen d'un procédé chimique des plus simples et des plus rapides. L'étamage au mercure était une opération fort insalubre. L'argenture, en outre, présente de l'économie. Donne-t-elle un étamage d'un blanc aussi permanent? c'est ce qui ne se saura qu'après un certain laps de temps (2).

Un nouveau métal, le thallium, découvert par M. Crookes et étudié par M. Lamy, qui en a fait la monographie, a été introduit, à l'état d'oxyde, dans les verres d'optique. Il leur donne un degré particulier de densité et de pouvoir dispersif.

(1) Tome VI, page 521, et *Introduction*, page 39.
(2) Voir à ce sujet, dans les *Annales des Mines* de 1866, un mémoire de M. de Freycinet. Le procédé d'argenture qui est appliqué industriellement par la maison Brossette, et qui porte le nom de procédé Petitjean, a été indiqué, il y a trente-cinq ans déjà, par M. J. de Liebig, lorsqu'il fit la découverte de l'aldéhyde.

Le thallium se trouve en quantité notable dans certaines pyrites de fer, où l'analyse spectrale l'a fait découvrir (1).

### § 7. — Conserves Liebig. — Levure pressée.

Les nouvelles conserves alimentaires, dont M. le baron Justus de Liebig a doté l'économie domestique, représentent trente fois leur poids de viande fraîche ; elles ne contiennent que des substances solubles et sapides ; on a eu soin d'en éliminer la graisse qui rancirait et la gélatine qui moisirait. Grâce à cette précaution, l'extrait de viande se conserve aisément dans des boîtes, même imparfaitement closes. C'est une précieuse ressource pour les voyageurs ; c'en est une pour les maisons isolées dans les campagnes, où l'on n'a pas le moyen de mettre à volonté le pot au feu. On conçoit l'avantage que certaines parties de l'Amérique du Sud, où le bétail abonde, sont appelées à tirer de cette découverte. Les débris de la fabrication peuvent servir d'engrais et, sous cette forme, se transporter au loin (2).

La conservation du lait a été améliorée (3) et

(1) Voir ci-après le Rapport de M. H. Sainte-Claire Deville, tome V, page 669.

(2) Rapport de M. Payen, de l'Institut, et de M. Martin de Moussy, tome XI, page 169.

(3) Voir tome XI, page 126, Rapport de M. Poggiale.

rend maintenant service aux malades qui sont
forcés de passer les mers, ou qui traversent des
pays dont les auberges sont mal pourvues, ce qui
se rencontre même dans les États les plus civilisés.

Un produit nouvellement obtenu, la levûre pressée allemande (1), facilite partout la fabrication de
la bonne bière et fournit en outre, à l'industrie de
l'alcool, et à l'agriculture des déchets de céréales
d'un très-bon usage pour engraisser le bétail.

§ 8. — Succédanés du chiffon dans la fabrication du papier.

La consommation du papier a pris de telles proportions que les débris de chiffons dont on le fait
sont devenus fort insuffisants. Si l'on n'avait eu
le moyen de les remplacer, au moins en partie, en
introduisant dans la fabrication des beaux papiers
une certaine proportion d'autres substances, et en
fabriquant les papiers les plus communs avec ces
autres matières toutes seules, il n'y aurait pas eu
de limite à la hausse des chiffons. L'industrie a
donc dû se préoccuper d'extraire directement, de
certains végétaux, la cellulose fibreuse qui constitue
le papier.

On a eu recours à des procédés mécaniques (2)
et à des procédés chimiques (3).

(1) Voir le Rapport de M. Payen, tome XI, page 71.
(2) Procédé Wœlter. Voir ci-après le Rapport de M. Payen,
de l'Institut, tome II, page 118.
(3) *Ibid.*, page 121.

La paille et le sparte sont les principaux de ces succédanés.

Le sparte donne de beau papier blanc; cette plante, que l'Espagne et l'Algérie peuvent offrir en abondance, forme déjà la matière d'un certain commerce qui ne peut manquer de s'accroître. Les papeteries anglaises tirent de l'Espagne une grande quantité de sparte (1). Le tour de l'Algérie pourra et devra venir. Pour la plupart des papeteries françaises, il est moins avantageux, dans l'état actuel des choses, d'employer le sparte, à cause des frais de transport. La paille est une matière première moins distinguée, mais elle rend des services remarquables, parce qu'elle est sur place partout.

Enfin, on se sert du bois lui-même, matière à vil prix, relativement; on commence à en obtenir des résultats. On a même essayé des procédés qui en retireraient à la fois de la pâte à papier et de l'alcool. Ce serait magnifique.

(1) Le tableau du commerce de l'Angleterre montre qu'elle tire d'Espagne, sous la rubrique *chiffons et autres matières pour faire le papier, c'est-à-dire fibres végétales,* des quantités qui vont toujours croissant :

En 1862, c'était, en tonnes de 1,000 kilog.     759 tonnes.
En 1863, on monta à . . . . . . . .  18,074  —
En 1866, on atteignit. . . . . . . .  66,913  —

## § 9. — Sucrerie.

La grande industrie du sucre de betterave, dont les intérêts sont si étroitement liés à ceux de l'agriculture, est une de celles qui font le plus de progrès; on peut dire qu'elle les accumule l'un sur l'autre. On en jugera par ce qu'en a si bien dit M. le baron Thénard, dans le Rapport instructif qui lui est dû (1). Amélioration de la main d'œuvre, économie du combustible, sûreté plus grande dans les moyens, augmentation du rendement, rapidité du travail, meilleure qualité des produits, voilà des résultats dont il faut se féliciter, d'autant plus que le rôle du sucre dans l'alimentation publique devient chaque jour plus étendu. Le savant rapporteur exprime des vœux qui auront de l'écho, à savoir : que la culture de la racine s'élève à son tour à un niveau supérieur, et que l'impôt cesse bientôt de peser d'un poids aussi lourd sur une production si essentiellement utile.

Nous devons faire ici une mention toute particulière du procédé de l'osmose. Ce procédé, conçu par M. Dubrunfaut, sur une indication de M. Dumas, sert à extraire une partie des 40 ou 45 pour 100 de sucre cristallisable que retient la mélasse. C'est l'application d'une propriété physique des corps, étudiée d'abord par M. Dutrochet,

(1) Tome **VIII**, page **349.**

et dont la découverte ouvre à l'industrie de nouveaux horizons et prépare des résultats heu_
reux dans bien des genres. Il consiste à enlever à
la mélasse les sels (de potasse principalement)
dont elle est mêlée, et qui rendent incristallisable
le sucre qu'elle contient. L'osmogène, appareil
imaginé à cet effet par M. Dubrunfaut, est fondé
sur la vertu qu'ont les corps poreux, d'être perméables à une partie des substances en dissolution dans un liquide, tandis qu'ils restent imperméables pour les autres. De là une sorte de
filtration qui opère très-simplement des sépara-
tions jusqu'ici réputées impossibles. Il suffit de
placer de l'eau claire d'un des côtés d'un papier dit
*parchemin,* pour que la mélasse placée de l'autre
côté se dépouille des sels qui y enchaînent la
puissance de cristallisation du sucre. Pour comprendre la portée de ce procédé, on n'a qu'à se
rappeler que, dans la France seule, pendant la
campagne 1866-67, cent millions de kilogrammes
de sucre sont demeurés immobilisés dans la
mélasse (1).

### § 10. — Fabrication des tabacs.

Dans des conditions de monopole qui, en général, sont très-peu favorables au progrès, l'ad-

(1) Rapport de M. le baron Thénard, tome VII, page 332, et
Rapport de M. Dureau, tome IX, page 297.

ministration des tabacs de France, par une exception qui l'honore, a déployé un remarquable esprit de perfectionnement, et son exposition a frappé le Jury.

Placée, par sa nature même, à un point de vue exclusivement fiscal, l'administration des contributions indirectes, qui avait absorbé celle des tabacs, ne favorisait ni les recherches scientifiques, ni les tentatives manufacturières. Depuis que l'administration des tabacs a une existence séparée, l'industrie qu'elle exerce a pris un grand essor.

Les matières ont été mieux utilisées ; de nouveaux procédés chimiques ont été introduits ; la mécanique a apporté un concours efficace; les prix de revient se sont abaissés, quoiqu'on ait augmenté le salaire des ouvriers. En même temps on a amélioré les conditions hygiéniques et morales dans lesquelles est placé ce nombreux personnel (1).

L'administration des tabacs a tiré un précieux concours de l'initiative individuelle de ses ingénieurs, qui sortent de l'École polytechnique et portent en eux le sentiment de l'intérêt public, qu'on respire au sein de cette grande institution.

La plupart des machines exposées par l'administration des tabacs peuvent être avantageusement employées dans d'autres industries.

(1) Voir le Rapport de M. Cavaré fils, tome VIII, page 412.

Parmi ces machines, il convient de citer d'abord les puissants appareils servant à la torréfaction, à la dessiccation ou à la mouillade. Ils sont dus à M. E. Rolland, aujourd'hui directeur général. Ce haut fonctionnaire est aussi l'inventeur des divers régulateurs, ayant la précision des instruments de laboratoire, par lesquels on fixe au point qu'on veut la température des fourneaux ou des gaz, la pression de la vapeur, la vitesse des machines. On a remarqué également les instruments d'expérimentation de MM. Demondésir et Kretz, pour les essais des moteurs, et divers appareils spéciaux dus à MM. Richaud, Goupil, Rey, Mérijot, Dargnies, etc.

La production du tabac en feuilles est une branche de l'agriculture qui réclame des soins particuliers. Elle a donné lieu à un Rapport fort intéressant de M. J.-A. Barral (1).

## CHAPITRE VII.

### TRAVAUX PUBLICS.

Les travaux publics sont au nombre des plus grands témoignages de la puissance du siècle. Ce n'est pas que, en fait de monuments, les peuples qui sont à la tête de la civilisation moderne aient

_____

(1) Tome VI, page 376.

érigé rien qui, par la magnificence, la solidité ou la grandeur, soit plus extraordinaire que les œuvres du même genre des Égyptiens, des Assyriens, des Chaldéens et de quelques peuples de l'Asie plus orientale. Sous ces divers rapports, nos édifices les plus ambitieux ne surpassent pas les pyramides d'Égypte, les palais et les temples de Thèbes, avec leurs colonnades colossales, leurs pylones et leurs rangées de sphinx, ou les monuments récemment découverts parmi les ruines de Babylone et de Ninive. Plusieurs des constructions dont on voit les ruines dans l'Inde ou dans l'île de Ceylan, et dont quelques-unes sont encore presque intactes, pourraient rivaliser avec nos ouvrages les plus spacieux, les plus élégants ou les plus splendides. La muraille de la Chine offre un cube de maçonnerie qui peut soutenir, pour le moins, la comparaison avec ce qui s'est fait de plus considérable parmi les entreprises des trente ou quarante dernières années.

Mais les constructions faites, de nos jours, par les grands peuples de la civilisation occidentale, celles qu'on appelle spécialement les travaux publics, ont des caractères qui leur sont propres : l'utilité en est le but, et une science toute moderne éclate dans leurs combinaisons. Ce qui en a été accompli, depuis un tiers de siècle, dépasse assurément de beaucoup, par sa masse, tout ce qui a jamais pu être fait, ailleurs ou autrefois, dans le même laps de temps. Les chemins de fer, immenses par les ouvrages qu'ils ont nécessités, sont admirables par le savoir qu'ils révèlent en eux-mêmes, et encore plus par le matériel tout particulier qu'ils ont à leur service.

L'amélioration des rivières et des fleuves donne lieu de même à des travaux extrêmement ingénieux et fort étendus. Les ponts ou viaducs qu'on jette aujourd'hui, en si grand nombre, sur les rivières ou au travers des vallées, par la manière dont ils défient l'impétuosité des cours d'eau, et dont leurs fondations franchissent les graviers, sables et vases amoncelés au fond du lit des grands fleuves, attestent un art nouveau et incontestablement supérieur. Les bassins et les jetées des ports témoignent d'une grande hardiesse et d'une extrême habileté; les anciens peuples n'auraient pu rien entreprendre de semblable à ce que les modernes exécutent en ce genre sans peine, depuis qu'ils ont la ressource des blocs artificiels de M. Poirel. Les phares épars sur le littoral, qui font la sécurité du navigateur, démontrent aussi le progrès des sciences et des arts, en même temps qu'ils prouvent le goût et l'aptitude du siècle pour les choses utiles.

L'emploi du fer, dans des cas où les anciens se servaient de la pierre ou de la brique, est un des traits propres aux travaux publics modernes. Il y a très-longtemps que les hommes connaissent le fer; mais c'est dans le XIXᵉ siècle seulement qu'on est parvenu à le fabriquer à bas prix et en grandes pièces offrant l'homogénéité de substance et la régularité de forme que réclame la construction des grands édifices.

Le fer fournit à l'architecture deux éléments qui, bien utilisés, permettraient de la renouveler. L'un est la colonne de fonte qui peut supporter une charge indéfinie (1), l'autre est la poutre creuse, en feuilles de tôle fortement rivées, qui franchit aisément des portées interdites au bois ou à la pierre (2).

Revenons rapidement sur chacun de ces points.

### § 1. — Matériaux artificiels.

En fait de pierres artificielles, on peut noter la pierre de Ransome, qui se fabrique en malaxant du sable ou de la craie, et au besoin d'autres substances minérales, avec un peu d'hydrosilicate de soude. On trempe ensuite le moule, qui contient le mélange, dans une dissolution de chlorure de calcium; il se forme ainsi un hydrosilicate de chaux qui cimente les matières. Cette pierre artificielle est d'une remarquable dureté. En Angleterre, où elle a été imaginée, elle revient, une fois

(1) De son camp de Finkenstein, en 1807, Napoléon Ier proposa de s'en servir pour soutenir la coupole du Panthéon. On n'en fit rien. On devrait le faire aujourd'hui, remplaçant par des colonnes en fonte les quatre massifs disgracieux bâtis sous la voûte.

(2) Voir plus bas, page 205 de cette Introduction.

en place, à un prix moins élevé que la pierre naturelle, parce qu'elle n'a pas à supporter les frais de taille et de modelage, et aussi parce que la bonne pierre naturelle est rare dans ce pays.

Divers ciments, dont quelques-uns remontent à un certain nombre d'années déjà, se répandent de plus en plus. Il faut citer le ciment dit de Portland, fort employé aujourd'hui, et dont des fabriques se sont élevées partout. Le procédé de fabrication consiste à peu près uniformément à mélanger intimement un carbonate de chaux très-divisé, tel que la craie avec de l'argile. D'autres fois, c'est une marne argileuse qu'on associe à un calcaire marneux, et quelquefois tout simplement un calcaire marneux d'une nature particulière, sans aucune addition. On fait la cuisson du mélange, ou de la matière unique dans le dernier cas qui vient d'être indiqué, à une température très-élevée. Le ciment Vicat diffère du ciment de Portland en ce que l'argile s'y mêle à la chaux éteinte, c'est-à-dire à du calcaire déjà cuit. Il est estimé à l'égal du ciment de Portland, et même plusieurs ingénieurs le préfèrent (1).

Le béton Coignet, qui acquiert moins de dureté que ces deux ciments, n'en est pas moins une excellente ressource dans beaucoup de cas. Il résulte d'un mélange, fortement battu au moment où on

(1) Voir pour ces divers objets le Rapport de M. Delesse, tome X, pages 66, 74, 90.

l'emploie, de sable et de chaux hydraulique, avec une médiocre proportion de ciment. Il donne le moyen de faire des murs de quai et de grandes maisons entières d'un seul bloc (1). A Paris, on en a construit des égouts; au Vésinet, près de Saint-Germain-en-Laye, une église. Pour réussir, il exige des ouvriers exercés et attentifs; dans plusieurs circonstances, il a procuré une économie importante.

Nous ne parlons pas de quelques compositions au moins ingénieuses, comme le ciment ferrugineux et le ciment à la magnésie (2). C'est encore du domaine du laboratoire plus que de l'industrie.

Les compositions dites *similipierre* ou *simi-limarbre*, paraissent être entrées, à un degré déjà remarquable, dans l'usage courant.

## § 2. — Chemins de fer.

Pour les chemins de fer, comme pour les canaux et les routes, il faut des terrassements sur de grandes proportions, des tranchées quelquefois profondes, et des souterrains que, dans l'ancien français, on appelait tonnelles, mot qui nous est revenu d'Angleterre sous une autre orthographe. Le travail le plus remarquable des derniers temps est le souterrain du Mont-Cenis, d'une longueur

(1) On peut en voir une, à Paris, rue Miroménil.
(2) Voir tome VII, pages 113, 116, et tome X, page 84.

inusitée, que la hauteur de la masse supérieure
oblige de creuser en procédant par deux points
seulement, les deux extrémités, sans recourir à des
puits intermédiaires; ceux-ci seraient impossibles.
Le succès, aujourd'hui assuré, de cette belle œuvre
est un événement dans l'histoire des travaux publics. Nous en avons dit un mot plus haut, à l'occasion de l'air comprimé qu'on y emploie (1). On
trouvera, dans le Recueil des rapports qui suivent,
une excellente note qui le concerne (2).

### § 3. Barrages des fleuves et rivières.

Au sujet des canaux, des rivières et des fleuves, une nouveauté intéressante et déjà éprouvée
consiste dans la chaîne, noyée au fond du lit, à laquelle se cramponne, pour avancer, un navire re-
morqueur qui traîne après lui une flottille. Mentionnons aussi les barrages qu'on sait établir maintenant, avec économie et sûreté, dans le lit même
des grands fleuves, et qui rendent à la navigation de très-grands services.

L'expérience a montré que le meilleur système
de barrage était celui auquel on a donné le nom
de mobile, parce qu'il est possible de le rabattre
sur un radier fixe, dans les moments de crue, où
la puissance des eaux pourrait l'endommager. Le

(1) Page 132 de la présente Introduction.
(2) Rapport de M. Huet, tome X, page 215.

premier barrage mobile, imaginé par M. Poirée, fut construit par lui-même en 1833. Il a reçu de l'inventeur, infatigable à perfectionner sa propre pensée, diverses modifications utiles, et il a été appliqué avec succès dans un grand nombre de cas. Deux autres ingénieurs des ponts et chaussées, M. Chanoine et M. Louiche-Desfontaines, ont successivement, chacun de son côté, conçu d'autres plans dérivés de l'idée-mère de M. Poirée, et leurs barrages ont parfaitement réussi (1).

### § 4. — Ponts et Viaducs.

Une amélioration qu'ont reçue les ponts et les viaducs, comme au surplus beaucoup de travaux de maçonnerie, consiste dans l'usage des petits matériaux, hourdés en mortier de ciment (2). Il en résulte une économie très-notable, sans que la solidité des ouvrages ait à en souffrir.

Les ponts en fer se multiplient. Le système qui a le plus de faveur est celui qui consiste à les construire au moyen de poutres droites, placées horizontalement et composées de feuilles de tôle fortement rivées les unes aux autres. Des poutres horizontales n'exerçant sur les piles et culées que des efforts verticaux ou à peu près, il en résulte une économie, puisque les appuis peuvent

(1) Rapport de M. Baude, tome X, page 185.
(2) *Ibid.*, page 156.

être d'une moindre masse. Avec elles on peut se permettre des ouvertures extraordinaires. Quand les fondations sont difficiles ou les piles très-hautes, l'avantage des poutres droites est considérable. L'idéal de ces ponts, au point de vue de la difficulté vaincue, est celui que Robert Stephenson a jeté sur le détroit de Menai : la poutre y a reçu des dimensions telles que les trains de chemins de fer passent dans l'intérieur, entre ses parois. Ce grand ouvrage offre des portées de 150 mètres. On a fait aussi des ponts où les piles mêmes étaient en métal, système applicable surtout dans les cas où l'élévation est très-grande. La préférence donnée aux ponts métalliques à poutres droites n'a pas empêché d'en faire qui fussent arqués. On a construit aussi, dans ces derniers temps, des ponts en fonte dont la construction elle-même est fort bien entendue. Le beau pont de Tarascon, sur le chemin de fer de Paris à la Méditerranée, est en fonte; de même celui de Constantine en Algérie; ce dernier est d'une seule arche de 56 mètres (1).

L'art de construire les ponts n'offre aucune innovation plus intéressante que la fondation des piles au moyen de l'air comprimé. La compression de l'air refoule l'eau de l'intérieur d'un grand caisson en tôle, placé à l'endroit où il s'agit de

(1) Voir pour les ponts en métal le Rapport de M. Baude, tome X, page 159.

faire la pile, et subdivisé en plusieurs parties formant des caissons séparés. On occupe ainsi toute l'aire de la pile. Chacun des caissons partiels s'enfonce à mesure qu'on en retire les sables et graviers. Les ouvriers travaillent à sec dans le caisson, grâce à l'air comprimé qui fait refluer les eaux. Quand on est parvenu à la profondeur voulue, on emplit le caisson de béton ou de maçonnerie, toujours au milieu de l'air comprimé. Les piles du pont de Kehl ont ainsi été descendues à 20 mètres au-dessous du niveau de l'étiage (1).

### § 5. — Travaux à la mer.

Pour les travaux maritimes, on a recours à des blocs artificiels en béton, exactement moulés, que nous avons déjà nommés (2). On les prépare tout à côté de l'emplacement qu'ils doivent occuper, et, une fois durcis, on les coule dans l'eau par des procédés fort simples. Leur composition est celle du béton, c'est-à-dire qu'ils consistent en un ciment qui empâte des cailloux et du moellon. On en fait de 10 mètres cubes, de 20, de 50 et de plus; ce sont donc des pierres d'une forme régulière qui pèsent 25, 50, 100 et 200 tonnes. Il faut des blocs de ce poids pour résister aux fureurs

(1) Voir le Rapport de M. Baude, tome X, page 201.
(2) Page 200 de la présente Introduction.

de l'Océan. Sur la Méditerranée elle-même, il ne les faut pas moindres, parce que, avec cette mer exempte de marée, la lame, frappant toujours au même point, peut occasionner les plus grands dégâts, si elle est violemment soulevée. Tous les travaux à la mer, aujourd'hui, se font avec des blocs artificiels ou du moins en sont revêtus. L'ingénieur en chef du port de Cette, M. Régy, en a employé, dans la jetée qui protége le port, qui pesaient jusqu'à 240,000 kilogrammes. On se sert aussi de ces blocs, dans les bassins de l'intérieur des ports, pour avoir des fondations immuables et des parois verticales qu'il n'y ait plus à renouveler. C'est une des plus précieuses conquêtes de l'art moderne. Elle fut essayée pour la première fois au port d'Alger (1).

L'emploi du scaphandre, pour travailler d'une manière continue sous l'eau, est maintenant un fait acquis ; les ouvriers, moyennant une prime, n'y font plus aucune objection (2).

## § 6. — Phares.

Les phares ne sont pas restés stationnaires dans ces dernières années ; ils se sont perfectionnés en même temps qu'ils se multipliaient. L'An-

(1) Voir le Rapport de M. Marin, tome X, page 314.
(2) *Ibid.*, tome X, page 320.

gleterre est le pays qui en est le mieux pourvu. On compte, sur les côtes des Iles Britanniques, 556 phares de divers ordres. La France n'en a qu'un peu plus de la moitié, 291 ; en 1830 elle n'en avait que 53. L'Espagne mérite d'être citée pour les efforts heureux qu'elle a faits, dans le but d'améliorer l'éclairage de ses côtes.

L'innovation dans les phares a été double : 1° on fait aujourd'hui des phares en fer, au lieu de maçonnerie ; 2° on s'est mis à y produire la lumière au moyen de l'électricité, au lieu de l'huile. On obtient de la sorte des effets extraordinaires ; au lieu d'une lumière de la force de 600 becs Carcel, on arrive à 5,000, à 10,000 et au delà. On trouvera ces questions traitées avec autorité dans le Rapport de M. Léonce Reynaud, inspecteur général du service des phares (1).

## § 7. — Distribution d'eau dans les villes.

L'alimentation des villes en eau potable a donné lieu à beaucoup de travaux intéressants. Une des villes où c'est le mieux entendu est celle de Dijon (2).

On vient de terminer, dans l'intérêt de Paris, une œuvre très-distinguée en ce genre, l'aqueduc

(1) Tome X, page 336.
(2) Les travaux d'alimentation de Dijon sont dus à feu M. Darcy, qui les a fait connaître en détail par une excellente publication.

14

de dérivation des sources de la Dhuis, avec un magnifique réservoir à Ménilmontant. Ce réservoir, à deux étages, est un ouvrage dont il n'existe pas le pareil. Il laisse loin derrière lui les plus célèbres citernes de l'antiquité. On doit la construc toute entière, aqueduc et réservoir, à M. Belgrand.

Le travail le plus original qui ait été entrepris, en fait de conduite d'eau, est celui qui existe à Chicago (États-Unis), sur les bords du lac Michigan. Il a consisté à aller chercher l'eau, dans le lac même qui baigne la ville, à plus de trois kilomètres de la rive, par un aqueduc noyé dans le lac.

Un des embarras de l'alimentation des villes en eau potable est l'obligation de les filtrer, quand la prise a lieu en lit de rivière. Les difficultés de l'opération sont grandes, lorsqu'il s'agit d'approvisionner une ville populeuse, et que l'eau sur laquelle on opère est fort trouble, comme celle de la Durance, dont Marseille se fournit. A cet égard, on n'en est encore qu'aux essais. C'est une des raisons pour lesquelles, quand on le peut, on fait bien d'aller saisir une source à son point d'émergence, ainsi qu'on vient de le pratiquer à Paris pour l'eau de la Dhuis, et qu'on le commence pour celle de la Vanne.

## § 8. — Égouts.

Les idées d'hygiène s'étant répandues, les grandes villes ont voulu avoir un système d'égouts qui délivrât, autant que possible, de toutes les matières fétides le sol sur lequel elles sont assises. De là des travaux étendus et difficiles. Le système adopté à Paris, qui paraît le plus scientifique et le meilleur de tous, a été très-bien décrit par M. Mille, dans le Rapport sur l'Exposition de 1862 (1). Nous n'avons pas à y revenir.

Il restait à savoir, pour Paris et pour bien d'autres cités, ce qu'on ferait des eaux qui s'échappent par les égouts. Les verser dans les rivières, ce serait infecter celles-ci. On a pu agir ainsi à Londres, parce que, en aval de cette immense capitale, la Tamise n'est plus à proprement parler un fleuve ; c'est une baie dont le flux et le reflux renouvellent les flots, et aucune population n'y puise pour ses usages domestiques. On a dû seulement transporter à une certaine distance au-dessous de la ville les eaux débitées par les égouts. On cherche maintenant, dans différentes grandes villes, à utiliser ces eaux comme engrais pour l'agriculture. C'est ce qui a été accompli, il y a bien longtemps, en Espagne, à Valence, au grand avantage des célèbres jardins (*la Huerta*) qui

(1) Tome III, page 460.

bordent cette ville. A Paris, où la question est
complexe, elle s'étudie très-attentivement.

Un moyen de diminuer au moins l'infection consisterait à emporter au loin les liquides des vidanges, dans des barques ou en chemin de fer.
On commence à le faire, en employant des wagons
spéciaux qui circulent sur les voies ferrées et on
transporte ainsi une partie des vidanges de Paris
à 200 kilomètres, en Champagne.

MM. Blanchard et Chateau ont cherché à résoudre le même problème autrement : par le
moyen du phosphate acide de magnésie et de fer,
ils précipitent le soufre, à l'état de sulfure, et
l'azote à l'état de phosphate ammoniaco-magné-
sien. La pâte phosphatée, qu'on obtient ainsi, est
ensuite convertie en poudre séchée, qui peut s'expédier en barils sans aucun inconvénient (1).

### § 9. — Dessèchement des lacs. — Le lac Fucino (2).

Situé à 110 kilomètres au sud-est de Rome,
sur le territoire actuel du royaume d'Italie, le
lac Fucino présentait, jusqu'à notre époque,
la vaste superficie de 65,000 hectares, dont
50,000 de marais et 15 à 16,000 de lac proprement dit. Il se déployait sur un plateau, à l'altitude
de 650 mètres, et était cerné de tous côtés par

_____

(1) Voir une note de M. Dumas, tome VIII, page 234.
(2) Rapport de M. Ed. Grateau, tome XII, page 188.

les cimes des Apennins méridionaux. Son régime
hydraulique ne dépendait que des phénomènes mé-
téorologiques ; car on ne lui connaît aucun écou-
lement naturel. Dès le règne de Claude, l'an 42
de notre ère, un canal fut creusé par les soins
du fameux affranchi Narcisse, sous le mont Sal-
viano, et conduisit au fleuve Liri les eaux du lac
par un tunnel de 5,640 mètres ; mais la réussite
du percement ne fut qu'éphémère. Le canal souterrain s'éboula sur quelques points et s'encom-
bra. C'est au prince Alexandre Torlonia que revient l'honneur du succès définitif. Il a confié
la direction des travaux successivement à M. de
Montricher, et, après la mort prématurée de cet
ingénieur éminent, à M. Bermont, qui s'est montré le digne continuateur de son ancien chef. Le
plan qu'on a suivi consiste à ouvrir un nouveau
souterrain, dans la même direction que l'*émissaire de Claude*, mais atteignant le fond du lac,
de manière à rendre le desséchement complet.
D'après le plan de Narcisse, il devait rester une
cuvette assez étendue, pleine d'eau en perma-
nence. Le canal souterrain doit avoir 7 kilomètres. Dès 1854 on a commencé cet émissaire
sur de belles proportions, 12 mètres carrés de
section. Il est soigneusement muraillé. Il touche
à son terme. Déjà, et depuis quelque temps, en
tirant parti du tronçon, le plus voisin du lac, du
canal de Narcisse, on a pu faire écouler une bonne
partie des eaux. Dans un an environ, l'on espère

que le lac entier aura disparu. Le pays sera désormais assaini, et une population nombreuse trouvera des moyens d'existence dans la fructueuse exploitation agricole qui occupera le terrain naguère désolé par des fièvres pestilentielles, nées des exhalaisons du marécage.

## CHAPITRE VIII.

EXEMPLES DE LA PROPAGATION DES MEILLEURS PROCÉDÉS ET DES MEILLEURS APPAREILS. — INFLUENCE QU'A EXERCÉE, A CET ÉGARD, L'ABANDON PARTIEL, PAR LA FRANCE, DE L'ANCIENNE POLITIQUE COMMERCIALE OU SYSTÈME PROTECTIONISTE.

Dans plusieurs États des plus haut placés sur l'échelle de la civilisation et, par exemple, dans notre propre patrie, on comptait naguère une multitude d'établissements manufacturiers qui suivaient les errements du passé, sans se préoccuper sérieusement de la nécessité d'en sortir, afin de mieux payer leur dette à la société. En l'absence d'une concurrence suffisamment active, ils gardaient un vieux matériel, et, par cela même, des procédés relativement antiques. Assurément, en remplaçant leur outillage suranné par un autre, dont les modèles étaient sous leurs yeux ou de leur connaissance, il leur eût été possible d'accroître, souvent dans une forte proportion, la somme de leurs bénéfices; mais ils jugeaient plus avantageux de ne pas engager le gros capital qui, dans la plupart des cas, eût été nécessaire à la transformation. Il n'est pas superflu de dire que souvent ils eussent été dans l'embarras pour se procurer ce capital, s'ils l'avaient cherché.

L'histoire économique de notre époque enregistrera, comme caractérisant cette situation si peu conforme à l'intérêt public, l'incident qui fut révélé, il y a quelques années, par M. Jean Dollfus, au sujet des vieux métiers à filer le coton, qu'il avait rebutés pour les remplacer par de modernes, et que d'autres manufacturiers vinrent lui demander de leur vendre, après qu'il les eût fait mettre hors de ses ateliers comme de la ferraille. Cet honorable chef d'industrie, éminent de tant de manières, fut étonné de la proposition. Dans sa loyauté, il crut devoir faire remarquer à ces clients inattendus que ce n'était pas sans de bonnes raisons, et sans s'être bien rendu compte, qu'il avait réformé son antique matériel, mais qu'il n'avait qu'à s'en applaudir par les profits que le changement lui procurait. Au lieu d'être ébranlés par ces judicieuses observations, les autres insistèrent. Leur bénéfice serait moindre sans doute, mais il leur en resterait un satisfaisant encore, même avec ce matériel vieilli, grâce à la législation prohibitioniste qui obligeait le consommateur à leur acheter leurs produits à un prix élevé. Et le vieux matériel trouva ainsi preneurs !

Le traité de commerce du 23 janvier 1860, entre la France et l'Angleterre, ayant introduit chez nous, fort incomplétement cependant, la liberté commerciale, ou en d'autres termes la concurrence universelle substituée à la concurrence nationale, il n'en a pas fallu davantage pour faire disparaître de la France, et ensuite d'autres contrées, cette cause de retardement. C'est un grand avantage qui a été conféré ainsi au consommateur, représentant de la société en cette circonstance.

Un des exemples les plus intéressants à citer, de l'impulsion qu'a reçue dans ces dernières années la propagation des bonnes méthodes et des bons appareils, est fourni par l'industrie des fers en France.

Pour soutenir la concurrence des Anglais et des Belges, les maîtres de forges français ont dû faire de grands efforts, quoique les négociateurs du traité de commerce, par un sage esprit de ménagement, eussent jugé à propos de leur accorder provisoirement un privilége, en laissant un droit élevé (1) sur le fer étranger. Dans cette industrie, de même que dans plusieurs autres, il a fallu absolument que tous les chefs d'établissement, imitant en cela ce que quelques-uns avaient fait

(1) 70 francs d'abord et ensuite 60 francs par 1,000 kilogrammes de fer dont certaines qualités ne valent aujourd'hui, à la frontière, que 160 à 170 francs.

spontanément avant 1860, se plaçassent dans des conditions meilleures de production, qu'ils s'emparassent de tous les moyens révélés par l'exemple des autres peuples. On a dû s'appliquer à économiser le combustible et à remplacer de plus en plus la force humaine, qui est la plus chère de toutes, par celle des chutes d'eau ou de la vapeur. Quelquefois ces moyens, d'une grande efficacité cependant, sont restés insuffisants, et on a été forcé de recourir à un autre, bien plus onéreux, le déplacement du siége même de l'industrie.

C'est ainsi qu'un certain nombre de maîtres de forges ont eu à se transporter là où le combustible et le minerai revenaient à de plus bas prix, et que des départements dans lesquels l'industrie sidérurgique avait fleuri, du temps qu'on faisait le fer au charbon de bois, ont vu s'éteindre la plupart de leurs hauts fourneaux. On ne peut nier que pour ces départements ce ne soit une perte; mais c'est un de ces malheurs qu'impose la force des choses, et qui accompagnent, sans qu'on puisse l'empêcher, une amélioration générale qui s'accomplit pour le pays. Il était aussi impossible, une fois qu'on était parvenu à un certain point, de perpétuer l'existence des forges placées dans des conditions irrémédiablement mauvaises, qu'il l'eût été naguère de maintenir l'industrie des femmes qui filaient le coton au rouet, et le travail de ces pauvres femmes était du *travail national* tout aussi bien que celui des forges qui ont dû cesser.

Dans ces circonstances nouvelles, il a été indispensable de s'efforcer de faire comprendre aux compagnies de chemins de fer ce qu'en France toutes ne reconnaissent pas également, qu'elles ont intérêt à adopter des tarifs très-doux pour les matières premières de l'industrie du fer. L'Etat a dû intervenir pour obtenir d'elles, en payant lui-même, qu'elles acceptassent des tarifs réduits en faveur de ces articles. A plus forte raison, il a été de son devoir étroit d'établir de nouvelles lignes ferrées ou de nouvelles voies navigables, pour faciliter aux grands centres de production leur approvisionnement et leur débouché.

L'industrie métallurgique a beaucoup diminué dans la Franche-Comté, la Bourgogne et le Nivernais. Mais ce qu'elle perdait d'un côté, elle faisait plus que le gagner de l'autre, au même moment. Ainsi, sur le bassin houiller de Commentry, la production du fer s'est agrandie. L'accroissement s'est manifesté davantage sur le vaste gisement de minerai qui existe dans les départements de la Meurthe et de la Moselle. Des forges nouvelles se sont établies pour utiliser ce minerai, soit dans ces deux départements, soit dans les départements voisins du Nord, de la Meuse et des Ardennes. Elles défient la concurrence de la Belgique et de l'Allemagne, et semblent ne pas devoir tarder à être de pair avec la métallurgie britannique, quoique celle-ci ne soit pas stationnaire et qu'elle fasse des efforts pour conserver son rang. Il faut seulement que les compagnies de chemins de fer aient le bon esprit de voir qu'elles ont un grand intérêt à les ménager par leurs tarifs.

La quantité de minerai de fer extraite de ce beau gisement de nos départements du Nord-Est s'est élevée, en 1866, à plus de 800,000 tonnes, le quart environ des minerais de fer tirés du sol français. Une fraction de cette extraction a été livrée à des forges étrangères (1).

L'industrie céramique, autre que celle de la porcelaine (2), a, dans les mêmes circonstances, été soumise en France à une épreuve d'où elle est sortie avec un succès plus éclatant que celui de la métallurgie. Dans nos grands établissements de faïence fine, le premier sentiment, après la conclusion du traité de commerce avec l'Angleterre, fut qu'il serait impossible de lutter contre l'industrie similaire de cette nation, qui en effet est très-avancée et livre ses produits à très-bas prix. Mais, par des efforts éclairés et persévérants, ces fa-

---

(1) Savoir, 50,690 tonnes en Belgique et 27,722 tonnes dans la Prusse et la Bavière rhénanes.

(2) Nous disons *autre que celle la porcelaine*, parce que l'industrie de la porcelaine en France, depuis longtemps, est très-perfectionnée et produit dans des conditions économiques qui lui permettent d'aller défier l'industrie étrangère sur son propre terrain. — Voir le Rapport de **M. F. Dommartin**, tome III, page 169.

briques se sont placées au-dessus de toute atteinte. A Sarreguemines, à Montereau, à Creil, à Choisy-le-Roy, à Bordeaux, à Gien, on a cessé de redouter la concurrence des Minton, des Copeland, des Wedgwood, des Ridgway, des Pinder, Bourne et Cᵉ, et autres fabricants anglais si renommés. On est parvenu à égaler à peu près de tout point, même pour le bon marché, ces formidables compétiteurs.

A l'égard de l'industrie céramique et des progrès qu'elle a accompli en France depuis 1860, je renvoie aux remarquables Rapports de M. Aimé Girard (1) et de M. Chandelon (2). On y trouvera aussi des détails curieux sur les perfectionnements que cette industrie a reçus chez divers autres peuples, et par exemple en Suède où elle est parvenue à une grande distinction, à Rorstrand et à Gustafberg.

Est-il nécessaire de dire ici que l'industrie française de la porcelaine est toujours digne de sa réputation? Elle a acquis encore de nouveaux titres. Le Rapport, plein d'intérêt dans sa brièveté, de M. Dommartin, les fait très-bien connaître (3). On peut citer, par exemple, le procédé qui est employé depuis quelques années, pour le coulage

(1) Rapport sur les faïences fines, tome III, page 115.
(2) Rapport sur les terres cuites et grès, *ibid.*, page 103.
(3) Tome III, page 171.

des grandes pièces (1). Cette amélioration, qui ne s'applique qu'à des articles exceptionnels, est pourtant moins utile que d'autres, qui ont exigé moins d'effort d'esprit, mais qui font sentir leur influence sur les articles courants. Telles sont l'introduction de la mécanique, qui a consisté à mettre en mouvement les tours par le moyen de la vapeur, et le succès définitif de la houille substituée au bois pour la cuisson. L'art de peindre la porcelaine a aussi fait des progrès, et présente des innovations curieuses et utiles. La baisse des prix des articles céramiques des autres genres n'a pas porté atteinte à la porcelaine, parce que celle-ci a pareillement diminué les siens. Elle conserve d'ailleurs ses qualités propres, que les autres poteries n'égaleront jamais. Le rapporteur a eu raison de rappeler que la porcelaine est la poterie par excellence.

(1) Rapport de M. Dommartin, tome III, p. 171.

# TROISIÈME PARTIE

## DE L'AGRICULTURE EN PARTICULIER.

---

## SECTION I

### Observations sur la situation générale de l'agriculture.

---

### CHAPITRE I.

#### DE L'ABAISSEMENT DE L'AGRICULTURE EN COMPARAISON DES AUTRES BRANCHES DE L'INDUSTRIE.

Depuis Henri IV et Sully, on ne manque jamais de dire que l'agriculture est le premier des arts, toutes les fois qu'on en parle dans les discours officiels, et elle l'est certainement par le nombre des bras qu'elle occupe et la quantité des produits qu'elle fournit. Chez nos voisins d'Angleterre, par honneur pour l'agriculture, le chancelier qui préside la Chambre des Lords, est assis sur un sac de laine. Presque partout, en Europe, l'agriculture est l'objet, en principe et officiellement, d'hommages du même genre. Elle est loin cependant d'être l'art qui, de nos jours, et auparavant,

ait, chez la plupart des peuples, reçu le plus d'encouragements et réalisé le plus de progrès. Il
existe en Europe des contrées, étendues même,
où ses procédés diffèrent peu de ceux qui étaient
en usage, il y a deux mille ans, au temps où
écrivait Columelle. A l'exception d'une très-petite
superficie, où se pratique le mode de culture
connu sous le nom d'intensif, on peut dire que
c'est une industrie arriérée. Le souffle nouveau
ne vient sur elle que comme par hasard. Il suit
de là que, dans nos pays d'Europe, où la population
est nombreuse, on est loin d'avoir en abondance
les denrées alimentaires de première nécessité.
Dès lors, plusieurs au moins de ces denrées sont
chères et enchérissent encore chaque jour. Qui
n'a eu l'occasion d'en faire l'observation pour la
viande?

C'est certainement une situation fâcheuse, et
même contraire au bon ordre, que celle où la société
semble impuissante à donner une nourriture,
passablement conforme à ce que recommande
l'hygiène, à tous ceux de ses membres qui sont
laborieux et de bonne conduite, en retour de la
peine qu'ils prennent pour la servir. Il y a un
immense intérêt à ce qu'il en soit autrement, et
l'augmentation de la puissance productive de
l'homme en agriculture est le seul moyen qu'il
y ait de résoudre cet important problème.

La même cause qui affecte les substances
alimentaires, fait subir son action à la plupart

des matières premières de l'ordre végétal ou de l'ordre animal, et il n'est pas moins utile de remédier au mal, à l'égard de ces matières, qu'à l'égard des aliments.

A quelles causes attribuer un tel état des choses? Il faut bien qu'il y ait un peu de la faute de tout le monde, même des agriculteurs; mais il n'est pas possible de nier qu'il y ait de celle des classes dirigeantes, des pouvoirs établis, et enfin peut-être de la science, contre laquelle j'éprouve de l'hésitation à exprimer un reproche.

La regrettable situation qu'on observe aujourd'hui est l'effet de causes très-complexes, qu'il est utile de rechercher.

Il y a eu d'abord l'habitude, datant d'une longue suite de siècles, de considérer les gens de la campagne comme une caste inférieure ou subordonnée. Sous l'empire romain, ils étaient plus maltraités que la population des villes. Dans le moyen âge, ils furent serfs, sans pouvoir s'organiser pour la résistance aux oppresseurs, comme le firent les gens des arts et métiers au moyen des communes. Sous la monarchie absolue, qui succéda au moyen âge, les paysans furent plus foulés que la population urbaine. La taille, la gabelle et la dîme d'un côté, les exactions illégales de l'autre, laissaient à peine à la population agricole de quoi subsister. A cette oppression matérielle se joignait, envers cette classe infortunée, un dédain qui les plaçait en dehors de la civi-

15

lisation et de la société. Le monde de la cour et
de la ville regardait le paysan à peu près du même
œil que, dans les colonies avant l'émancipation,
ou dans les États du sud de l'Union américaine
avant 1865, le blanc envisageait le nègre. Ce sentiment perce dans les lettres de M^{me} de Sévigné,
personne fort humaine cependant, et La Bruyère
s'en est rendu l'interprète ou pour mieux dire en
a fait la critique amère dans une page admirable
qui traduit, mais avec une sanglante ironie, l'in-
juste et insultante pensée de ses contemporains (1).

C'est la gloire des physiocrates d'avoir, vingt ou
trente ans avant la Révolution française, avec
beaucoup d'intelligence et de courage, donné le
signal de la réaction contre tant de tyrannie et
d'outrages, et pris en main la cause de l'agriculture et des paysans.

On sait la phrase que leur chef Quesnay remit,
pour qu'il la *composât*, au roi Louis XV, un jour
que ce prince eut la fantaisie d'essayer de ses

(1) « L'on voit certains animaux farouches, des mâles et des
femelles, répandus par la campagne, noirs, livides et tout
brûlés du soleil, attachés à la terre qu'ils fouillent et qu'ils
remuent avec une opiniâtreté invincible : ils ont comme une
voix articulée, et quand ils se lèvent sur leurs pieds, ils montrent une face humaine et en effet ils sont des hommes. Ils se
retirent la nuit dans des tanières où ils vivent de pain noir,
d'eau et de racines ; ils épargnent aux autres hommes la
peine de semer, de labourer et de recueillir pour vivre, et
méritent ainsi de ne pas manquer de ce pain qu'ils ont semé. »

royales mains le métier d'imprimeur : « Pauvres paysans, pauvre royaume ; pauvre royaume, pauvre roi. »

# CHAPITRE II.

## DES CHARGES EXCEPTIONNELLES QUI PÈSENT SUR L'AGRICULTURE EN FRANCE.

En France, la Révolution de 1789 se proposa, avec beaucoup de bonne volonté, d'affranchir les paysans des servitudes qu'ils supportaient, et de leur faire une existence meilleure; mais la guerre vint bientôt ajourner ces desseins d'humanité et d'équitable réparation. Les paysans furent décimés par la loi du recrutement militaire, bien plus lourde pour eux, depuis les levées en masses et la conscription, que le système en vigueur sous l'ancien régime. Ensuite la loi de frimaire an VII, sur l'enregistrement et le timbre, leur fut un pesant fardeau. Arrivant dans un moment d'extrême pénurie pour le trésor, cette loi demanda à l'agriculture et à la propriété foncière des ressources qu'on aurait vainement réclamées des autres industries, qui étaient disparues, et des autres propriétés réduites presque à rien ou très-difficiles à saisir. Ce fut une dure gêne pour la propriété territoriale, et non-seulement pour celui qui la possède, mais aussi bien pour celui qui la cultive.

Tant que l'acte d'acquérir cet instrument de travail, ou de l'échanger, ou de le donner en gage, ou de l'exonérer des créances dont il aurait été grevé, sera soumis à des droits aussi élevés, il ne faut pas espérer en France une amélioration générale de la production agricole. Aussi longtemps que subsisteront les rigueurs et entraves de cette loi, il faut, pour cette branche de l'industrie, renoncer à voir, en France, des progrès égaux à ceux qu'on a la satisfaction de signaler dans la plupart des autres pays. Il est pourtant des pays où l'agriculture n'a pas à traîner cette chaîne; en Angleterre, par exemple, la propriété s'achète sans être soumise à des droits de mutation qui soient exorbitants. Il est vrai qu'en Angleterre on rencontre un autre inconvénient, qui a bien sa gravité : les frais de justice y sont énormes; mais les Anglais sauront bien faire la réforme dont ils ont besoin. Nous, accomplissons celle qu'il nous faut.

Aux inconvénients de la législation sur l'enregistrement et le timbre, instituée en frimaire an VII, — inconvénients dont le plus manifeste, entre plusieurs autres, consiste en ce que l'acquéreur d'une terre supporte des frais montant, tout compris, à huit ou dix pour cent de la valeur, — d'autres s'ajoutent, plus malfaisants encore, pour la petite propriété; je veux parler des effets du Code de procédure de 1806 et du tarif des frais de justice réglé, pour l'exécution de ce Code, par le décret du

16 février 1807, en ce qui concerne soit l'expropriation par les créanciers, soit l'héritage, dans le cas, trop fréquent, où il y a des enfants mineurs. Dans ce dernier cas, il faut recourir à une licitation, qui est la ruine pour les petites propriétés. Tout y passe, dans le cas où il s'agit de moins de 500 francs. Même jusqu'à 1,000 francs, si la situation offre certaines complications qui ne sont pas rares, tout, à peu près, est dévoré. Ce Code de 1806 et le tarif annexé pourraient être pris pour des signes révélateurs d'un plan arrêté d'avance, dans le but d'écraser la petite propriété et d'empêcher la constitution, bien désirable pourtant, d'une démocratie rurale. Il n'en est rien. Ce fut seulement l'effet déplorable de l'inattention du gouvernement, et des soucis qui préoccupaient le chef de l'État à cette époque. L'Empereur avait sur les bras l'Allemagne et la Russie, et, comme il est dit dans un document fortement raisonné, ce fut sur la neige sanglante d'Eylau que fut signé le décret autorisant le funeste tarif de 1807 (1). On comprend que, dans de telles conjonctures, la main de Napoléon I<sup>er</sup> n'en ait pas pesé les conséquences, et qu'il ne se soit pas aperçu, en un pareil moment, qu'il portait ainsi un coup fatal à

---

(1) *Exposé des motifs du projet de loi sur les ventes judiciaires d'immeubles, les partages et les purges d'hypothèques.* (19 novembre 1867. — Rapporteur, M. Riché, page 5.) Le tarif est du 16 février; la bataille d'Eylau était du 8.

la démocratie agricole, que son intention était
pourtant d'organiser.

Dans ces temps où la publicité n'existait pas et
où le Corps législatif, renfermé dans un rôle passif
auquel il se résignait trop, ne suppléait pas à
l'absence du puissant contrôle de l'opinion, le conseil d'État, en proie à je ne sais quelle distrac-
tion, laissa aveuglément passer le projet de deux
praticiens, auxquels le travail du Code de procédure et du tarif avait été confié par mégarde. C'est
ainsi qu'à été imposé à la France, qui le subit
encore, un ensemble de dispositions qui, par rapport à la petite propriété, mérite le nom de *calamité légale,* dont il a été qualifié dans le document cité plus haut (1).

Le gouvernement du second Empire vient de
prendre la détermination de mettre fin à un abus si
profondément nuisible, si contraire à l'esprit de 1789
et aux tendances nécessaires de la politique actuelle dont la visée doit être d'élever la condition du grand nombre, et si opposé aux intérêts
du gouvernement, qui a son point d'appui principal
dans la population des campagnes. La refonte du
Code de procédure et du tarif annexé est donc
résolue. Le projet nouveau est prêt, et un fragment
considérable, qui a trait au tarif des frais de justice par rapport à la petite propriété, a été ap-

(1) *Exposé des motifs du projet de loi sur les ventes judiciaires d'immeubles, les partages et les purges d'hypothèques.*

porté au Corps législatif pour devenir une loi de l'État (1).

(1) Pour donner la mesure de tout ce qu'a de vicieux la législation qu'il s'agit de réformer, nous donnons ici un extrait du document que nous avons déjà cité avec éloge :

« Dans l'hypothèse où il n'y a ni surenchère, ni remise, « ni incidents, ni publicité extraordinaire, ni plusieurs lots, « et en admettant que les frais de transport d'huissiers et « d'avoués ne dépassent pas la réduction que subissent, dans « les petites villes, certains droits alloués aux huissiers et « avoués dans les grandes, on reconnaît que :

« L'adjudicataire sur saisie immobilière paye à peu près « (sans compter les droits d'enregistrement à la mutation) :

| | | | |
|---|---|---|---|
| Pour un immeuble de | 270 fr...... | 445 fr. de frais. |
| — | 500 ...... | 447 | — |
| — | 1,000 ...... | 462 | — |
| — | 2,000 ...... | 487 | — |
| — | 5,000 ...... | 540 | — |

« Sans les frais de l'ordre, nécessaires pour la réalisation « du gage, et pris également sur le bien.

« L'adjudicataire, en cas de vente à l'audience d'un bien « de mineur, de femme dotale, de faillite, de succession bé-« néficiaire, etc., paye approximativement :

| | | | |
|---|---|---|---|
| Immeuble de | 270 fr...... | 387 fr. de frais. |
| — | 500 ...... | 389 | — |
| — | 1,000 ...... | 392 | — |
| — | 2,000 ...... | 367 | — |
| — | 5,000 ...... | 467 | — |

« Un peu moins si l'adjudication a été faite devant notaire. « Mais cette adjudication de biens de mineurs, etc., ne purge « pas les hypothèques : il faudrait donc ajouter le prix de « cette formalité.

« L'adjudication d'un petit immeuble sur licitation, avec « trois colicitants, la procédure étant considérée comme *or-* « *dinaire* et non comme *sommaire*, excès qui existe encore

Voilà donc la pénible situation dans laquelle se
trouve l'agriculture française : elle est accablée

« dans la plus grande partie de la France, cette adjudication
« coûterait à peu près, sans purger les hypothèques, 700 francs
« de frais sur l'immeuble de 500 francs et au-dessus ; 750 à
« 800 francs de frais sur celui de 5,000, le tout si la licita-
« tion était isolée. Mais, si elle forme un épisode d'une de-
« mande en liquidation et partage, une portion des frais rela-
« tifs à la licitation est commune avec cette demande en
« partage qui, en elle-même, sans contestations, sans exper-
« tise, inventaire non compris, et pour une petite succession
« dévolue à trois cohéritiers, coûte au moins 500 francs de
« dépens, dont un contingent, il est vrai, est afférent aux va-
« leurs mobilières de la succession.

« Or, *le nombre des ventes judiciaires qui ne dépasse pas*
« *5,000 francs, excède la moitié* (54 p. 100) *du nombre*
« *total;* il y a plus de 1,000 ventes au-dessous de 500 francs
« à la moyenne de 270 francs ; plus de 1,300 ventes au-des-
« sous du prix de 1,000 francs.

« Les 84,637 ventes de 1861 à 1865 se divisent ainsi qu'il
« suit, au point de vue du montant du prix d'adjudication.
« (*Compte rendu du Garde des Sceaux.*)

| | | | |
|---|---|---|---|
| 500 fr. et moins........ | 5,088 ou | 6 | |
| 501    à  1.000    ...... | 6,635 ou | 8 | |
| 1,001    à  2.000    ...... | 12,059 ou | 14 | |
| 2,001    à  5.000    ...... | 22,591 ou | 27 | sur 100. |
| 5,001    à  10.000    ...... | 15,824 ou | 19 | |
| plus de    10.000    ...... | 22,440 ou | 26 | |

« Il ne peut en être autrement d'après l'état de la propriété
« en France.

« Le nombre des propriétaires est de 8,900,000 ; c'est une
« chose tutélaire au point de vue social et moral.

(*Exposé des motifs du projet de loi sur les ventes judiciaires,
les partages, et les purges d'hypothèques.*)

par l'impôt, et pratiquée par une population qui, matériellement, est fort mal pourvue, et fort négligée sous le rapport intellectuel ; elle est dénuée de capitaux, puisqu'elle n'a pas une production brute assez forte pour qu'il lui reste un produit net de quelque importance. Spectacle affligeant pour les hommes bienveillants qui voudraient voir la prospérité publique se développer au profit de toutes les parties de la nation ; source d'inquiétude pour les esprits politiques qui sentent bien que l'harmonie sociale et le bon ordre de la société sont à ce prix !

Ici l'intervention du législateur est indispensable. Non que le progrès d'une partie quelconque de la population ne réclame d'elle-même un concours sérieux ; mais ce point est acquis ; la bonne volonté des membres des classes rurales, pour changer de condition en payant chacun de sa personne, est de toute évidence ; il leur manque seulement des lumières qu'elles ne sauraient puiser dans leur propre sein, et des moyens d'action qu'il ne dépend pas d'elles seules de se procurer. Il leur faut enfin le renversement d'obstacles que leur oppose une législation arriérée et imprévoyante.

Le droit d'enregistrement, dans le cas des mutations à titre onéreux, c'est-à-dire dans les transactions ayant pour objet la vente des propriétés territoriales, ne devrait guère excéder 1 pour 100. En Angleterre, il est de 1/2 pour 100, plus, d'un droit proportionnel à la longueur de l'acte de vente (1). Les droits de mutation sur les héritages sont beaucoup plus élevés.

Il n'est pas moins nécessaire qu'on adopte le projet de loi, actuellement soumis au Corps législatif, d'après lequel des dispositions particulièrement économiques seraient établies, pour les expropriations et les licitations après décès, à l'égard des propriétés territoriales d'une valeur de moins de 1,500 ou 2,000 francs.

L'organisation du crédit agricole est également une mesure qui se recommande par un caractère particulier d'urgence, soit que l'on considère le cultivateur comme exploitant, cas auquel il convient qu'il lui soit possible d'obtenir, à peu près comme le commerçant et le manufacturier, et sous les mêmes conditions et obligations qu'eux, des avances à courte échéance dans l'intérêt de ses opérations annuelles, soit qu'il s'agisse de faciliter les prêts à long terme, dont la propriété même serait le gage, moyennant hypothèque.

Quant au premier objet, il ne pourra être atteint que peu à peu. Des banques du genre de celles de l'Écosse y aideraient avantageusement. Les mœurs et les usages des agriculteurs y seraient, dès à présent, moins rebelles que quelques personnes ne se plaisent à le dire. Ils sauraient, avec le temps, prendre, aussi bien que d'autres,

(1) C'est-à-dire selon le nombre de mots contenus dans l'acte de vente ; l'unité de longueur est de 1080 mots.

l'habitude de payer ponctuellement à une échéance déterminée, ainsi que le pratiquent les manufacturiers et les commerçants, s'ils voyaient que leur avenir est à ce prix. Les actes législatifs et administratifs qui, dans cette pensée, faciliteraient la multiplication des banques sont commandés par la politique non moins que par l'équité.

Sur le second point, celui des prêts sur hypothèque à longue échéance, la solution du problème est plus facile; il y a trop longtemps déjà que nos cultivateurs l'espèrent. L'établissement du Crédit foncier de France, dont c'était l'objet, et qui est parvenu aujourd'hui à une éclatante prospérité, n'a cependant été jusqu'ici que d'une médiocre assistance pour l'agriculture. Il a fait des prêts bien moins à la propriété territoriale qu'à la propriété urbaine, c'est-à-dire sur les maisons bâties ou à bâtir. Il a consenti, en ce genre, des avances énormes dans Paris. Il a, de plus, fait de fortes avances aux villes.

S'il s'est livré de préférence à ces opérations, ce n'est point avec le parti pris de déserter la mission en vue de laquelle il avait été créé. La principale cause de son abstention, vis-à-vis de l'agriculture, consiste en ce que la propriété, surtout la petite, n'est pas en état de produire des titres bien en règle et, par conséquent, offrant au créancier toute garantie. La régularisation des titres de propriété est un acte devenu nécessaire dans une foule de cas. A cet égard, on pourrait

avantageusement imiter ce qui, depuis une ving-
taine d'années a été organisé pour l'Irlande et y a
rendu de grands services. A l'époque où Robert
Peel était premier ministre du Royaume-Uni,
un tribunal spécial fut établi, pour l'usage exclusif de l'Irlande et à titre temporaire, dans le
but de liquider la situation d'un assez grand nombre de propriétaires qui étaient obérés et devenus
insolvables, ou qui se trouvaient grevés d'obligations compliquées, paralysant la propriété entre
leurs mains. On l'appelait la cour des propriétés
encombrées (*Encumbered estates court*). Posté-
rieurement, on en a fait une juridiction permanente chargée de délivrer à tout propriétaire, dans
l'embarras ou non, qui le désire, des titres tenant
lieu désormais de tous les autres, et moyennant
lesquels, ainsi, la propriété est complétement dégagée ; c'est ce qu'on appelle des *titres parle-
mentaires* Le nom même du tribunal a été
changé ; il porte le nom de cour de la propriété
territoriale (*Landed estates court*). C'est un
modèle qui pourrait être suivi dans plus d'un
État, à commencer par la France.

On ne voit pas non plus de bonnes raisons pour
ne pas généraliser les dispositions spéciales en
vertu desquelles le Crédit foncier, par un privilége
unique, peut avoir facilement raison des hypothèques dites légales, ou triompher, sans trop de
lenteur, du mauvais vouloir de ses débiteurs,
pour payer les annuités à l'échéance. Pareille-

ment, il est à désirer que la durée des prêts hypo-
thécaires en général puisse, de même que dans le
cas où le Crédit foncier est le prêteur, s'étendre sans
renouvellement et, par suite, sans taxe nouvelle,
à cinquante ans, de manière à comprendre le principal avec les intérêts dans les annuités. De cette
façon, les capitalistes, agissant individuellement
ou collectivement, pourraient se partager la besogne qu'une seule institution comme le Crédit
foncier, quelque puissante qu'elle soit, ne saurait
accomplir parfaitement sur la surface entière d'un
territoire aussi grand que la France.

# SECTION II

## Les engrais.

---

# CHAPITRE I.

### QUESTION GÉNÉRALE.

La pénurie des capitaux dans l'agriculture se manifeste, entre autres effets, par l'insuffisance des engrais qu'elle peut employer. La surface de notre globe, ce détritus des roches, qui forme ce qu'on appelle la terre végétale, est, dans sa majeure partie, une masse presque inerte. Le sol, siége de la culture, ressource du genre humain pour le premier de ses besoins, la subsistance de chaque jour, se présente sous une assez grande variété d'aspects, et il ne varie pas moins dans sa composition intime. Mais il offre presque uniformément ce caractère, qu'il ne donne des produits abondants qu'autant que l'homme emploie une mécanique énergique, soit pour le manipuler, soit pour en recueillir rapidement et économiquement les fruits, et qu'il lui a, au préalable, associé, pour chaque culture, les éléments qui sont indispensables pour former la substance de la plante. Un champ est un appareil duquel on peut dire, presque avec autant de vérité que de ceux qui figurent dans le laboratoire du chimiste, qu'on n'en retire rien de plus que la transformation des matières premières et des ingrédients qu'on lui avait confiés. En un mot, pour que la terre rende beaucoup, il faut que l'homme commence par beaucoup lui donner.

Dans ses opérations agricoles, l'homme a pour auxiliaires la chaleur du soleil et l'eau qui est versée par les nuages, sous la forme de pluie, ou fournie par l'atmosphère qui en est plus ou moins imprégnée. Ce sont deux aides d'une grande puissance. En outre, l'air, dont la surface de la planète est entourée, et qui baigne incessamment toute la végétation, livre aux plantes quelques-uns de leurs matériaux : de l'oxygène qui forme plus du cinquième de son poids ; dans un petit nombre de cas, de l'azote, dont il contient une si grande quantité, et, très-régulièrement, du carbone, par l'acide carbonique qu'il présente aux feuilles des végétaux pour qu'elles le décomposent. Certains éléments fixes des fruits parvenus à maturité ou de la charpente des plantes, tels que la chaux, l'acide phosphorique, le soufre, la potasse, la soude, la silice, et même l'azote, quelque forte proportion que l'atmosphère renferme de celui-ci, ne sont, pour la plupart et dans le plus grand nombre des cas, à la disposition des végétaux, qui les réclament, qu'autant que la main de l'homme les a d'avance apportés au sol, dans des quantités qui varient selon les plantes à cultiver, et sous une forme qui en rende l'assimilation praticable.

Assurément, c'est le sol qui cède aux plantes, le plus fréquemment, sans aucun effort ni dépense du cultivateur, certains de ces corps, tels que la silice et même la chaux, car les terrains calcaires sont très-abondants, et les terrains contenant de la silice ne le sont pas moins. Par la décomposition lente des roches ou de leurs débris, le sol est en mesure de fournir des parcelles de quelques autres. Mais il est extrêmement rare qu'un terrain à l'état naturel contienne tout ce qu'il faut à une culture quelconque, et dans de telles proportions qu'après quelques récoltes ceux de ces éléments indispensables à la culture, qui y étaient renfermés primitivement, n'y soient pas, pour la plupart, épuisés. Ce qui revient à dire que les terres, qui peuvent être régulièrement cultivées avec avantage, sans être fumées et même sans l'être fortement, ne forment qu'une rare exception.

Jusqu'à nos jours, la science agricole était restée, en ce qui concerne les amendements et les engrais, dans un vague dont on aurait peut-être lieu de se montrer surpris. Quelques faits étaient cependant acquis et avaient frappé l'attention des chimistes et des agronomes dignes de ce nom, à savoir : 1° que chaque plante, ou tout au moins chaque groupe de plantes, a besoin, pour se développer et prospérer, de rencontrer dans le sol un certain nombre de corps déterminés par sa nature même ; 2° que, lorsqu'on envisage l'ensemble des cultures, la liste de ces éléments ne laisse pas que d'être assez nombreuse, et que, dans chaque cas particulier, la composition, fort variable d'ailleurs, de la terre végétale, ne présente qu'un certain nombre de ces éléments, surtout, si elle a déjà nourri quelques récoltes. D'où suit l'obligation absolue d'améliorer le sol par l'addition de substances en rapport avec la plante qu'on se propose de cultiver. Un autre fait, qui n'était pas moins démontré et accrédité, c'est que les produits du sol, grains, fruits et bétail, consommés hors de la propriété qui les a produits, et, par conséquent, sans qu'il soit possible que cette propriété en retire aucun fumier, dépouillent nécessairement la terre d'une certaine masse de divers ingrédients, azote, phosphate de chaux, soufre, potasse, etc., qu'il est indispensable de lui restituer, si l'on veut qu'elle continue de produire.

Jusqu'ici, ce qu'on ajoutait au sol consistait presque uniquement dans le fumier de ferme, résultat de la stabulation des animaux. Cet engrais renferme, en effet, une bonne partie des matières qui sont le plus nécessaires au succès de la culture en général. On y trouve, en particulier, de l'azote, sous diverses formes et surtout sous celle de sels d'ammoniaque, un peu de phosphore à l'état de phosphate de chaux et des traces de plusieurs autres corps.

16

Mais, il est clair jusqu'à l'évidence, que l'emploi d'un ingrédient uniforme, pour une multitude de besoins fort différents les uns des autres, tels que sont ceux des diverses plantes qu'on cultive tour à tour, est contraire à la nature des choses. D'ailleurs, la quantité de fumier de ferme dont peut disposer la France ou tout autre pays est bien insuffisante pour l'étendue des terrains qu'on cultive. Enfin, il s'en faut que, même dans le cas qui ne se présente guère, où aucune partie des récoltes ne serait consommée au dehors, le fumier de ferme obtenu sur une propriété représente en quantité égale les éléments qui ont été ravis au sol de cette même propriété par ces récoltes. On a donc, il y a déjà longtemps, conçu vaguement, et mis en pratique jusqu'à un certain point, l'idée de remettre la terre en état, en l'enrichissant avec d'autres substances, sans cesser cependant de faire usage du fumier de ferme, qui possède diverses vertus et dont tout cultivateur qui entretient un peu de bétail a une certaine provision sous la main.

Ainsi, il y a des siècles que les marnes, répandues sur les terres comme des amendements, rendent de grands services. La vertu du plâtre pour la production de certains fourrages, tels que la luzerne et le trèfle, est connue et utilisée en grand depuis plus d'un siècle. Franklin l'a mise en lumière, aux États-Unis, par une expérience originale, dont tout le monde a connaissance. C'est

d'une pratique courante aujourd'hui, et fort aisée en France, où le plâtre abonde. Depuis une
cinquantaine d'années environ, les agriculteurs
ont eu recours à la chaux, en la répandant sur
la terre à l'état d'hydrate, c'est-à-dire après
avoir laissé *éteindre* spontanément, au milieu des
champs, la chaux vive, et le chaulage a procuré
à plusieurs provinces les résultats les plus satisfaisants. Par ce moyen, telle qui ne donnait
guère que du seigle, rend du froment en abondance. Le chaulage fait la fortune de la Bretagne en
particulier. On sait que, dans cette province, le granit abonde, et, généralement, le terrain granitique
n'offre, en fait de chaux, aucune ressource (1).
On s'est aussi servi de la tangue et des maërls,
mélange de limon et de coquilles broyées par la

(1) Par exception, on rencontre de la chaux dans quelques
variétés de granit ou de gneiss, roche qui a avec le granit les
plus grands rapports de composition, et la culture s'en res-
sent. Ainsi, près de Limoges, dans la commune de Solignac,
sur des propriétés à base de gneiss, on remarquait avec étonnement que les eaux étaient calcaires. Plus elles avaient ce
caractère, et plus la culture des céréales réussissait. L'analyse
chimique a montré qu'une des variétés du feldspath qui entre
dans la composition de ces gneiss, sur les points où les terres
étaient les meilleures, était le feldspath anorthose, à silicates
alumineux et alcalins magnésiens et calcaires, qui, différant en
cela du feldspath orthose, est lentement décomposé par l'action de l'atmosphère, sous l'influence alternative des chaleurs
et des gelées. Du silicate de chaux naît du carbonate. Ensuite
l'eau des pluies ou des sources entraîne le carbonate de chaux

mer. Dans quelques-uns des départements du littoral de la France, on en retire d'excellents effets.

Les agriculteurs anglais tiraient parti, depuis un certain temps, des os qui recèlent une forte proportion de phosphate de chaux. Ils avaient exploité non-seulement les abattoirs, les résidus des cuisines des auberges, mais même les champs de bataille où tant de victimes humaines avaient été sacrifiées, et où des fosses immenses recélaient les ossements de milliers de héros. Plus récemment, on est allé demander des phosphates de chaux à des couches calcaires qui se trouvent imprégnées ou mêlées de cette substance, et qu'on exploite par des travaux semblables à ceux des carrières ou même des mines.

En Angleterre aussi, avant que l'on se livrât en France à des tentatives du même genre, les propriétaires, qui sont pourvus de capitaux beaucoup mieux que ceux de la France, avaient été frappés de ce que la science révèle au sujet de la nécessité de présenter aux racines des végétaux des substances azotées d'une certaine nature, d'où la puissance vitale des plantes parvient à extraire l'azote. Ils avaient donc mêlé au sol les sels am-

ou le dissout par le moyen de l'acide carbonique qu'elle contient. (Mémoire de M. Albert Le Play, lu à l'Académie des sciences, en 1862, et inséré dans le *Recueil des savants étrangers*).

moniacaux qu'ils pouvaient se procurer au meilleur marché, ainsi que des azotates, particulièrement celui de soude, dont on a découvert des gisements abondants sur les bords de l'océan Pacifique, dans l'Amérique du Sud.

Enfin, le guano, fiente d'oiseaux ramassée en quantité considérable sur quelques points du globe, généralement dans des îles où rien ne troublait la gent ailée, a présenté à l'intelligente activité des agriculteurs britanniques un puissant moyen d'améliorer le rendement de leurs terres. Surtout le guano des îles Chinchas, situées sur la côte du Pérou, près de Lima, a été recherché par eux avec une prédilection marquée, parce que, grâce au privilége que présentent ces parages, d'être absolument exempts de pluie, ce guano, qui, d'ailleurs, est en couches d'une épaisseur exceptionnelle, n'a jamais été délavé par les eaux du ciel, et a pu ainsi conserver dans leur totalité les sels solubles, d'une grande vertu pour la culture, qui sont contenus dans la fiente des oiseaux (1).

La masse de guano que l'Angleterre emploie annuellement, pour son propre compte, ne s'élève

---

(1) Le guano contient des matières organiques azotées, telles que l'acide urique; de l'ammoniaque à l'état de carbonate et d'urate; des sels alcalins, sulfates, phosphates, chlorures, des phosphates de chaux et de magnésie. (Voir le *Traité de Chimie générale* de Pelouze et Frémy, tome VI, page 595, édition de 1857.)

pas à moins de 175,000 tonnes (de 1,000 kilog.) (1). La France, disons-le en passant, est bien loin d'utiliser cette précieuse substance dans des proportions comparables. A cet égard pourtant, elle est en progrès. La moyenne des dernières années est de 50,000 tonnes.

On a cherché aussi à utiliser les débris des pêcheries qui offrent une proportion satisfaisante de matières azotées. C'est ainsi que l'agriculture française profite des résidus des pêcheries de la Norwége.

Mais il fallait bien finir par un système, je veux dire une manière de voir et d'agir qui soit conforme à la science. L'idée très-juste de composer artificiellement le sol pour chaque culture, afin qu'il soit en rapport complet avec celle-ci, devait se frayer un chemin dans les esprits et devenir la base d'une théorie et d'une pratique dont les faits qui viennent d'être rappelés seraient les prolégomènes. Il y a, d'une part, à reconnaître, pour chaque plante, les éléments qui lui sont essentiels; d'autre part, à faire en sorte qu'elle les rencontre, en dose convenable, dans le sein de la terre, par le mélange au fumier de ferme, ou par l'emploi séparé de quelques sels ou autres com-

(1) La moyenne de l'importation des quinze années de 1851 à 1865 est de 201,505 tonnes; mais il y a eu une réexportation moyenne de 27,745 tonnes. (*Statistical abstract* de 1866.)

posés, et à la condition que le prix de ces ingrédients soit modéré, assez pour que le supplément
de produits, dû à l'intervention de ces substances,
ait une valeur supérieure à ce qu'il en aura coûté.

Aujourd'hui, cette opinion se répand et elle
s'éclaire d'expériences multipliées. On a fait des
essais et des observations qui jettent beaucoup de
clarté sur ce que l'on peut appeler l'*appétit* de
chacune des cultures, la nature des ingrédients
que lui offrent les différentes espèces de sol et ceux
qu'il est indispensable d'y mêler, puisqu'ils ne s'y
trouvent pas. On a employé, ensemble et séparément, diverses substances chimiques contenant les
corps réclamés par les diverses plantes, et on a
mesuré les effets de chacune de ces combinaisons :
on a fait plus, on les a évaluées en argent. Cette
pierre de touche a fait connaître quelles tentatives avaient été heureuses, quelles autres malheureuses, alors même qu'elles augmentaient la
production. C'est un art agricole tout nouveau qui
se fonde. Nous n'en sommes encore qu'au début,
car les expériences qu'il réclame sont fort délicates, compliquées de l'influence incertaine des sai-
sons, et infiniment plus longues que celles qu'on
peut faire dans un laboratoire de chimie.

Déjà les résultats qu'on a obtenus ont paru assez décisifs pour former le point de départ d'une
nouvelle doctrine agricole qu'on a appelée celle
des *engrais chimiques*. Sans renoncer à l'usage
du fumier de ferme, ressource précieuse dont on

a la disposition tout naturellement, les partisans
de cette doctrine vont jusqu'à assurer qu'à la rigueur on pourrait s'en passer. Ils ajoutent que
l'agriculture qui serait réduite au fumier, sans aucune addition ni mélange de sels, ne saurait, si ce
n'est par exception, obtenir les grands rendements. Or, disent-ils, on doit tendre de toutes ses
forces à généraliser les rendements élevés, par le
motif qu'aujourd'hui déjà ils sont les seuls qui
donnent au cultivateur une rémunération bien satisfaisante, et par cette autre raison, qui prime
la première, que seuls, ils sont propres à déterminer l'abondance, si vivement réclamée par la
société.

Après tout, la pratique qui a été introduite en
Angleterre et qui n'y a pas cessé, parce qu'on s'en
est bien trouvé, prouve que des substances chimiques convenablement choisies, convenablement
préparées, et employées même séparément du
fumier de ferme, procurent des résultats considérables.

Il ne faut pas pousser les systèmes à l'extrême.
Ce serait une exagération de prétendre que le
fumier de ferme agisse uniquement par les ingrédients chimiques qu'il contient. Indépendamment
de ces ingrédients, il exerce une action utile sur la
culture, ne fût-ce qu'en divisant le sol et en le
rendant plus perméable à l'humidité et à l'air
atmosphérique. L'humus, qui fait partie des sols
fertiles, a aussi son action qui ne paraît point

due exclusivement aux sels chimiques entrant dans sa composition. Les partisans de la doctrine des engrais chimiques nuiraient donc à leur cause s'ils étaient absolus dans leurs affirmations, s'ils affectaient de dédaigner le fumier de ferme et s'ils prétendaient qu'on peut obtenir en abondance quelque récolte que ce soit, en prenant pour sol le sable de la mer, c'est-à-dire de la poussière de quartz, ou du verre pilé, et en y mêlant des sels chimiques, sulfates, phosphates, carbonates, azotates.

Il est difficile à l'homme qui raisonne et observe de nier que le fumier doive une bonne partie, vraisemblablement la plus grande, de sa puissance à un certain nombre de corps qu'il recèle et qui ne font qu'une petite proportion de son poids. C'est jusqu'à un certain point comme le quinquina, qui doit son efficacité à la quinine. De même qu'on a heureusement simplifié le traitement des maladies en remplaçant le quinquina par la quinine ou par un de ses sels, il semble qu'en livrant à la terre, directement et sans mélange, les substances d'où le fumier tire sa vertu de fécondation, on doive réaliser en totalité ce qui résulte de l'action de celui-ci. La comparaison n'est cependant pas d'une parfaite justesse. Les substances auxquelles est juxtaposée la quinine, dans l'écorce du cinchona, sont des corps inertes, plus nuisibles qu'utiles aux malades. Il n'en est pas de même des matières auxquelles les sels chimiques sont

mêlés dans le fumier de ferme. Elles ont leur
utilité distincte. Tout porte donc à penser que le
moyen d'assurer le maximum de succès des engrais chimiques consiste à les employer en les
associant à ce qu'on a de fumier, de manière à
réunir les effets particuliers, physiques ou chimiques de celui-ci, à la puissance qui leur est
propre.

Jusqu'ici il semble que les agents chimiques
qui portent en eux les sources de la fertilité et
qui suffisent à l'ensemble des cultures des terres,
se réduisent à un petit nombre, à savoir : le phosphate de chaux, la potasse à l'état salin, la chaux
sous la forme d'hydrate ou de plâtre ou de carbonate,
l'azote à l'état de sulfate d'ammoniaque ou d'azotate de soude, le chlore engagé en combinaison avec quelqu'un des alcalis. En faisant usage de
ces corps, sans préjudice du fumier de ferme, on
doit parvenir à donner à la terre une puissance
productive considérable, à la condition de les associer d'après certaines règles que la pratique
révélerait successivement pour les diverses cultures et les différents sols, et de les présenter à
chaque plante dans des conditions qui rendent
l'assimilation facile. Une suite d'expériences, faites
avec beaucoup de soins et d'intelligence, et sans y
ménager le temps, est indispensable pour la solution de cet important et difficile problème. Mais
on en sera amplement récompensé par la grandeur des résultats. Il s'en suivra une révolution

dans la production des aliments et dans celle de diverses matières premières des manufactures (1).

Un travail du baron Justus de Liebig, qui figure dans ce recueil (2), renferme, au sujet des engrais, un bel ensemble d'idées lumineuses et pratiques. On sait que ce savant illustre, auquel la science chimique doit tant, consacre ses efforts, par une prédilection dont on ne saurait trop le remercier, à l'avancement de l'agriculture, et qu'il a particu-lièrement élaboré et éclairé la question des engrais.

## CHAPITRE II.

### SUBSTANCES FERTILISANTES FOURNIES PAR LES MINES.

Deux substances, entre autres, ont été recher-chées, dans ces derniers temps, comme propres

(1) Un des professeurs du Muséum d'histoire naturelle, qui s'est consacré à ce genre d'études, M. Georges Ville, fait sur ce sujet, depuis huit ans, des expériences du plus grand inté-rêt, à Vincennes. Les résultats qui ont été ainsi observés ont frappé de bons esprits, qui y voient le présage d'une régénéra-tion agricole. Nous manquerions à une haute convenance si nous ne disions que, à une époque où ces tentatives étaient ac-cueillies froidement dans le monde savant et même parmi les agriculteurs, l'Empereur les a prises sous sa haute protection. Le champ d'expériences de Vincennes a été fondé et il est entretenu, depuis huit ans, aux frais de la cassette impériale.

(2) Voir tome VIII, page 211.

à restituer à la terre deux des principaux éléments de sa fécondité, que la culture lui ravit par
l'appropriation que s'en font les plantes, l'acide
phosphorique, généralement sous la forme de
phosphate de chaux, et la potasse à l'état de quelqu'un des sels dont elle est la base.

### § 1. — Gisements de phosphate de chaux — apatite et phosphorite.

Le phosphate de chaux est indispensable pour
la production de certaines récoltes, et, avant
tout, des céréales. Une terre dépourvue de phosphate est inhabile à rendre du blé, quand même
elle resterait bien munie des autres substances
réclamées par cette culture, et par exemple
de l'azote qui est doué d'une grande vertu de
fécondation. Quelques personnes pensent que,
si la Sicile, autrefois si fertile, est devenue un
pays pauvre, c'est que, à force de lui demander des
moissons, on a dépouillé son sol de tout le phosphate qu'il contenait. Jusqu'à ces derniers temps,
la restitution du phosphate de chaux se faisait au
moyen des ossements des animaux, même de
ceux des hommes, qui, après avoir été pulvérisés
ou broyés, étaient enfouis dans le sol où ils se dé-
composaient lentement. Cette pratique a été mise
en honneur pendant le premier quart environ de ce
siècle. Bientôt les chimistes et les minéralogistes
signalèrent l'existence du phosphate de chaux dans

le règne minéral, sur des proportions importantes, au sein de plusieurs formations géologiques (1). Il se présente sous trois formes : 1° à l'état cristallisé: c'est alors l'*apatite ;* 2° à l'état de pierre d'un aspect terreux, assez souvent cependant aggloméré en rognons ou nodules : on le nomme alors la *phosphorite ;* 3° quelquefois enfin, à l'état d'ossements anciens concassés et disséminés dans des couches épaisses de terrain.

Des gîtes de chaux phosphatée, à l'état de phosphorite, sont aujourd'hui reconnus en assez grand nombre et sur une vaste étendue. C'est là surtout qu'on puise en ce moment pour fournir du phosphate de chaux à l'agriculture. En France, M. de Molon s'appliqua, il y a environ dix ans, à développer cette industrie, après avoir reconnu lui-même la phosphorite sur beaucoup de points, presque toujours dans le terrain que les géologues désignent par le nom de crétacé inférieur. Grâce à cet intelligent explorateur et à quelques autres, il y a aujourd'hui une quarantaine de nos départements où l'existence de la phosphorite est constatée ; on ne l'exploite encore que dans trois.

La phosphorite, d'une richesse variable, ne contient en général que 25 à 35 pour 100 de phos-

---

(1) C'est surtout à feu **M. Berthier** que cette découverte est due. **M. Elie de Beaumont** a publié ensuite un travail du plus grand intérêt et complet sur les gisements de phosphate de chaux.

phate de chaux pur. L'apatite, ou chaux phosphatée cristallisée, en renferme une proportion beaucoup plus forte et se trouve même à l'état de pureté.
Elle forme des filons très-caractérisés et puissants,
dans un petit nombre de localités. Les gîtes de ce
genre les plus remarquables sont en Espagne, dans
l'Estramadure, à Logrosan et à Trujillo, et en Portugal dans l'Alemtejo (1). L'absence ou l'imperfection des communications est la seule cause qui
ait jusqu'ici empêché l'exploitation en grand de
ces remarquables gîtes. Mais il est impossible
qu'il ne s'établisse pas bientôt des voies perfectionnées à leur usage. Dès que cette condition aura
été remplie, il devra s'y former une grande exploitation pour satisfaire aux demandes, aisées à prévoir, de l'agriculture européenne.

### § 2. — Sels de potasse.

La potasse, indispensable à plusieurs cultures,
est assez souvent fournie aux plantes, dans les
pays granitiques, par la décomposition lente de
certains feldspaths, qui en rend libre une petite
quantité. Les marnes avec lesquelles on amende

(1) Voir tome V, page 206 et suivantes du Rapport de
M. Daubrée. On y trouvera l'énumération détaillée des divers
terrains où l'on rencontre la phosphorite et des gisements
connus de cette substance, ainsi que de l'apatite, avec l'indication des terrains contenant du phosphate de chaux sous une
autre forme.

les terres, principalement pour leur fournir l'élément calcaire, quand celui-ci leur manque, peuvent
aussi céder une certaine proportion de potasse (1).
Mais, indépendamment de ce qu'en donne ainsi,
dans un nombre de cas restreint, le sol naturel ou
amendé, on a besoin de puiser à d'autres sources
pour procurer à la terre la dose de potasse qui est
exigée par certaines plantes. On l'administre donc
à l'état de sulfate, ou par le moyen du chlorure de
potassium, qui, au surplus, est facile à transformer
en sulfate. On l'emploie aussi sous la forme d'azotate de potasse. Mais ce dernier sel, quand l'agriculture s'en sert, n'est employé qu'à cause de la
dose d'azote qu'il présente; il est d'un prix trop
élevé en général, pour que ce soit à lui qu'on
demande la potasse (2).

Pour accroître la quantité de potasse qui était
déjà à la disposition de l'industrie, des arts chimiques comme de l'agriculture, et qui provenait surtout de l'incendie des forêts dans les régions écar-

(1) Voir les analyses de marnes rapportées dans le *Traité
de Chimie générale* de MM. Pelouze et Frémy, tome VI,
page 579, édition de 1857.

(2) L'azotate de potasse ou nitre est même trop cher
pour qu'on lui demande ordinairement l'azote, substance nécessaire à la plupart des cultures. A cet égard, en fait d'azotate, on se sert de celui de soude qui est à bien plus bas
prix, et dont il existe des gisements dans l'Amérique du Sud,
sur les bords de l'océan Pacifique. Divers engrais contiennent une petite proportion de nitre.

tées des États-Unis et de la Russie, on s'occupait, depuis plusieurs années, avec beaucoup de
science, d'art et de persévérance, d'extraire les sels
de potasse des eaux de la mer, qui en renferment
des atomes, mais qui, se présentant elles-mêmes en
quantité inépuisable, pourraient subvenir à une
grande production. Pendant qu'en France on se
livrait à ces intéressantes tentatives, des ingénieurs découvrirent un gisement considérable de
sels de potasse dans une importante mine de sel
gemme, celle de Stassfurt, en Prusse. Dans la
série épaisse d'environ 200 mètres des couches
cristallines explorées jusqu'à ce jour, les bancs
supérieurs sont formés, en grande partie, de
chlorure de potassium. Les évaluations auxquelles
on s'est livré portent à 6 millions de tonnes
(de 1,000 kilog.) la quantité de ce sel que recèlent les mines de Stassfurt, et, par la manière
dont le gisement est constitué, il est évident qu'on
peut l'extraire et le vendre à un prix modéré auprès de la valeur qu'avait jusqu'ici l'article. Il a
été reconnu, depuis, que quelques autres mines de
sel gemme offraient aussi le chlorure de potassium,
en quantité considérable. Un grand approvisionnement de potasse vient donc, de ce chef, s'ajouter, dans de bonnes conditions pour l'acheteur,
à ce qu'on en avait déjà. Ainsi, sous ce rapport,
la culture, de même que l'industrie en général,
peuvent être considérées comme suffisamment
pourvues pour un certain laps de temps.

# SECTION III

## Industries agricoles et forestières.

---

## CHAPITRE I.

### ACCLIMATATION D'ARBRES ET D'ARBUSTES.

Un des soins auxquels l'homme s'est le plus adonné, dès l'origine, poussé qu'il était par le désir d'amélioration qui est inhérent à sa nature, a été de s'approprier les animaux et les plantes dont il avait reconnu l'utilité. Il s'en fallait que la nature eût placé les uns et les autres dans tous les climats où ils auraient pu vivre. Ni le blé, ni le maïs, ni la vigne, ni le bœuf, ni le cheval, ni le mouton, ni l'âne, ni le chien, ni l'olivier, ni le pommier, ni la pomme de terre, ni le ver à soie ne sont indigènes dans la plupart des contrées où ils prospèrent. Au retour des expéditions, on rapportait chez soi, en fait d'animaux et de plantes, ce qu'on avait remarqué comme d'un bon usage. De même dans les émigrations, on se faisait suivre,

17

autant qu'on le pouvait, des bêtes et des végétaux auxquels on était accoutumé. Il est à croire aujourd'hui que, à l'égard des animaux, il reste médiocrement à acquérir; le plus important est fait.

Il n'en est pas de même, à beaucoup près, dans le règne végétal dont la diversité est infinie. Les terres nouvelles qui, dans ces derniers temps, ont été découvertes et peuplées par des races civilisées, et qui forment de très-vastes étendues, présentent en ce genre de grandes ressources. On y a déjà trouvé et on continue d'y rencontrer des arbres et des plantes dans tous les genres, qui peuvent de là être répandus sur une partie plus ou moins considérable de la surface de la terre, où c'étaient des objets inconnus.

Ainsi, dans ces derniers temps, la Californie et l'Australie nous ont fourni un admirable contingent d'arbres forestiers ou d'ornement, tels que l'*Eucalyptus*, le *Sequoia gigantea*, et un grand nombre d'autres arbres verts.

L'*Eucalyptus* n'est pas seulement un arbre remarquable au plus haut degré, par l'extrême rapidité de sa croissance, les proportions gigantesques qu'il peut atteindre et la dimension des pièces de bois qu'il fournit; c'est encore un arbre de produit, en ce que sa gomme est un intéressant article de commerce.

Mieux explorées, des contrées plus voisines de nous ont de même enrichi la flore des régions tempérées; le Pinsapo, qui est d'une grande élé-

gance et dont le bois a de l'utilité, est sorti, il y a
peu d'années, de l'Espagne.

Le Brésil et les pays environnants, qui sont depuis longtemps découverts et occupés, sur une
partie de leur grande superficie, par une population d'origine européenne, réservent à la civilisation plus d'une surprise, en fait de richesses de
l'ordre végétal. On y remarque, par exemple, le
Palmier *carnauba*, appelé communément arbre à
cire, qui, en effet, donne une cire végétale d'un
excellent usage. Elle commence à entrer dans le
commerce général (1).

L'industrie des pépiniéristes est aujourd'hui
montée tout à fait en grand; elle suffit à la propagation des plantes nouvelles dans tous les pays habi-
tés ou dominés par la race européenne. Dans ce
commerce, la France a une part importante; ses
pépiniéristes exportent dans presque toutes les
parties du monde; ceux de la Grande-Bretagne
et de la Belgique ne font pas moins.

Il y a pourtant des cas où les administrations
publiques ont dû intervenir directement pour
l'acclimatation des plantes étrangères, et l'ont
fait avec succès sur de grandes proportions.
Comme entreprises de ce genre, on a lieu de signaler l'introduction à Java, et, dans diverses
parties de l'Inde anglaise, de deux grandes cul-

_____

(1) Voir le Rapport de M. Coutinho, tome VI, page 169, et
celui de M. Émile Fournier, page 67 et suivantes.

« culture, pouvait faire disparaître presque entière-
« ment les plantes indigènes (1)? » La prospérité
des Antilles est due à la canne à sucre et au
caféier, l'un et l'autre tirés du dehors. Le coton
qui, aux États-Unis, occupait, en 1861, un espace
plus grand que la surface cultivée de l'Égypte,
y est une plante étrangère. Le professeur Vriese,
de Leyde, en a fait l'observation, les cultures, auxquelles la belle colonie de Java doit sa richesse,
lui viennent d'autres contrées. En effet, c'est le
caféier de l'Arabie, l'indigotier de l'Afrique méridionale, la canne à sucre de l'Inde, le canelier de
Ceylan, la vanille et le nopal du Mexique, le tabac
de l'Amérique, le riz de la Chine. Venue des
Andes du Pérou, la culture de la pomme de terre
couvre l'Europe et l'Amérique du nord. La vigne
à vin est exotique en France, où elle est cultivée
sur une superficie égale à celle qu'elle occupe dans
le reste de l'univers. L'agriculture presque tout
entière résulte de l'échange des plantes entre les
différents pays et de leur amélioration dans les
mains de l'homme.

La rapidité avec laquelle les arbres forestiers,
une fois bien acclimatés, se répandent dans une
contrée, est un sujet d'admiration pour le natura-
liste; c'est aussi une indication des heureux effets
qu'on est en droit d'attendre d'efforts intelligents,

(1) *Géographie générale comparée*, page 66 de l'*Introduction*. Traduction de MM. E. Buret et Édouard Desor.

là où les forêts primitives ont été détruites et où les montagnes ont été dénudées, ainsi qu'on a trop lieu de le remarquer dans une partie de l'Europe, et particulièrement dans les Pyrénées et les Alpes (1).

# CHAPITRE II.

## OPÉRATIONS DIVERSES.

—

### § 1. — Production et conservation des vins.

Naguère, on ne connaissait, dans le commerce général, qu'un petit nombre de crus; c'étaient, au premier rang, les vins de France; parmi ceux de la péninsule Ibérique, le Xérès et le Porto, l'un et l'autre chers aux Anglais; le vin du Rhin, plus célèbre sur la rive droite du fleuve qu'ailleurs, et celui de Madère, île perdue au milieu de l'Océan. Par le perfectionnement des moyens de transport et par l'adoption de procédés plus intelligents pour la culture et pour la manutention des récoltes, d'autres vins entrent dans la lice successivement. Les vins de Hongrie, très-abondants, très-agréables, et dont plusieurs sont exempts de ce

(1) On consultera avec profit, sur ce sujet et sur l'arboriculture en général, le Rapport de MM. Frédéric Moreau et de Gayffier, tome XII, page 621.

feu qui délecte les Anglais, mais dont les autres peuples font moins de cas, paraissent avoir le plus grand avenir.

Quand l'Espagne aura des chemins et que ses viticulteurs seront venus apprendre, en France, comment se traitent les vendanges et se soignent les récoltes, elle fera un grand commerce de vins. La même observation s'applique à l'Italie, dont le Falerne, tant célébré par Horace, est fort peu prisé des gourmets modernes, parce qu'il s'obtient par les mêmes procédés grossiers qu'il y a deux mille ans.

Des concurrents entreprenants s'élèvent dont le producteur européen a lieu de se préoccuper, quoi qu'ils soient encore à grande distance du but. Les Etats-Unis s'efforcent, sur plusieurs points de leur immense territoire, de produire des vins, le Pérou en exporte une certaine quantité, l'Australie s'y essaye et a beaucoup d'espérances. Au Mexique, la terre froide *(Tierra fria)*, et la zone moyenne *(Tierra templada)* se rappelleront peut-être que la guerre de l'indépendance y commença en 1810, à propos de la culture de la vigne (1). Ces perspectives de concurrence contre les vins qui sont aujourd'hui en possession de la renom-mée et l'objet de la prédilection des amateurs,

(1) Le curé Hidalgo leva, en 1810, l'étendard de l'indépen-dance, à l'occasion d'un ordre, venu de Madrid, d'arracher les vignobles de la ville dont il était le pasteur.

sont opportunément signalées dans un travail
spécial de M. Emile Chédieu (1) et dans celui de
M. Teissonnière (2). M. Jules Guyot, dans son
Rapport sur la viticulture et ses produits, présente
à ce sujet des aperçus généraux d'un grand intérêt (3). La vigne occupe en Europe quatre millions
d'hectares, dit-il, dont deux et demi pour la
France, et, en dehors de l'Europe, la vigne à
vin, *vitis vinifera,* ne se déploie guère que sur
un million.

Le vin, même le plus naturel, est un produit
fabriqué. Convertir des grappes de raisin en cette
boisson saine et tonique, qui flatte le palais, et
qui possède beaucoup plus de vertu nutritive qu'on
ne le pense communément (4), est une opération
à la fois mécanique et chimique. Elle comprend
plusieurs phases : le foulage, l'extraction sous le
pressoir, la fermentation. On excite celle-ci par
une addition de sucre. Quelquefois on fortifie le vin
par l'alcool, pour en assurer la conservation.
Enfin, on fait des mélanges, dont le public est
enclin à médire, mais que la loyauté ne désap-
prouve pas. Le plus populaire de tous les vins,
celui qui a le plus de vogue dans le monde entier,
le champagne, est un vin très-travaillé. Je laisse

(1) Tome XI, page 337.
(2) *Ibid.*, page 372.
(3) Tome XII, page 599.
(4) Les vignerons français ont ce dicton : une pièce de vin
vaut un sac de farine, et ils ont raison.

de côté les fabrications de liquides qu'on décore
du nom de vin et où il y a de tout, excepté du jus
de raisin, industrie mystérieuse et anti-hygiénique,
dont M. Gladstone fit le portrait, à la fois comique
et sévère, dans le célèbre discours qu'il prononça,
en présentant au Parlement le traité de commerce
avec la France, en 1860.

Les vins imités, tels que ceux qui se font à
Cette, sont des transformations et des mélanges
de vins naturels, irréprochables au point de vue de
la santé publique. Par la ressemblance qu'ils ont
avec les grands vins, ils satisfont la catégorie des
consommateurs auxquels leur bourse ne permet
pas de se procurer de ceux-ci. Cette industrie vaut
mieux que sa renommée et ne peut que s'accroître.

M. Pasteur, dont les études ingénieuses ont
tant contribué à faire connaître les ferments, a
pensé que, si l'on parvenait à détruire ces corps
dans les vins, sans en altérer le bouquet, le
danger de toute maladie ultérieure serait conjuré,
sans que le breuvage perdît rien de son mérite.
Le procédé qu'il conseille, et qu'il a mis à l'é-
preuve, consiste simplement à porter le vin à une
température d'environ 70 degrés, au moment de la
mise en bouteilles. Si ce procédé reçoit de la
pratique la sanction qu'on espère, il en résultera,
pour le commerce des vins, de nouvelles facilités.
Certains vins de France, très-sujets à se gâter
à l'étranger, où ils ne trouvent plus les mêmes

soins que chez nous, auraient un grand débouché au dehors : tels les vins de Bourgogne (1).

### § 2. — Pisciculture.

La pisciculture à peine classée en 1855, absente de l'exposition de Londres, en 1862, a montré, en 1867, qu'elle commençait à occuper une place parmi les industries alimentaires, principalement dans la Grande-Bretagne, en France, et dans les royaumes de Suède et Norwége. Il existe même déjà des fermes piscicoles, montées sur une grande échelle, par exemple l'exploitation de M. de Selve, qui dispose de 12 kilomètres de canaux, d'où les marchés de Paris tirent régulièrement des écrevisses et des truites. Le laboratoire du Collége de France, à Paris, et l'établissement modèle d'Huningue continuent leurs études (2), point de départ de ces utiles créations. Mais d'après ce qu'on nous raconte des Chinois, ils sont, dans cette industrie, des maîtres dont nous n'approchons pas.

Au sujet de l'agriculture et de l'horticulture, le

(1) Il est vraisemblable qu'une des causes pour lesquelles le vin de Bourgogne se gâte si facilement chez les Anglais, c'est que leurs maisons n'ont pas de caves profondes et voûtées comme les nôtres; mais il est probable aussi que les ferments, que combat M. Pasteur, y sont pour quelque chose.

(2) Voir le Rapport de M. Coumes, tome IX, page 277. Voir aussi celui de M. Champeaux, tome XII, page 153.

lécteur trouvera, dans le tome XII, une suite de
Rapports remplis d'attraits. Il y constatera que
l'agriculture est riche de découvertes qu'il n'y a
plus qu'à appliquer pour que le rendement du sol
de l'Europe et de la planète soit incomparablement
plus grand qu'aujourd'hui. Les Rapports de
MM. Eugène Tisserand, Grandvoinnet, Aureliano,
Lesage, Grateau, en offrent l'exposé fidèle pour
les aménagements généraux et le matériel; ceux
de MM. Basile de Kopteff, Magne, de Quatrefages,
Émile Blanchard, Rouy, André Sanson, Prillieux,
Reynal, Laveyrière, Pierre Pichot, de Champeaux,
pour les richesses du règne animal. La série des
Rapports sur l'horticulture est fort curieuse. Cette
branche de l'industrie qui a pour objet, selon l'observation de M. Lindley, la domestication des
plantes, a fait de grands progrès depuis un siècle.
C'est toute une création. On en a la preuve claire
dans les Rapports de MM. Bouchard-Huzard,
Darcel, Verlot, Courtois-Gérard, de Galbert, Jules
Guyot, Frédéric Moreau et de Gayffier, et Édouard
Morren. On remarquera ce qui est dit de l'igname
de la Chine et du degré auquel un habile praticien,
M. Rémond, est arrivé dans l'acclimatation de
cette plante (1).

(1) Rapport de M. Courtois-Gérard, tome XII, page 557.

# QUATRIÈME PARTIE

———

## OBSERVATIONS SUR LES PRINCIPAUX RESSORTS DE LA PRODUCTION.

———

### SECTION I

#### La liberté du travail.

———

### CHAPITRE I.

#### URGENCE D'ABANDONNER LE SYSTÈME RÉGLEMENTAIRE. OBSERVATIONS AU SUJET DES IMPOTS.

La puissance productive des peuples, ayant ses appuis les plus solides dans le capital et dans la science, et recevant son impulsion de la liberté du travail, il n'est pas hors de propos ici d'envisager successivement chacun de ces trois sujets, en s'inspirant de l'Exposition elle-même et en se référant à elle.

Parlons d'abord de la liberté du travail. Au gré de beaucoup de bons juges, elle est tout à la fois le point de départ et la sanction des progrès économiques de la société.

Quand Montesquieu a dit que les pays sont cul-
tivés en raison, non de leur fertilité, mais de leur
liberté(1), il a tracé, pour l'usage de la postérité
un enseignement qui est de l'utilité la plus grande
et d'une éternelle vérité, et que cependant les gouvernements et les gouvernés eux-mêmes sont sujets à oublier.

Dans la lettre célèbre du 5 janvier 1860, qui
annonça l'adoption, par le Gouvernement impé-
rial, du principe de la liberté commerciale, le Chef
de l'État signalait bien opportunément la manie
réglementaire et l'excès des règlements comme
une des causes d'inertie ou de retardement dont
il importait le plus de déblayer la carrière de l'industrie. C'était la proclamation nouvelle de la
liberté du travail, car le système réglementaire
est l'ennemi systématique de la liberté du travail,
comme de toutes les autres libertés.

Chez la plupart des peuples, l'esprit ultra-régle-
mentaire est trop le maître; chez nous, particulièrement, il s'est livré aux plus grands empié-
tements, et, malgré la déclaration impériale du
5 janvier 1860, il est peu disposé à se dessaisir de
ses usurpations. Le moment est venu de réagir,
avec un redoublement de force, contre cette influence illibérale, qui tient en échec les forces
vives du pays.

Il faut dégager la nation des entraves que sus-

(1) *Esprit des lois*, livre **XVIII**, chapitre III.

citent des lois, soit générales, soit spéciales, dictées par l'esprit de restriction, et des règlements sortis de la même source. Il faut que les institutions politiques et administratives, les lois, les décrets, les arrêtés soient favorables à la liberté du travail, et que l'usage et les mœurs lui servent d'appuis tutélaires.

La règle de l'autorisation préalable par les agents du Gouvernement, étendue au point où elle avait été portée chez nous sous la Convention et sous le premier Empire, et où elle s'est maintenue depuis, sauf pourtant quelques reprises que le bon sens public a pu faire, est une des plus malencontreuses combinaisons qu'on puisse introduire dans un État civilisé; c'est une méthode assurée pour asservir les peuples et les tenir courbés sous le joug.

Un système d'impôts qui atteint spécialement et lourdement l'industrie dans ses opérations, paralyse la liberté du travail, quand bien même celle-ci serait hautement affirmée en principe par la législation générale du pays. On entrave le producteur, lorsque, par les taxes dont on les frappe, on enchérit soit les matières premières dont il se sert, soit les combustibles auxquels il emprunte ses moyens journaliers d'action, la chaleur et la force motrice. On le place dans des conditions difficiles qui équivalent à la négation partielle de sa liberté, lorsqu'on soumet le produit fabriqué à un droit considérable qui le rend moins accessible au consommateur, car empêcher de vendre c'est défendre de produire.

On le met dans l'impossibilité de soutenir, soit au dedans, soit au dehors, la concurrence étrangère, quand ces taxes sont nationales, c'est-à-dire exigées dans le pays tout entier. On lui rend impossible de lutter à armes égales, même contre ses concitoyens, contre ses proches voisins, quand elles sont simplement locales, c'est-à-dire perçues aux portes d'une ville ou de plusieurs. Dans ce dernier cas, on rétablit les douanes intérieures dont l'abolition en France fut un des plus grands bienfaits de la Révolution (1).

## CHAPITRE II.

D'UNE MANIFESTATION DANGEREUSE DE L'ESPRIT RÉGLEMENTAIRE. — RÉSURRECTION DES LOIS DE L'ANCIEN RÉGIME.

L'administration, depuis quelque temps, cède

(1) J'ai le regret d'ajouter, comme commentaire de ces observations générales, que les taxes locales de ce genre tendent maintenant à s'établir en France, et qu'à Paris, particulièrement, l'administration municipale non-seulement a annoncé à cet égard les prétentions les plus surprenantes, mais encore a commencé de les mettre à exécution. Il faut espérer que le Gouvernement mettra fin à cette tentative inconsidérée, qui, si elle prévalait définitivement, aurait des conséquences funestes.

volontiers au penchant de ressusciter des lois et des règlements de l'ancien régime, dans la conviction qu'il en est un grand nombre qui restent applicables à notre temps, et qui, d'ailleurs, n'auraient point été abrogés. On se flatte de trouver, dans cet antique arsenal, des armes efficaces contre ce qu'on appelle le génie révolutionnaire. On ne voit pas que, par cette tendance, on excite la méfiance des amis des libertés publiques et des partisans du progrès qu'il est téméraire d'affronter. La date de 1789 marque en France une solution de continuité dans la législation. C'est une ère nouvelle qui s'est ouverte alors, et de ce moment un esprit nouveau a inspiré le législateur. On l'avait parfaitement compris dès le commencement, et c'est ainsi que la glorieuse Assemblée Constituante de 1789 a été amenée à refaire un si grand nombre de lois et de règlements, et que le premier Empire, suivant en cela la même voie, a remis dans le creuset, pour les refondre complétement, les lois civiles et commerciales, les lois pénales, les Codes de procédure civile et criminelle, sans parler d'une multitude de lois spéciales. Ce n'a point été par une manie de novateur qu'on a opéré tous ces changements; c'est que la législation ancienne était impraticable dans la société renouvelée par la Révolution. En politique, l'ancienne législation avait pour base le droit divin; la moderne repose sur un principe opposé, celui de la souveraineté nationale. La société était partagée en castes,

17

parmi lesquelles il y en avait de privilégiées, les autres étant taillables et corvéables à merci; l'industrie manufacturière ou commerciale était répartie en corporations exclusives, et le paysan était traité comme une bête de somme. Depuis 1789, cet échafaudage a disparu, cette complication a été écartée, cette oppression a été abolie, ces inégalités ont été balayées; tout se coordonne par rapport aux principes de liberté et d'égalité. La législation d'avant 1789, non-seulement niait absolument la liberté politique, mais encore tenait fort peu de compte de la liberté individuelle et de la liberté du travail et des transactions; les peuples aujourd'hui veulent, au contraire, qu'on respecte l'une et l'autre. La législation de l'ancien régime admettait la confiscation, et, par conséquent, elle ne reculait pas devant des amendes énormes; la législation moderne a aboli la confiscation, et elle a eu le soin de n'inscrire dans le Code pénal que des amendes dont, en général, la modération est le caractère. Enfin, la législation ancienne portait profondément l'empreinte de l'ignorance ou de préjugés grossiers; depuis 1789, le législateur s'est appliqué à répudier ce triste héritage.

Qu'on admire tant qu'on le voudra les objets d'art que le moyen âge ou la renaissance, ou les XVIIe ou XVIIIe siècles nous ont légués; qu'on en fasse des musées, qu'on les reproduise pour la décoration des appartements : très-bien; mais si de là on passait à l'admiration des lois de la même époque, par rapport à notre propre temps, et qu'on supposât opportun et sage de nous les imposer de nouveau, après que nous en avions secoué le fardeau, l'on se tromperait étrangement, et les bons esprits doivent se mettre en travers pour arrêter de pareils desseins.

Rappelons quelques exemples, d'assez fraîche date, de cette disposition à considérer comme étant encore en vigueur les lois de l'ancien régime, et montrons à quel point c'était, dans chaque cas, une inspiration regrettable.

Il y a dix ou douze ans, quelques fonctionnaires, appartenant à l'école rétrospective, s'éprirent des lois de l'ancien régime, au sujet du commerce des métaux précieux et des monnaies. Ils soutinrent que ces lois étaient applicables encore. Des notes rédigées dans cet esprit furent insérées au *Moniteur*. Les changeurs et les marchands de métaux précieux tremblèrent d'effroi; mais la discussion publique s'empara de la question, et il fut bientôt établi que les lois de l'ancien régime sur le commerce des matières d'or et d'argent et des monnaies, qu'il s'était agi de remettre en activité, étaient des monuments de vexation et de tyrannie. Une des conséquences étranges qui serait résultée, par exemple, de l'édit du 24 octobre 1711, qu'on avait représenté comme ayant encore force de loi, eût été que la Banque de France, dont les novateurs à rebours n'avaient

aucunement songé à entraver les actes et qu'encore moins ils croyaient frapper, payât une amende
d'*au moins* 2 milliards 750 millions de francs
pour le fait de s'être permis d'acheter, avec prime,
des espèces monnayées; elle s'était livrée à cette
opération en conscience, croyant en avoir absolument besoin pour assurer le remboursement de
ses billets. Aux termes d'un édit postérieur (février 1726), qu'en 1857 on prétendait n'être pas
tombé en désuétude, la peine, en cas de récidive,
devait être les *galères à perpétuité*. Dans certains cas même, ce fait d'acheter des monnaies
avec prime entraînait la peine de mort. La fonte
des monnaies, opération que de nos jours le sens
commun déclare être parfaitement licite, et contre
laquelle on chercherait en vain une disposition
dans les lois modernes, était, aux termes de ces
anciennes lois, un crime puni des galères à perpétuité; la même peine était de rigueur contre
tous orfévres, joailliers et autres ouvriers travaillant en or et en argent, alors même qu'ils n'auraient fondu des espèces que pour les *employer à
leurs ouvrages*. A ce compte, la plupart des orfévres, joailliers et bijoutiers, actuellement exerçant dans Paris, auraient, avec leurs ouvriers,
encouru et mérité la peine du bagne. De même
les *cochers, postillons* ou *conducteurs de voitures publiques*, qui auraient porté sciemment
des espèces hors cours, ou qui auraient omis d'en
faire mention sur leurs registres, étaient dans le

cas d'aller aux galères. Cela peut se lire dans l'article 15 de l'édit de février 1726.

Une fois donc que, en 1857, les journaux eurent mis sous les yeux du public le texte et l'esprit des lois qu'il s'agissait d'exhumer, l'opinion prononça que c'étaient les élucubrations de quelque commis du temps jadis, atteint de monomanie furieuse, et il n'en fut plus question.

Plus récemment, en 1865, alors que l'administration poursuivait un but louable, qu'elle a eu, en effet, le bonheur d'atteindre, celui d'écarter du sol français l'épizootie qui désolait la Russie, une partie de l'Allemagne et la Grande-Bretagne, on a jugé à propos de ressusciter de même des lois et règlements de l'ancien régime. On a représenté comme étant encore sur pied les édits, ordonnances ou arrêts du Conseil, rendus à l'occasion des épizooties, en 1714, 1739, 1745, 1746, etc. On a prétendu que ces différents actes constituaient *une législation complète sur la matière,* et que tout y était *prévu, précisé* et *prescrit* (ce sont les termes d'un rapport adressé à l'Empereur). Ces assertions étaient fort exagérées, et la preuve qu'il n'était ni convenable ni légal d'user de ces lois ou règlements, c'est qu'ils offrent, à côté de dispositions sages, des prescriptions choquantes, impossibles à justifier, absolument contraires aux principes de la législation moderne (1). Pour ap-

(1) Voici quelques-unes des dispositions des édits, ordon-

pliquer des actes pareils à notre temps, il faudrait
en faire une édition expurgée. Or, c'est un droit
qui n'appartient à personne, excepté au législa-

nances ou arrêts en Conseil rendus au sujet des épizooties,
en 1714, 1739, etc. :

« Défense est faite aux habitants des villes et paroisses rurales où la maladie se sera manifestée, de vendre des bêtes,
même saines, aux particuliers des autres villes ou paroisses,
et à ceux-ci d'en acheter, sous peine de 100 livres d'amende.
Défense de conduire des bêtes, même saines, de ces mêmes
villes et paroisses aux foires et marchés, sous peine de 500
livres d'amende pour chaque contravention. L'arrêt du Conseil
de 1746 permet pourtant que ces bêtes saines soient vendues
à un boucher; mais c'est à la condition que celui-ci les abatte
dans les vingt-quatre heures, sous peine de 200 livres d'a-
mende pour chaque contravention. S'il les revendait à qui que
ce fût, la peine serait de 500 livres. Le boucher qui s'appro-
visionnerait même dans des lieux où la maladie n'aurait pas
encore pénétré, est tenu de se munir d'un certificat de l'officier de police, si c'est une ville ; du syndic de la paroisse
(maire), si c'est une commune rurale, à peine de 200 livres
d'amende par bête. Peine de confiscation et de 200 livres d'a-
mende par tête d'animal contre les particuliers et habitants
des villes ou des paroisses où la maladie n'aura point pénétré, qui enverront des bêtes aux foires et marchés, s'ils ne se
sont munis d'un certificat de l'officier de police ou du syndic
de la paroisse, visé par le curé ou par un officier de justice.
Les principaux officiers de police dans les villes, et les syndics dans les campagnes, profitent du tiers des amendes provenant du fait de non-déclaration des bêtes malades ou soup-
çonnées de l'être. Les syndics des paroisses où se tiennent
les foires et marchés seront punis de 100 livres d'amende s'ils
permettent l'exposition des animaux sans s'être assurés, par
la représentation des certificats, que la maladie n'a point pénétré dans le lieu d'origine. L'arrêt de 1714 promet au dénon-
ciateur la moitié de l'amende prévue dans le cas où un pro-

teur procédant à nouveau. Un ministre, quelque éclairé qu'il soit, n'a pas le droit de refondre, dans son cabinet, avec ses chefs de divisions, d'anciens actes administratifs, d'en prendre ce qui lui plaît, de rejeter ce qui ne lui plaît pas, alors même que ce qu'il garderait serait bon, que ce qu'il écarterait serait mauvais. Ce pouvoir éclectique n'est pas et ne peut être du domaine des ministres.

Les lois de l'ancien régime sont minutieuses et détaillées dans leurs prescriptions; c'est un motif pour que, par rapport à l'époque actuelle, elles soient plus offensives, car les détails, le plus souvent, portent l'empreinte des préjugés du temps et des vices inhérents à l'organisation sociale et politique.

Entre le régime qui a précédé 1789 et celui qui a suivi, il y a un abîme. Comment les lois d'autrefois pourraient-elles convenir présentement? Il ne reste plus rien de l'ancien régime que le souvenir d'un nombre restreint de bienfaits, épars au

---

priétaire, ayant des animaux malades ou soupçonnés de l'être, n'aurait pas fait sa déclaration dans le jour. »

Ce luxe de formalités, même pour les bêtes des communes où la maladie n'aura point pénétré, ces lourdes amendes, ces peines portées contre les maires, ces parts sur les amendes au profit des commissaires de police et des maires, ces primes à la dénonciation, tout cela compose un échafaudage qui n'est plus en rapport avec les idées et les usages de notre époque, ni avec les règles que le législateur s'est prescrites depuis 1789.

milieu d'un grand nombre de fautes et de cala-
mités.

C'est pour cela que la force des choses a déterminé le législateur, depuis 1789, à refaire, des
fondements au faîte, l'édifice de la législation française L'œuvre est à peu près achevée. Les points
qui restent à renouveler sont infiniment peu nombreux. La législation moderne répond à tous les
besoins à très-peu près. C'est d'elle qu'on est
fondé à dire qu'elle a *prévu, précisé* et *prescrit*
tout ce qui avait besoin de l'être.

Il est donc indispensable d'élever une barrière
infranchissable devant toute tentative d'exhuma-
tion d'anciens édits et d'anciens règlements.

Ce serait donner des gages au progrès, dans
l'intérêt de l'industrie, comme pour la bonne gestion des affaires publiques en général, que de
prononcer l'abrogation en bloc des lois de l'ancien régime, sauf à rajeunir, par une loi, qui se
réduirait à un très-petit nombre de dispositions,
celles des mesures vraiment utiles, contenues dans
les anciens édits, arrêts du Conseil ou ordonnances, qui n'auraient pas été reprises et remo-
delées déjà par le législateur depuis 1789.

# CHAPITRE III.

LA LIBERTÉ DU COMMERCE OU LA CONCURRENCE
UNIVERSELLE OU LA SOLIDARITÉ DES PEUPLES.

Une des formes les plus intéressantes de la liberté du travail est la liberté des échanges internationaux, appelée ordinairement la liberté du commerce. Un des titres de gloire de la seconde moitié du XIX$^e$ siècle sera de l'avoir fait triompher.

Il y a un quart de siècle à peine, le système qui dominait à peu près partout, même dans les États où l'on se croyait le plus libre, consistait à s'enfermer par une sorte de muraille de la Chine, pour barrer l'entrée du pays aux marchandises étrangères. Aujourd'hui, il y a un penchant général pour l'entière liberté des échanges. Cette grande amélioration, inutilement recommandée par les fondateurs de l'économie politique en France et en Angleterre, les physiocrates d'un côté, et Adam Smith de l'autre, conseillée bien auparavant, mais sans aucun succès, par divers orateurs, dans les rares réunions des états généraux de l'ancienne France, a commencé enfin à devenir une réalité.

Envisagé comme l'introduction de la concurrence universelle, le principe de la liberté commerciale s'explique et se justifie, pour un bon nombre d'esprits, plus complétement peut-être que lorsqu'il se présente sous le nom qu'on lui donne communément. Par là, en effet, on saisit mieux l'influence qu'il exerce sur la production et l'énergie du stimulant qu'il lui applique. De ce point de vue, on voit très-bien comment depuis 1860, où il a reçu un commencement d'application, il a exercé en Europe, et spécialement en France, une influence salutaire, comment aussi il a éprouvé vivement dans chaque pays un certain nombre, non d'industries, mais d'établissements arriérés ou mal situés.

Cependant il y a une troisième dénomination, qui serait la plus compréhensive et la meilleure, pour désigner ce qu'on appelle communément la liberté du commerce; c'est celle-ci : la *solidarité industrielle et commerciale de tous les peuples, pour la meilleure satisfaction des besoins de tous et de chacun.*

La liberté du commerce restait, dans le monde civilisé tout entier, l'objet du dédain des hauts personnages qui, parce qu'ils étaient les dépositaires du pouvoir, prétendaient être les seuls esprits pratiques de leur temps, lorsque, en Angleterre, quelques hommes généreux, éclairés et pleins de résolution, se réunirent en une association qui restera à jamais célèbre, la *Ligue pour l'abolition des lois sur les céréales.* C'était en 1838. Peu d'années après, les orateurs de la Ligue, à la tête desquels il faut nommer Richard Cobden et John Bright (1), avaient acquis à leur cause l'opinion publique de l'Angleterre, si bien que Robert Peel, jusqu'alors partisan et défenseur chaleureux du système restrictif, dut reconnaître la puissance irrésistible du mouvement et, comme soudainement illuminé, s'en faire l'auxiliaire déclaré. Rompant courageusement avec des traditions et même des amitiés consacrées par le temps, qui lui étaient chères, il adopta pleinement les idées des réformateurs. D'accord avec un des hommes qui possédaient le plus la confiance de la couronne et du pays, le duc de Wellington, son collègue dans le cabinet, qui, de même que lui, avait jusqu'alors fortement résisté à l'innovation, il vint, au commencement de 1846, proposer au Parlement la révolution douanière qui a immortalisé son nom.

Quoique les réformes de Robert Peel fussent considérables, elles n'avaient cependant pas renversé tout l'édifice du système protectionniste. Elles avaient laissé debout l'acte de navigation de Cromwell, qui constituait ou avait eu pour objet de constituer, au profit des armateurs anglais, un privilége exclusif. Elles avaient maintenu même, non cependant sans les atténuer, un assez grand nombre

(1) On consultera utilement, à ce sujet, l'ouvrage de Frédéric Bastiat, intitulé *Cobden et la Ligue*, 1 vol. Guillaumin, éditeur. On y trouvera les noms et les actes des autres orateurs et écrivains qui s'étaient dévoués à l'œuvre et qui contribuèrent à la faire réussir.

de droits qui gardaient le caractère protectionniste, puisqu'ils affectaient des articles dont les identiques et les similaires étaient produits dans le Royaume-Uni et n'y supportaient aucune taxe. Peu à peu, depuis la retraite de Robert Peel, la plupart de ces droits ont disparu et ont été remplacés par l'entière franchise des produits étrangers qu'ils atteignaient. Les droits perçus par la douane anglaise aujourd'hui sont tous, à très-peu près, exclusivement fiscaux : on va voir à quoi les exceptions se réduisent. En même temps, la liste des articles taxés par la douane a été réduite tellement que le tarif entier de l'Angleterre peut s'inscrire sur un petit carré de papier. Partout ailleurs, c'est un volume.

Le tarif douanier de l'Angleterre, tel qu'il se présente aujourd'hui, est un sujet d'études qui se recommande aux hommes d'État et aux partisans du progrès économique et social de tous les pays.

Les articles qu'il embrasse sont : le sucre et ses accessoires, tels que la mélasse et le sirop, le thé, le café, le cacao, le vin, le tabac, tous objets exotiques, car jusqu'ici les Iles Britanniques n'ont pas fait de sucre de betterave, et la culture du tabac y est interdite; les esprits, dont il se fabrique, à l'intérieur du Royaume-Uni, une grande quantité, sous un gros droit d'accise (droit à la fabrication), et le droit de douane sur les esprits étrangers n'est que l'équivalent de cet impôt; les liqueurs alcooliques, qui subissent le sort de l'alcool ou esprit; la bière ainsi que la drèche, l'orfévrerie, les dés et cartes à jouer, qui sont dans le même cas que les esprits, c'est-à-dire grevés intérieurement de droits d'accise auxquels ont dû correspondre des droits de douanes; la chicorée, par assimilation au café; le chloroforme, le collodion, l'eau de Cologne, les vernis à esprit, tous dérivés de l'alcool; le vinaigre, considéré comme une transformation du vin; une liste d'articles sucrés, regardés comme les dérivés ou les similaires du sucre, entre autres quelques fruits secs, plus riches en matière sucrée que les autres; le chocolat, les confiseries; un petit nombre d'épices dont le poivre a cessé de faire partie; le sagou et le tapioca, le blé et les autres céréales et les grains analogues, ainsi que les pois et haricots secs, la farine et les fécules, les pâtes façon d'Italie, et enfin la pâtisserie parce qu'elle provient de la farine.

A proprement parler, le caractère protectionniste ne se rencontre que sur deux points : 1° les droits sur les grains et farines et leurs dérivés, droits qui sont très-modérés (1) et qui d'ailleurs semblent à la veille d'être abolis, car les hommes influents de l'Angleterre reconnaissent qu'ils sont impossibles à justifier, et le droit sur le tabac manufacturé. Ce dernier, dont la quotité ne peut être que l'effet d'une inattention du législateur, est hors

(1) 62 centimes par 100 kilogrammes.

de proportion avec celui que supportent les fabricants de cigares et de tabac à priser et à fumer,
pour le tabac en feuilles qui est leur matière première.

Le côté merveilleux de la réforme douanière de
l'Angleterre, ainsi accomplie successivement sur
la proposition de trois ministres, hommes considérables et renommés, Robert Peel, lord Rus-
sell et M. Gladstone, consiste en ce qu'une énorme
réduction de droits et l'affranchissement total de la
grande majorité des articles naguère portés au tarif
n'ont aucunement diminué le revenu des douanes.
Elles rendent aujourd'hui plus qu'en 1841, année
qui précéda celle où Robert Peel sembla préluder
au grand changement de 1846, par l'adoucisse-
ment ou la suppression des droits de douane sur
les matières premières de l'industrie (1).

(1) Il faut observer pourtant que quelques-uns des droits
ont été élevés, notamment le droit sur les esprits. Mais ce
n'est qu'un nombre restreint d'exceptions. Non-seulement des
centaines de droits ont été supprimés totalement, mais la
plupart de ceux qui sont restés ont été fortement diminués.
Tels les droits sur les sucres et le thé. On trouvera dans le
*Statistical abstract* le résumé de tous les changements apportés aux droits de douane depuis le commencement de la
réforme.

De 1841 à 1866, les réductions ou suppressions de droits
montent à 640,252,104 francs; les augmentations ou créations, à 95,927,542. Il y a donc eu pour près de 550 millions
de suppressions de taxes.

En citant ici le *Statistical abstract*, nous présenterons une

Quel qu'eût été le résultat de la réforme, due ainsi à l'énergique et éloquente initiative de la Ligue et à la résolution patriotique de Robert Peel converti, les gouvernements du continent restèrent longtemps sans y prendre garde. Si quelques-uns firent des tentatives, ce fut en demeurant infiniment en arrière du modèle. La France, où, sous le gouvernement des Bourbons, le souverain ne pouvait agir, en matière de douanes, que sous l'agrément de la Chambre des députés, fut un des États stationnaires : de 1814 à 1848 cette Chambre fut imperturbablement dominée par l'égoïste préjugé du protectionnisme. En 1847, au bruit de la réforme accomplie en Angleterre, le gouvernement crut qu'il ne pouvait se dispenser d'une démonstration. Il la fit timide jusqu'à l'insignifiance, et cependant elle ne trouva pas grâce devant la chambre élective. Sous le second Empire, le gouvernement se plaça dans une situation meilleure pour changer le tarif des douanes. Un article additionnel introduit dans la Constitution, au moment du rétablissement de l'Empire, investit l'Empereur du droit de négocier des traités de commerce, sans avoir à en soumettre, comme aupara-

observation. Ce document, qui est annuel, publie tous les faits principaux du commerce, de la production et de l'administration, pour les quinze dernières années. Le gouvernement français s'est mis à l'imiter, mais en lui donnant moins d'étendue. Les renseignements relatifs aux finances manquent dans le document français, on ne sait pourquoi.

vant, les clauses fiscales au Corps législatif. Indépendamment de cette disposition, qui était destinée à produire, à un moment donné, un grand
résultat, les droits sur les subsistances, particulièrement sur les bestiaux et les vins, éprouvèrent,
en vertu de décrets impériaux, des diminutions
qui équivalaient à la suppression. Quelques matières premières, et spécialement la laine, furent
dégrevées dans une forte mesure. Il y eut aussi
une réduction sur le fer et l'acier; cependant ces
deux articles restèrent encore grevés de droits
fort lourds.

Mis en demeure de s'expliquer après l'Exposition Universelle de 1855, qui avait prouvé l'avancement de l'industrie nationale, le Corps législatif fit un mauvais accueil au projet de loi. Il fut
clair dès lors que les abus, conséquences nécessaires du système protectionniste, ne pourraient
être écartés qu'au moyen des pouvoirs réservés
au chef de l'État par la Constitution, en matière de
traités de commerce. L'Empereur ayant été saisi,
à la fin de 1859, d'une proposition à cet effet, y
donna son assentiment; de là sortit le traité du
23 janvier 1860, acte considérable qui avait exigé
de la part du souverain une volonté peu commune.
Le traité fut complété par les deux conventions
des 12 octobre et 16 novembre de la même année,
qui portent le détail du tarif par lequel devait
désormais être réglée l'entrée en France des marchandises anglaises.

Comparativement au régime antérieur, le nouveau tarif était véritablement une hardiesse ; mais l'événement l'a pleinement justifié. L'industrie nationale en a reçu une impulsion que personne aujourd'hui ne saurait contester. Le traité de commerce avec l'Angleterre a été suivi d'actes semblables entre la France et la plupart des autres nations du continent. De cette manière le tarif relatif à l'Angleterre est devenu, à peu de chose près, le tarif général de la France. Les traités avec les autres États ont même contenu quelques dispositions nouvelles plus libérales, qui ont été aussitôt communes à l'Angleterre, en vertu de la clause dite « de la nation la plus favorisée », qui a été introduite dans tous ces actes successifs. Les divers peuples se sont, en outre, appliqué les uns aux autres les dispositions dont ils étaient convenus avec la France. C'est ainsi que le commerce international des diverses parties de l'Europe repose présentement sur des bases plus libérales, et par conséquent plus avantageuses au public, qu'il y a dix ans. Les échanges internationaux ont acquis ainsi un immense développement.

Au milieu du mouvement général de l'Europe, un seul État est demeuré à peu près immobile, C'est l'Espagne. Elle conserve intact, ou peu s'en faut, le même tarif qu'il y a trente ou quarante ans, tarif hérissé de prohibitions, et d'une complication extrême. C'est une des raisons pour lesquelles le commerce de l'Espagne languit non-

seulement à l'extérieur, mais même à l'intérieur.
La circulation des marchandises sur les chemins
de fer ne se développe point en Espagne, tandis
que, dans tout le reste de l'Europe, elle suit une
progression continue et rapide. Cette persis-
tance dans un système vieilli ne contribue pas
peu à éterniser les difficultés financières et la
détresse du Trésor, contre lesquelles l'Espagne
se débat vainement depuis tant d'années. La
protection prétendue a l'effet bien constaté aujour-
d'hui de paralyser la production. La puissance
productive des peuples en est enchaînée : comment les ressources de l'État n'en seraient-elles
pas affectées? Après ses révolutions faites au nom
de la liberté et du progrès, qui semblaient devoir
la faire entrer dans le concert universel, l'Espagne abusée reste en proie à l'esprit d'isolement.
Elle s'isole par son tarif des douanes. Elle a
trouvé le moyen de s'isoler même par les chemins
de fer, qui sont pour les autres une incessante
occasion de se rapprocher et de confondre leurs
intérêts (1). Le mot attribué à Louis XIV, *il n'y
a plus de Pyrénées*, n'était qu'une espérance.
C'est encore une fiction à l'heure actuelle. Eux-
mêmes pourtant, l'empire du Japon et celui de
la Chine ont renoncé à se clore. On se demande

(1) On sait que les chemins de fer espagnols n'ont pas la
même largeur de voie que ceux des autres peuples; de sorte
que, à la frontière franco-espagnole, il faut rompre charge,
changer de voitures et de wagons.

ce que l'Espagne attend pour prendre son parti.

Cette nation qui était, il y a trois siècles, la première puissance de l'Europe et du monde, se résignera-t-elle, maintenant qu'elle s'est affranchie des influences qui l'avaient fait déchoir, à supporter un régime commercial si contraire au progrès?

Une autre nation, qui étonne le monde par les résultats qu'elle a obtenus dans la culture de son territoire, dans les arts mécaniques et chimiques, dans toutes les directions enfin où elle a porté son infatigable et intelligente activité, a aussi le tort de conserver un système de douanes exagéré; je veux parler de l'Union américaine. Elle a même fait pis que l'Espagne, elle a fortement aggravé son tarif, depuis un très-petit nombre d'années, sous le prétexte trompeur de procurer au Trésor des recettes nouvelles. Le système ultra-protectioniste fleurit donc dans la grande république du nouveau monde, en présence des États du Sud réduits à la misère, et pour lesquels tout allégement dans le prix des mécanismes destinés à féconder le travail, et en général de toutes les productions manufacturières, serait une bonne fortune; en présence des États de l'Ouest, pour lesquels le système prétendu protecteur ne peut être qu'une déception et un jeu de dupes, puisqu'ils sont essentiellement agriculteurs et que, sur un théâtre tel que les États-Unis, les dispositions du tarif sont impuissantes à élever les prix des produits agricoles. De la part de cette grande nation, ce débordement de zèle en faveur du système protectioniste est une faute étonnante. Mais, du moins, jusqu'à un certain point, le ressort de la concurrence intérieure en tempère les fâcheux effets, parce qu'il conserve une grande force. Enfin on est fondé à dire que ce système est, en Amérique, une exception, une anomalie contre laquelle tout réagit et dont le terme ne peut être éloigné. Les États-Unis sont, par excellence, une terre de liberté. Sous toutes les formes, excepté dans les échanges internationaux, la liberté y luit, y est resplendissante. La pensée y est pleinement libre ; elle s'y révèle et s'y déploie sans entraves, dans quelque sphère que ce soit, elle y a toute sa hardiesse et y prend toute son envergure. Une éducation populaire très-bien entendue y excite et y guide en même temps l'esprit de la population. Le travail y jouit de toute la latitude possible, dans les cas autres que ceux qui sont affectés par les échanges avec l'étranger.

Il est vrai que l'industrie manufacturière et le commerce, depuis la grande guerre civile de 1861-65 subissent le fardeau de taxes intérieures de fabrication, analogues à l'accise qui naguère grevait, en Angleterre, la production des verreries, des briques et d'un certain nombre d'autres articles, mais qui ne s'y applique plus, en fait de grande industrie, qu'à celle des esprits. Ce genre d'impôt, lorsqu'on veut le rendre efficace pour la trésorerie et égal pour tous les contribuables, entraîne nécessairement avec lui des gênes telles, qu'en peu de temps elles suffiraient à paralyser l'initiative des hommes les plus industrieux. Mais parmi les énergiques citoyens des États-Unis, des mesures fiscales de ce genre ne peuvent être que provisoires. Leur génie indépendant n'a pu les accepter qu'à titre passager. Il faut donc s'attendre à la voir abolir. Comment se perpétuerait, dans cet intelligent pays, un démenti aussi flagrant aux principes libéraux sur lesquels repose l'organisation même de la société?

En dehors de l'Espagne et de l'Union américaine, il reste encore beaucoup à faire pour que la concurrence universelle rende le plein de ses effets. En France même, le tarif reste bien rigoureux pour un certain nombre de marchandises; ensuite, il est d'une complication beaucoup trop grande. Au sujet des fers, il y a beaucoup de tarifications différentes; il conviendrait de les réduire à un très-petit nombre, en attendant une modification définitive, qui serait la suppression entière des droits de douane sur le fer et ses dérivés. Le bon marché du fer sous toutes les formes est une des conditions du progrès et de l'extension de l'industrie, de la prospérité des peuples par conséquent. Un droit sur les fers n'est admissible que par exception et provisoirement. S'il est une matière qui doive être exempte de droits, presque au même titre que le blé, c'est celle-là. La tarification des différens tissus appelle aussi une réforme complète. Elle exige, dans beaucoup de cas, l'emploi d'un instrument délicat, le micro- scope, ce qui a l'inconvénient de rendre la per- ception des droits longue et incertaine. Il n'y a plus de raison aujourd'hui pour que la plupart des tissus ne soient pas désormais, de même que les soieries l'ont été, sur la demande de l'industrie de Lyon elle-même (1), totalement affranchis de droits d'entrée. On doit en dire autant des machines et outils; ce sont les organes de l'industrie : gêner l'industrie par des droits plus ou moins élevés, quand elle veut se munir de machines et d'outils, c'est à peu près aussi judicieux que si l'on rendait une loi pour obliger les ouvriers à travailler d'une seule main au lieu des deux. De même le moment est arrivé du supprimer les droits sur les produits chimiques, sur les articles de plus en plus variés qui se font en caoutchouc, sur l'orfévrerie et la bijouterie.

On trouve la critique irrésistible du tarif actuel de la douane française, et la preuve péremptoire qu'il faut le reviser, dans les paroles suivantes qu'a prononcées récemment le ministre du com- merce au sein Corps Législatif :

(1) A l'époque où se négociait le traité de commerce avec l'Angleterre, la Chambre de commerce de Lyon, alors que d'autres s'agitaient, dans le but d'empêcher la signature du traité ou du moins d'y introduire des droits élevés, fit publi- quement des démarches pour que les étoffes de soie étran- gère entrassent en France sans payer de droits.

« En France, la protection assurée à la filature de coton est de 15 à 415 francs les 100 kilog., suivant les numéros ; les numéros les plus bas sont protégés par un droit de 15 fr. les 100 kilog. ; les numéros les plus élevés par des droits qui atteignent jusqu'à 300 fr. et au delà.

« En Belgique, le droit est seulement de 10 à 30 fr. pour 100 kilog.

« Dans l'association allemande, le droit est de 15 à 45 fr. ; on ne protége pas les numéros élevés.

« En Italie, le droit est de 11 à 34 fr.

« En Suisse, il est de 4 à 7 fr.

« En Autriche, de 20 à 65 fr. (1). »

Des modifications sont indispensables dans la partie du tarif qui concerne les denrées alimentaires. Pendant qu'on affranchissait à peu près complétement de droits la viande sur pied, on a maintenu, sur certaines sortes de poisson de mer, des droits considérables. C'est ainsi que la morue, que les États Scandinaves nous offrent en grande quantité et à bas prix, est repoussée durement. Le droit n'est pas de moins de 40 francs par 100 kilogrammes, poids brut, et même de 44 francs par navire étranger, sans compter les décimes additionnels ; c'est une véritable prohibition. La morue est pourtant une consommation à l'usage des classes peu aisées. Un tel droit prive donc ces

(1) Discours de M. de Forcade La Roquette au Corps législatif, séance du 14 mai 1868.

classes d'une ressource qui tempérerait pour elles la cherté croissante des autres subsistances tirées du règne animal. Les autres sortes de poisson salé ou frais payent un droit de 10 francs. La viande de bœuf sur pied n'est taxée qu'à moins de 1 franc, quoique, en puissance nutritive, elle vaille trois fois la morue ou le hareng. En somme, le poisson le plus ménagé paye trente fois, et la morue cent cinquante fois autant que la viande de bœuf, pour une même puissance nutritive. Au nom de quel principe politique ou économique persévère-t-on dans des pratiques pareilles, après qu'il a été si positivement convenu que la France est une démocratie, et que le législateur doit soigneusement s'abstenir de constituer, au profit de qui que ce soit, des priviléges ou des redevances qui grèvent le grand nombre? Pourquoi les armateurs de navires de pêche sont-ils érigés ainsi en privilégiés, au détriment de la masse de la population?

Enfin pour la navigation, le moment est venu d'adopter le système complétement libéral, qui d'abord excita beaucoup d'appréhensions en Angleterre, mais qui n'y a eu que des effets satisfaisants, c'est-à-dire l'abolition des surtaxes de pavillon dans tous les cas et la liberté du cabotage.

Les droits de douane sont, en outre, souvent aggravés par les impôts intérieurs. Les tarifs de l'octroi, par la manière abusive dont ils sont établis ou perçus, viennent s'ajouter aux droits de douanes, ou les rétablissent à l'égard d'articles que le législateur avait expressément voulu en affranchir. Les impôts indirects perçus au profit de l'État deviennent aussi des entraves pour l'industrie. Le droit élevé qui grève l'alcool est un obstacle pour beaucoup de branches du travail national. Les savonniers, par exemple, fabriqueraient en grande quantité ces beaux savons transparents qu'on a récemment inventés ; mais, au prix où il leur faut, du fait de l'impôt, payer l'alcool, ils sont forcés d'y renoncer (1).

Ayons le moins de douanes possible, soit à l'extérieur, soit à l'intérieur du pays, et laissons l'homme laborieux exercer librement ses facultés !

Le lecteur trouvera à la fin du tome XII de ce Recueil des tableaux montrant ce qu'est devenu le commerce extérieur de l'Angleterre et de la France avec une application presque absolue chez la première de ces nations, et fort incomplète chez l'autre, du principe de la liberté commerciale. Ils sont dus à M. Chemin-Dupontès, écrivain justement renommé pour ses travaux de statistique. L'auteur de ces tableaux a eu soin de les disposer par *groupes*, tels que ceux-ci étaient organisés dans le sein de l'Exposition (2).

(1) Voir le Rapport de M. Barreswil, tome IV, page 413.
(2) Tome XII, page 719 ; c'est par une erreur typographique que le nom de l'auteur ne figure pas en tête de ces tableaux.

# SECTION II

**La science. — L'instruction générale dans ses rapports avec la production de la richesse et avec la puissance productive de la Société. — L'exploration scientifique du globe.**

---

## CHAPITRE I.

### L'INSTRUCTION PRIMAIRE.

Dans la production de la richesse, l'espèce humaine vaut infiniment plus par son intelligence que par la puissance de ses muscles, d'où suit que l'homme commet la plus grossière des erreurs, si, alors qu'il ambitionne de réussir dans l'industrie, il néglige de développer ses forces intellectuelles.

Il s'ensuit pareillement que les gouvernements manquent à leur devoir, relativement au progrès de l'industrie et, au surplus, à tous autres progrès, lorsqu'ils refusent aux peuples les ressources d'un bon enseignement, autant qu'il dépend d'eux de le leur distribuer, ou lorsqu'ils leur dénient le droit de se le donner eux-mêmes. C'est préparer l'abaissement de la nation par rapport au reste de la famille humaine, qui s'élève incessamment en cultivant son esprit et en soignant ses facultés.

Et pourtant, jusqu'à l'ouverture du siècle actuel, dans la plupart des États on ne faisait presque rien pour cultiver l'intelligence du grand nombre. En France, la classe bourgeoise trouvait facilement le moyen de donner, à peu de frais et même gratuitement, l'éducation dite classique à ses garçons. Il y avait même à cet égard beaucoup plus de ressources, sous l'ancien régime, qu'aujourd'hui. Mais la population ouvrière des villes était bien moins favorisée, et celle des campagnes était, en fait d'instruction, dans l'abandon le plus complet. Que dis-je? sous le premier Empire ce déplorable état de choses se continua, s'il ne s'aggrava point, et, pendant la durée presque entière du gouvernement de la Restauration, l'instruction primaire fut inscrite au budget de l'Etat pour la somme de 50,000 francs. Le rouge me monte au front quand je trace un pareil chiffre.

En 1828, cependant, l'esprit libéral ayant repris le dessus, on commença à s'émouvoir d'une telle incurie, et on témoigna de la sollicitude dont on était animé, en votant une somme beaucoup plus forte pour ce chapitre du budget. En 1833, après qu'une révolution, où périt une dynastie, eut passé par là, les fondements solides d'un système nouveau furent posés. Depuis quelques an-

nées une activité intelligente se déploie pour perfectionner et agrandir le réseau de l'instruction
primaire et de l'instruction publique en général.
On se propose de rendre l'enseignement plus directement favorable à l'avancement de l'industrie,
en faisant pénétrer le bienfait de connaissances
appropriées dans tous les rangs de la société,
jusqu'aux plus humbles. On a fait à cet égard,
avec la plus louable persévérance, des efforts
bien inspirés. La création de l'école normale de
Cluny, due à M. Duruy, en est le plus bel exemple.
De son côté le ministère du commerce ne reste
pas inactif; il s'apprête à ouvrir un ensemble
d'écoles, dites *techniques,* où la population des
villes manufacturières pourra puiser une instruction adaptée à l'avancement qu'elle désire. Ne nous
dissimulons cependant pas que nous sommes bien
loin encore du but à atteindre. Il s'en faut de
beaucoup que la dotation de l'instruction publique
en général, et surtout celle de l'instruction primaire, soit en rapport avec les besoins de la nation. Quoique le montant en ait été accru, il
garde l'empreinte d'une parcimonie qui contraste
fâcheusement avec les sommes qu'on prodigue à
d'autres chapitres moins intéressants du budget
de l'État ou des villes. Le cadre même de cette
instruction est beaucoup trop étroit.

Jusqu'à ce que les gouvernements européens
aient porté leurs regards sur l'autre rivage de
l'Atlantique, afin de s'assimiler ce qui se pratique,

en fait d'instruction primaire, dans les États du Nord de l'Union américaine, ils resteront exposés au reproche de ne pas payer à la civilisation une dette sacrée. Les événements ne montrent-ils pas que ceux qui se sont rapprochés de ce modèle n'ont qu'à s'en féliciter? La Prusse serait-elle parvenue au degré de puissance qui lui appartient aujourd'hui, si elle n'avait donné autant de soins intelligents à l'instruction primaire? Et la Suisse, au milieu de ses montagnes escarpées, et sur son sol si souvent ingrat, aurait-elle atteint la prospérité dont elle jouit, si les gouvernements des cantons et le gouvernement fédéral n'avaient, dans leurs actes tout autant que dans leurs discours, considéré l'instruction comme le premier besoin des peuples?

L'instruction est un bien dont la nécessité est sentie aujourd'hui par les populations. En France, le nombre des enfants qui fréquentent les écoles s'est considérablement accru, du moins pour le sexe masculin, et des mesures viennent d'être prises pour que l'autre sexe soit enfin mieux traité (1).

Il reste cependant à s'entendre sur la qualité et l'étendue de l'enseignement qu'il faut distribuer aux populations peu aisées, aux ouvriers des villes et des campagnes. Il semble que, dans certains États de l'Europe, et il faut bien le dire, en France,

(1) Loi du 10 avril 1867.

on ait craint de leur imprimer trop d'activité d'esprit; comme si, de nos jours, le bien-être des familles et la puissance des États n'exigeaient pas que les intelligences soient en éveil! Comme si, pour l'ordre social, le véritable danger n'était pas de laisser les peuples plongés dans les ténèbres! De notre temps l'ignorance mérite qu'on dise d'elle ce qu'a dit de la faim le poëte, qu'elle est une mauvaise conseillère (1). Il est devenu, au contraire, indispensable que les populations reçoivent une instruction générale qui soit en harmonie avec la constitution de la société moderne. Pour l'avancement de l'industrie nationale, pour le développement des ressources du pays, il ne l'est pas moins que les ouvriers des villes et des campagnes soient initiés aux éléments des sciences qui sont d'une application directe à leurs professions.

Arrêtons-nous un instant sur ce dernier point qui est plus particulièrement dans notre sujet. Si les paysans, qu'il faut citer plus que les autres, parce qu'ils sont les plus négligés, ne savent rien de la mécanique, comment se rendront-ils compte de l'agencement des machines, sans lesquelles l'agriculture désormais est impuissante à satisfaire le besoin public et à procurer un peu de bien-être à ceux qui la pratiquent? Si le cultivateur est absolument étranger à la

(1) Et metus et malesuada fames ac turpis egestas.
(Virgile, *Enéide*, liv. VI, v. 276.)

chimie, comment comprendra-t-il l'emploi des engrais, et comment verra-t-il clair dans les prospectus des marchands de ces substances, où le charlatanisme se donne un trop libre cours? Des notions de botanique, de physique, de météorologie, de minéralogie, d'histoire naturelle sont de même nécessaires à celui qui exploite la terre ; c'est le seul moyen de lui éviter des bévues sans fin, et de l'éclairer au milieu des difficultés qui l'entourent. Et il ne faudrait pas dire que ce sont des sciences relevées, accessibles seulement à des intelligences distinguées. Il n'est pas difficile d'en condenser la substance immédiatement utile dans un enseignement qui soit à la portée des esprits les plus ordinaires. Il convient aussi de répandre la pratique du dessin, en sorte que chacun sache représenter sommairement ses idées. C'est un point sur lequel l'éducation de toutes les classes laisse à désirer. Le cultivateur américain, qui, nativement, n'est pas plus intelligent que le nôtre, reçoit, dans les États du Nord, l'éducation que nous demandons ici pour le paysan français, et il n'en reste pas moins attaché à sa profession. Il l'aime d'autant plus qu'ainsi elle lui est plus profitable.

L'homme des champs est plus dans la nécessité de se suffire à lui-même que l'habitant des villes, par la raison qu'il est plus isolé ; on devrait donner à la classe agricole une instruction plus étendue et plus variée qu'à la population urbaine. C'est le contraire qui se fait. L'instruction qu'on puise dans nos écoles primaires des campagnes se réduit presque à rien, en dehors de la lecture, de l'écriture, des quatre règles et du catéchisme ; elle est donc d'une insuffisance flagrante. Bien plus, les méthodes d'enseignement y sont telles que fréquemment les enfants y contractent l'horreur ou le dégoût de l'instruction. Il leur tarde de quitter cet ennuyeux séjour où, régulièrement, on les retient captifs pendant de longues heures (1), et beaucoup d'entre eux renoncent complétement à la pratique de la lecture et de l'écriture, dès que l'âge de l'école est passé. Ils entrent ainsi dans la vie, traînant le fardeau d'une indélébile ignorance, au grand dommage de la société et à leur propre détriment.

La situation qui est faite aux instituteurs eux-mêmes laisse beaucoup à désirer et réagit fâcheusement sur l'instruction qu'ils donnent. Sous prétexte qu'en 1848 quelques-uns d'entre eux conçurent des espérances chimériques, à la suite

(1) Une enquête complète, qui s'est faite en Angleterre sur l'instruction primaire, en 1861, a montré que les enfants profitaient autant et plus dans les écoles où l'on avait diminué de moitié le nombre d'heures de classe que dans les autres. On lira utilement à ce sujet un petit volume où un économiste éminent, qui avait fait partie de la Commission d'enquête, feu M. W.-N. Senior, avait résumé les indications de cette très-volumineuse opération. (*Suggestions on popular education.* — Londres, 1861.)

d'une circulaire ministérielle dont l'esprit de parti a dénaturé le but et fort exagéré la portée, on les a considérés comme une armée de conspirateurs. On les a mis sous le joug. On a fait pis, on leur a contesté l'instruction, à eux-mêmes qui devaient la fournir aux autres. En fait d'avantages matériels, on les a mis à une ration si exiguë, qu'ils ont eu à envier le sort de l'ouvrier. L'instituteur primaire de nos campagnes est le plus mal rétribué des fonctionnaires et il est le plus dépourvu d'indépendance. Il est tiraillé entre le maire et le curé, obligé de contenter l'un et l'autre, alors même qu'ils ne s'accordent pas. Il est forcé, pour augmenter sa pitance, d'accepter des fonctions subalternes, qui le détournent de son honorable mission. La carrière est tellement ingrate que, n'était l'avantage, considérable pour certains tempéraments, de l'exemption du service militaire, il est vraisemblable qu'elle serait délaissée par une grande partie de ceux qui se résignent à y entrer. La répugnance pour la vie de caserne ne constitue pourtant pas une vocation ni une aptitude pour la profession d'instituteur.

Les écoles normales, où l'instituteur est préparé à ses devoirs, sont en général très-peu pourvues de ce qui élève l'esprit de l'homme et de ce qui meuble sa tête. Il faudrait que chacune de ces écoles eût une bonne bibliothèque, un cabinet de physique, des collections de minéralogie et de géologie, de botanique et de zoologie, des modèles

20

des machines les plus usuelles, et surtout des variétés les plus caractérisées de la machine à
vapeur, la machine fixe, la locomotive et la loco-
mobile, un assortiment d'instruments de météorologie pour observer le temps, et enfin un laboratoire de chimie, où chaque maître futur appren-
drait à faire un certain nombre d'opérations
simples, l'analyse d'une pierre calcaire ou d'une
marne, l'essai d'un minerai de fer. Tout cela n'existe
encore qu'à l'état le plus rudimentaire. Il y a eu
des instructions ministérielles ayant pour objet
d'abaisser l'enseignement des écoles normales et
d'entraver, chez les élèves-maîtres, l'essor de l'esprit. Comme si, en pétrifiant l'intelligence de l'instituteur, on ne condamnait pas d'avance à la sté-
rilité celle des écoliers!

On trouvera, dans le tome XIII de ce Recueil (1),
l'exposé développé et méthodique de tout ce qui
a été fait, en France et à l'étranger, pour organiser l'instruction primaire et lui faire produire
enfin d'heureux fruits, et pour mettre en harmonie
avec la vie réelle l'enseignement secondaire sous
cette forme particulière qui intéresse l'industrie
et qui porte le nom d'enseignement *spécial*.

(1) Ce travail considérable est dû à M. Pompée, qui s'est
fait un nom comme instituteur, et qui dirige aujourd'hui, à
Ivry (Seine), un important établissement libre d'instruction
qu'il a fondé, après avoir été l'organisateur de l'école Turgot,
à Paris.

# CHAPITRE II.

## L'INSTRUCTION MOYENNE ET SUPÉRIEURE. —
## LA SCIENCE.

La propagation des éléments des sciences parmi les populations ouvrières proprement dites ne suffit pas pour l'avancement de l'industrie et pour le développement de la puissance productive de la société. Les sciences doivent être répandues dans toutes les classes sans exception.

L'administration est tenue de s'y appliquer, dans la limite où il lui appartient d'agir. Il importe plus encore qu'une grande liberté soit laissée aux citoyens pour que leur initiative s'exerce dans le même sens. Il est nécessaire que la loi laisse la plus grande latitude pour l'enseignement des sciences. Il n'y a pas grand inconvénient à ce que des hommes d'une instruction insuffisante aient la faculté d'ouvrir des cours. Le bon sens public en aura bientôt fait justice et la libre concurrence assurera la vogue aux bons professeurs.

Les sciences, soit dans ce qu'elles ont de directement applicable aux arts industriels, soit sous la forme théorique et abstraite, n'ont pas encore obtenu, dans l'éducation des classes moyennes ou des classes dirigeantes, c'est-à-dire dans l'enseignement qui, en France, est qualifié de secondaire,

une place qui soit proportionnée à leur utilité et
au respect qu'elles méritent. En fait, le nombre des
personnes de ces classes qui sont familières avec
les notions fondamentales et les faits principaux
des sciences mathématiques, mécaniques, physiques, chimiques, zoologiques, ne forme qu'une
petite minorité. Il n'est pas rare de rencontrer
des hommes, même distingués et ayant fait de
bonnes études littéraires, qui tirent vanité de leur
ignorance en matière de sciences d'application.

Les choses en sont à ce point que le vaste Empire français, avec ses trente-huit millions de
population, ne suffit pas annuellement à fournir,
avec un degré d'instruction qui soit satisfaisant,
les cent cinquante sujets environ que réclame
l'École polytechnique, quoique cette institution
jouisse d'une grande renommée et, que par l'au-
réole de légitime popularité qui l'entoure, elle
exerce une puissante attraction sur la jeunesse.

Notre système d'instruction secondaire appelle
donc, sur ce point, des modifications profondes.
Il a, du reste, presque sous tous les rapports,
cessé d'être en harmonie avec les données de la
société moderne. Il oblige, pendant sept ou huit
ans, la jeunesse à pâlir sur le latin et le grec
qu'en réalité elle n'apprend pas.

Parmi les jeunes gens qui sortent de nos lycées
ou colléges, il est très-rare d'en rencontrer qui
sachent passablement quelqu'une des langues vi-
vantes, dont cependant on leur fait des cours.

Dans les lycées et les colléges, il y a des cours de mathématiques ; mais, hormis les élèves qui se destinent aux écoles spéciales, très-peu cherchent à en profiter. Le moins qu'il semble que les jeunes gens dussent en tirer serait d'être initiés aux règles de la comptabilité, afin de tenir régulièrement le compte de leurs revenus et de leurs dépenses : on trouve superflu de la leur enseigner.

Le terme de leur instruction arrive sans qu'on leur ait dit rien des lois de leur pays ; mais on les a entretenus de celles des Assyriens et des Perses. Il semble qu'on se propose de former non pas les citoyens d'un État industrieux et éclairé, mais des érudits discutant agréablement sur l'antiquité, ou des candidats à l'académie des belles-lettres de leur chef-lieu.

Combien est différente, combien est plus tournée vers la vie réelle l'éducation que reçoit la jeunesse des classes bourgeoises en Allemagne, en Hollande, en Belgique, en Suisse, en Angleterre ! La ville de Leipzig, la ville de Hambourg, la ville de Zurich fournissent, en fait de sujets propres à réussir dans les arts industriels et dans le commerce, un contingent qui, par rapport à leur population, est centuple peut-être de celui que donne la France aujourd'hui.

Par l'effet de l'instruction qui lui est administrée dans les lycées ou les colléges, la jeunesse française est jetée en dehors du courant des idées modernes sur la société, sur l'objet assigné dé-

sormais à l'activité des peuples, qui est le travail
créateur, et sur les intérêts publics en général. Le
fils d'un manufacturier ou d'un commerçant enrichi croit qu'il se doit à lui-même de déserter la
profession de son père, ou toute autre carrière
analogue, pour se lancer dans la carrière des fonctions publiques. Il n'y a cependant pas moins
d'honneur à diriger une maison de commerce ou
une fabrique, et à être préposé, comme on l'est
dans ce dernier cas, au bien-être et même à l'a-
vancement moral de plusieurs centaines de ses
semblables, qu'à porter la robe du magistrat,
l'habit brodé du fonctionnaire de l'ordre administratif ou l'épaulette de l'officier. Il y en a plus
peut-être qu'à figurer, avec un nom aristocra-
tique d'emprunt, dans les grades inférieurs d'une
ambassade.

Beaucoup de jeunes gens, ayant peu ou point
de fortune, qui ont reçu la même éducation des
lycées et des collèges, et ont été de bons élèves,
parce que, dans leurs études, ils étaient stimulés
par le besoin d'une position, dédaignent de même
l'industrie, où ils auraient réussi, pour devenir fonctionnaires publics à tout prix et végéter
au service de l'Etat. On s'étonne quelquefois
du nombre immense et toujours croissant des
fonctionnaires en France. On aurait plutôt lieu
d'être surpris de ce qu'il n'y en a pas davantage.
Après tout ce que j'ai eu personnellement occasion d'observer, 'éprouve une véritable admi-

ration pour la résistance ingénieuse que font les ministres et pour leur habileté à se dérober devant le torrent de solliciteurs influents qui demandent avec acharnement des places pour leurs fils, leurs neveux, leurs clients et les protégés de leurs protégés. Il est merveilleux que, sous des assauts pareils, incessamment renouvelés, les ministres aient l'art de ne pas multiplier davantage les créations d'emplois.

Dans plusieurs branches de l'enseignement supérieur, la France aujourd'hui est loin du but à atteindre. Les jeunes gens qui suivent cet enseignement sont, dans la plupart des cas, dépourvus des moyens qu'il faudrait pour se livrer à des expériences propres à graver dans l'esprit les connaissances qu'ils désirent. Nous n'avons qu'un nombre fort insuffisant de grands laboratoires de chimie et de physique, et ceux que nous avons sont actuellement inférieurs à ceux de l'Allemagne, de l'Angleterre, des États-Unis et de diverses autres contrées. Chacune de nos facultés de médecine et des sciences devrait avoir un laboratoire de chimie et de physique, pourvu de tous les moyens d'expérimentation et facilement accessible aux étudiants.

Des jeunes gens qui n'ont appris la physique et la chimie que dans les livres, ou en regardant un professeur faire de rares opérations, n'acquièrent que des notions fugitives qui s'échappent bientôt de leur esprit. On ne sait la physique et la chimie que lorsqu'on s'est livré soi-même à des manipulations réitérées.

Si l'on veut savoir la place que présentement occupent, dans l'organisation administrative de la France et dans les dépenses publiques, l'enseignement supérieur et l'enseignement distingué qui porte officiellement le nom de *secondaire*, surtout dans le cas où il se présente sous la forme que la loi qualifie de *spéciale*, et si l'on veut connaître quelles facilités sont réellement données aux familles pour qu'elles puissent en faire suivre les cours à leurs fils, il n'y a rien de mieux à faire que d'examiner le tableau qu'à cet égard présente la capitale de l'Empire français, cette cité de Paris qui a de si immenses ressources, et à laquelle il semble que tout soit possible, pourvu qu'elle daigne le vouloir.

Paris peut être considéré comme l'agglomération de vingt grandes villes, répondant aux vingt arrondissements administratifs entre lesquels il est partagé, et chacune de ces villes peut être estimée à cent mille âmes, ce qui suppose une forte population scolaire, à cause du prix que les habitants de Paris, en général, attachent à l'instruction. Chaque arrondissement devrait avoir un lycée. Je laisse de côté en ce moment la question du plan d'études qui conviendrait le mieux dans ces établissements; j'ai assez dit plus haut combien celui qu'on suit laisse à désirer.

Cette multiplication des lycées, suffisamment

justifiée d'ailleurs, est le seul moyen, pour les familles, de pratiquer le système économique de l'externat. De même, chaque arrondissement aurait besoin d'une école distincte où se donnerait l'enseignement spécial, dans le genre du collége Turgot, et il n'aurait pas de peine à le peupler (1). Combien on est loin de cet état de choses! Paris possède sept ou huit lycées, ou établissements analogues maintenus par l'État ou la Ville, presque tous dans le même quartier, circonstance qui les rend inaccessibles à la majeure partie de la population par la voie de l'externat. Quant aux grands établissements d'enseignement spécial, Paris en a deux, le collége Turgot, qui répond mieux que l'autre aux désirs et aux besoins du grand nombre des familles, et le collége Chaptal, qui a été créé dans le but de préparer les jeunes gens pour les écoles du Gouvernement (polytechnique, militaire et de marine).

Si l'on passe à l'enseignement supérieur, on le trouve dans les conditions suivantes . L'École polytechnique est dans un local exigu et indigne d'elle, où l'on ne peut loger les collections nombreuses qui seraient indispensables dans une si importante institution, et où l'on cherche en vain les laboratoires spacieux et bien outillés qu'il faudrait pour les expériences et les études. L'édifice

(1) La ville de Paris annonce qu'elle va ouvrir deux nouveaux colléges de ce genre.

qu'habitent les élèves, et qui contient les dor-
toirs, les salles d'études et les amphithéâtres, est
le modeste bâtiment d'un des nombreux colléges de Paris d'avant la Révolution. Il laisse à
désirer même pour la salubrité, car les élèves y
sont entassés dans des pièces trop resserrées.
L'École centrale des arts et manufacture n'est
pas chez elle; elle occupe, comme locataire, un
vieil hôtel où elle étouffe. La Sorbonne, où sont
les facultés des sciences et des lettres, et d'autres encore, est une ruine. Il y a plus de vingt
ans qu'il est admis qu'il faut la démolir pour la
reconstruire. Les bâtiments du Collége de France
sont fort insuffisants; il n'y a pas une seule grande
salle pour les cours, et on y manque de place
pour les collections. Le Muséum d'histoire naturelle, ou Jardin des Plantes, réclame des dispositions nouvelles, dans toutes ses parties à peu
près; il est convenu, depuis bien des années,
qu'on le changera complétement. Le plan nouveau
est tout prêt, mais on ne met pas la main à
l'œuvre.

Il n'existe absolument rien à Paris, ni dans
aucune ville de France, qui ressemble, même de
loin, à ce magnifique laboratoire de recherches de
Berlin, destiné à recevoir des jeunes gens distingués, à former des savants, et à faire avancer la
science, que le gouvernement prussien vient d'ériger avec une dépense de deux millions, ou à celui
qu'avait ouvert à Londres le prince Albert, et qui

portait son nom (1). Dix villes secondaires d'Allemagne, siéges d'universités il est vrai, sont bien mieux dotées, en ce genre, que la capitale de l'Empire français.

Pendant qu'on ajourne indéfiniment, sous prétexte de manque de fonds, toutes ces dépenses indispensables à l'avancement et à la diffusion des sciences, au progrès de l'industrie parisienne et même de l'industrie nationale, à l'honneur et à la considération du nom français, on trouve sans peine les millions qui sont demandés, non-seulement pour maintenir et perfectionner notre état militaire, mais encore pour des dépenses de luxe, qui trop souvent, d'ailleurs, sont d'un goût douteux. On en a les mains pleines pour ménager à la nouvelle salle de l'Opéra des abords fastueux, et pour détruire, au prix d'énormes indemnités de toute sorte, sous prétexte d'embellissement, la plus belle rue de Paris, la rue de la Paix. Avec la moitié, avec le quart de la somme qui s'est dépensée, se dépense ou va se dépenser pour ouvrir au nouvel Opéra de grandes avenues d'accès, on eût doté Paris d'un ensemble d'établissements d'instruction primaire, moyenne et supérieure, so-

---

(1) Le laboratoire du prince Albert, 'd'où sont sortis de très-beaux travaux chimiques et des découvertes importantes, était dirigé par M. A.-W. Hoffmann, membre du Jury de l'Exposition de 1867, dont nous avons eu occasion de prononcer déjà le nom. C'est lui qui vient d'être appelé à la direction du laboratoire de Berlin.

lidement bâtis, bien disposés et munis de toutes les collections que comporte un excellent enseignement. On eût donné à la civilisation française un admirable essor; on eût fait de Paris la vraie capitale du monde; car ce n'est pas par les facilités du luxe et du plaisir qu'on assurera à Paris la prééminence sur les autres capitales. Il n'est pas superflu que Paris offre à l'étranger des distractions et des agréments particuliers; mais pour lui conquérir le premier rang, il faut plus que des restaurateurs et des danseuses. Paris déchoira si l'on n'y veille pas au maintien et au développement des institutions par lesquelles se révèle la supériorité intellectuelle. Comme aussi, dans le cas où, par des procédés arbitraires que condamnent les principes de liberté dont s'honore la civilisation moderne, on empêcherait Paris d'être une ville d'industrie et de commerce, on en arriverait à ce résultat que l'herbe croîtrait dans ses splendides avenues.

Dans quelques États, la science court d'autres dangers ou est exposée à d'autres affronts. Nous voulons parler de ceux où la science n'est pas libre, où l'on prétend lui imposer des méthodes ou même des opinions. Tel est le cas qui se présente dans les pays où la législation a placé les établissements d'instruction publique sous le contrôle de l'autorité religieuse, et où celle-ci se croit fondée à tracer aux savants *à priori* les conclusions de leurs travaux et de leurs recherches, sous le prétexte que la Bible, étant le livre par excellence et ayant une origine sacrée, contiendrait nécessairement des théories dont il ne serait pas possible de s'écarter sans impiété.

Cette prétention, qu'on élève dans l'intérêt supposé de la religion, est la négation de la vraie doctrine scientifique. Depuis Descartes , c'est une règle fondamentale pour la science de ne croire rien qui n'ait été préalablement démontré et de croire tout ce qui a été l'objet d'une démonstration rigoureuse.

La religion et la science ont des patrimoines distincts. La religion n'a rien à gagner à sortir de son beau domaine pour tenter de soumettre à sa loi la science, à ce point qu'il y eût un ensemble de solutions tracées d'avance , auxquelles devraient toujours se trouver conformes les résultats des observations faites par les savants. Il serait signifié à ceux-ci qu'ils ne doivent pas voir ce qu'ils voient, ni ouïr ce qu'ils entendent, et que leurs découvertes ne sont qu'illusions, à moins que ce ne soit calqué sur une théorie irrévocablement fixée pour l'éternité. A ce compte, il n'y aurait plus de science existant par elle-même. Il faudrait brûler les bibliothèques, à l'exception de celles qui se composeraient de livres de théologie d'une orthodoxie irréprochable, dont il serait entendu que l'homme y rencontre tout ce qu'il a besoin de savoir. Le calife Omar serait réhabilité, et, pour que les savants n'oubliassent plus la modestie et la discipline qui conviennent à l'esprit humain, on en placerait l'image au sein de chacune de nos facultés.

Il ne semble pourtant pas que de nos jours un pareil système fût de nature à augmenter l'autorité de la religion sur les hommes et à développer le respect des peuples pour elle. Il est permis de croire que par là on ne pourrait que la compromettre dans la vénération et l'amour du genre humain.

L'intérêt de la religion est que ses interprètes s'abstiennent de contester à la science ses droits et ses libertés. Le sentiment religieux, qui concorde avec la vérité, et qui a besoin qu'elle soit de plus en plus affermie et éclatante, pour elle-même et pour les rapports qu'elle a avec la justice et avec la vertu, ne peut que s'accommoder des efforts des hommes qui se dévouent à rechercher les vérités particulières et spéciales dont le faisceau compose et confirme la vérité générale. Le sentiment religieux plane du plus haut : il lui appartient de rester étranger aux débats qui agitent le monde savant, parce qu'il est au-dessus, *excelsior*. Les discordances que quelques personnes croiraient apercevoir entre la science et le sentiment religieux ne sont que des apparences, et l'accord, s'il semblait un moment qu'il a cessé d'exister, se rétablirait d'autant plus vite que la science aurait été plus libre dans ses investigations, dans ses allures et dans ses affirmations.

Les hommes religieux, soucieux de la dignité de leur foi, doivent donc se refuser à reconnaître des contradictions ou des oppositions fondamentales entre le sentiment religieux et les découvertes des sciences. Rien n'était plus mal inspiré et moins conforme au sentiment religieux que les objections qui furent soulevées par les ecclésiastiques, professeurs de l'Université de Salamanque, lorsque Christophe Colomb proposait d'aller chercher par la route de l'Occident des pays qu'on savait être en Orient, mais qu'il devait rencontrer en marchant vers l'Ouest, puisque la terre est ronde. Elles n'avaient aucune valeur positive, l'expérience l'a prouvé surabondamment. C'étaient les arguments d'intelligences bornées et peut-être de cœurs jaloux.

La réprobation universelle a flétri les mauvais traitements qui furent prodigués à Galilée et la violence qu'on fit à cet illustre vieillard, lorsqu'on le força à venir faire, à genoux, une rétractation entre les mains de l'Inquisition, pour avoir dit que c'était la terre qui tournait autour du soleil et non pas le soleil autour de la terre, ainsi que l'Inquisition voulait que cela fût, parce qu'elle croyait le lire dans la Bible. Ces déplorables écarts émanaient de préjugés funestes à la religion elle-même; car les découvertes auxquelles on est arrivé depuis, en suivant la voie ouverte par Galilée, sont éminemment propres à exalter le sentiment religieux. Elles remplissent notre esprit d'une admiration profonde pour la sublime puissance du créateur et pour l'ordre merveilleux qui préside aux arrangements de ce vaste univers. De sorte que, en condamnant Galilée, on se mettait en révolte contre les intérêts et les droits de la religion elle-même.

Une branche particulière de l'enseignement, celui de l'art appliqué à l'industrie, mérite, dans tous les pays, des encouragements distincts. En France, il doit plus qu'ailleurs être l'objet d'une vive sollicitude de la part des personnes influentes comme de la part des pouvoirs publics, car notre nation est redevable d'une partie de ses succès en industrie au goût qui lui est propre, et ce goût est ainsi un trésor à la conservation duquel il faut veiller. On lira avec fruit les observations que plusieurs des collaborateurs de ce Recueil ont présentées à ce sujet. Je signale entre autres, celles de M. Baltard (1), de M. Edmond Taigny (2), et celles de M. Guichard (3). Ce dernier rapporteur a exprimé franchement, loyalement, les craintes que lui inspirent certaines tendances déjà trop visibles.

Un des meilleurs moyens de compléter l'éducation des jeunes gens, et de lui imprimer un caractère pratique, consiste dans les voyages.

(1) Voir tome II, page 145.
(2) *Ibid.*, page 157.
(3) Tome III, page 5.

Les Anglais, les Américains des États-Unis, les Hollandais, les habitants d'une partie de l'Allemagne, les Suisses, considèrent le voyage comme un des actes les plus ordinaires de la vie ; ils ne font aucune difficulté d'aller dans un autre continent et aux antipodes, s'il doit en résulter pour eux quelque avantage. Ils envisagent la terre comme le patrimoine commun du genre humain, et chez eux cette opinion n'altère aucunement le patriotisme. Les Français, sous ce rapport, sont beaucoup plus timides ; il leur faut un effort pour se déplacer. Nos relations commerciales sont profondément affectées de cet état des choses. Au contraire, le commerce de l'Angleterre, des États-Unis, de la Hollande, de divers États allemands et de la Suisse, tire une partie de ses développements du penchant opposé des habitants de ces pays. L'habitude qui aurait été prise, dans la jeunesse, de fréquenter les étrangers chez eux, aurait donc des conséquences utiles de bien des manières. Les intérêts industriels de la France, de même que ses intérêts politiques, s'en trouveraient admirablement.

# CHAPITRE III.

### DE L'INFLUENCE QUE PEUT EXERCER L'ÉTUDE DE LA NATURE DANS LES PAYS OÙ LA CIVILISATION N'A PÉNÉTRÉ QUE RÉCEMMENT.

L'homme est encore loin d'avoir exploré à fond la surface de la planète qui lui a été donnée pour sa demeure et son domaine.

La plupart des races qui sont éparses sur la terre, même de celles qui ont fondé de grands empires, n'ont connu qu'imparfaitement le territoire sur lequel elles étaient assises, faute de bonnes méthodes scientifiques et d'un esprit suffisamment observateur; mais il existe un groupe de nations qui ont apporté, dans tous les lieux où elles ont pu pénétrer, un esprit d'investigation approfondie. Incontestablement supérieures aux autres, soit par l'industrie et les sciences, les lettres et les beaux-arts, soit par la morale et la politique, celles-là peuplent et fécondent l'Europe, et sont représentées en Amérique par de vigoureux essaims. Il reste cependant encore de bien vastes contrées que jusqu'ici la race européenne n'a pu étudier à fond. Telle est la majeure partie des terres situées entre les tropiques. Ces contrées, si longtemps fermées, les unes par une politique ombrageuse, les autres par la barbarie de leurs habitants, sont pour la plupart ouvertes maintenant, celles surtout qui font partie de l'Amérique. L'esprit d'entreprise individuelle, aidé du concours empressé des gouvernements de ces pays eux-mêmes, a la faculté aujourd'hui d'en faire l'exploration.

Dans l'Inde, la population indigène emploie, de temps immémorial, des matières qui jusqu'ici sont restées inconnues au dehors, par l'imperfection extrême des moyens de communication dans l'intérieur de ce grand empire. C'était à ce point que le commerce était impraticable même entre deux provinces limitrophes. Une investigation attentive de l'Inde, par l'œil exercé des savants de la race européenne, aurait vraisemblablement pour résultat, aujourd'hui qu'elle se sillonne de voies de transport perfectionnées, de provoquer de nouveaux échanges entre cette importante partie de l'Asie et les régions occupées par la civilisation occidentale.

Une vive impulsion existe de nos jours en faveur des voyages d'exploration. Dans un Rapport qui traite du monde végétal, M. Édouard Morren a eu l'heureuse idée de tracer, en ce qui concerne ce règne de la nature, une énumération des entreprises de ce genre qui ont marqué l'époque contemporaine et des résultats qui leur sont dus. C'est un tableau qui fait honneur à notre temps (1). On lira avec plaisir les noms de tant d'hommes intrépides et

(1) Tome XII, page 645.

dévoués qui, par leurs recherches, ont été, à des
degrés divers, les bienfaiteurs du genre humain.
On remarquera aussi ceux des pépiniéristes, pleins
de savoir et de zèle pour le bien public, qui ont
propagé les découvertes des voyageurs.

### § 1. — Exemple du jute.

Voici un exemple d'une substance fort anciennement connue des habitants de certaines provinces de l'Inde, mais absolument ignorée hors de
là, qui a brusquement fait son entrée dans l'industrie de la civilisation occidentale : c'est le
jute, sorte de chanvre à très-bas prix, dont l'Angleterre actuellement emploie déjà de 75 à 80 millions de kilogrammes, auxquels chaque année
ajoutera infailliblement. Il y a une trentaine d'années, un Anglais établi dans l'intérieur, ayant à
envoyer à Calcutta, d'une assez grande distance,
divers échantillons enfermés dans des flacons de
verre, garnit les interstices avec une filasse de
très-peu de valeur, qu'il avait sous la main. A
Calcutta, la netteté et le brillant de cette fibre
attirèrent l'attention d'un cordier, qui la vit par
hasard. Il en fit venir pour l'essayer. Ce fut le
commencement de la fortune du jute. De Calcutta,
la renommée de ce textile franchit bientôt les mers,
et maintenant c'est une des matières premières de
l'industrie de tous les pays. L'Inde en a jusqu'à
présent le monopole, parce qu'elle la produit et
la vend à très-bas prix. Rendue en France, les

relevés officiels l'évaluent à 55 francs seulement les 100 kilogrammes.

Dans le règne végétal des contrées équinoxiales l'homme rencontre une nature puissante, donnant des produits qui excèdent les forces de la végétation de nos pays, et qui sont propres à rendre des services que les productions de nos climats tempérés ne sauraient remplacer. Le sol y produit spontanément des denrées toutes particulières pour l'alimentation humaine, et par exemple la variété des articles à forte saveur, qui sont désignés sous le nom générique d'épices, et que les hommes ont toujours recherchés avidement. Lorsque Christophe Colomb est en quête des moyens d'accomplir le voyage qui, selon lui, doit le conduire aux Indes, et qui, en réalité, lui fera découvrir l'Amérique, un des motifs qui le poussent, c'est qu'il se flatte d'atteindre directement la contrée où naissent les épices ( *donde nacen las especerias* ). Entre autres plantes qui aujourd'hui fournissent l'objet d'un très-grand commerce, l'Inde nous a donné la canne à sucre. Transporté par les Sarrasins en Sicile, ce savoureux roseau passa sous les mêmes auspices en Andalousie, et c'est de là qu'il est allé se faire cultiver dans les Antilles et sur le Continent américain.

## § 2. — Exemple du caoutchouc.

Les régions équinoxiales de l'Amérique ne le

cèdent pas en éléments de richesses végétales à celles de l'Asie. En fait de plantes médicinales, on a déjà fait beaucoup de découvertes dans ces chaudes régions, mais il n'est pas douteux qu'on ne doive y en trouver bien davantage. M. Chatin dit avec raison (1) que le Brésil en est la « terre promise. »

Pour l'industrie manufacturière, l'Amérique équinoxiale offre un champ jusqu'ici très-incomplétement exploré, où se fera une ample moisson de matières premières pour diverses industries.

Dans l'*Introduction* au Rapport sur l'Exposition de Londres en 1862 (2), on a montré comment un article sans valeur dans l'Amérique du Sud, *le coroso*, était devenu depuis peu d'années, pour l'industrie des boutons, une précieuse ressource.

Cette fois, je ferai remarquer l'usage que l'industrie de la race européenne a su faire du suc d'un petit groupe d'arbres, parmi les espèces innombrables qui forment l'admirable flore de ces immenses contrées. Je veux parler du caoutchouc.

Le caoutchouc, quoiqu'il soit employé depuis peu de temps, joue déjà un grand rôle et on en retire sans cesse des effets nouveaux. On sait que c'est un suc gommeux qui s'extrait de certains arbres, simplement par des incisions dans l'écorce, comme la résine du pin maritime, et qui

(1) Voir ci-après, tome VI, page 295.
(2) Page XIII.

durcit promptement à l'air (1). Transporté en Europe à l'état d'extrême impureté, le caoutchouc y est l'objet d'une élaboration fort soignée, qui en tire un très-grand parti. Le suc est recueilli en général par des procédés fort grossiers. Quand une culture intelligente exploitera les forêts offrant les diverses essences d'où on le retire, il y a lieu de croire qu'il baissera de prix dans une forte proportion, et que, étant moins impur, il réclamera, une fois en Europe, des manipulations moins coûteuses, pour être amené à l'état de matière première parfaite. Ces diverses causes réagiront sur le prix des articles manufacturés, de manière à l'abaisser notablement.

Quels étaient, il y a un petit nombre d'années, les usages du caoutchouc? Il servait aux collégiens à faire des balles qui rebondissaient vivement, et les employés des bureaux en avaient une plaque carrée, avec laquelle ils enlevaient les souillures de leur papier. Il ne fut guère applicable à d'autres destinations tant qu'on ne l'eut pas combiné avec le soufre, qui lui communique des qualités précieuses, sans cependant en changer beaucoup l'apparence extérieure, lorsqu'il ne dépasse pas une certaine dose. On fait ainsi du caoutchouc un corps plus maniable, plus uni-

(1) Voir, au sujet de la facilité de l'extraction et de l'abaissement probable du prix de revient, le Rapport de M. Coutinho, tome VI, page 139.

forme, et d'une élasticité beaucoup plus stable.

Si, au point de vue de l'aspect, il y a peu de distance du caoutchouc pur au caoutchouc *vulcanisé*, c'est-à-dire combiné avec une certaine proportion de soufre, il y en a beaucoup du caoutchouc *vulcanisé* au caoutchouc *durci*, qui résulte d'une nouvelle addition de soufre. Celui-ci se prête à des usages tout autres. C'est dans ces deux états de vulcanisé et de durci que le caoutchouc rend des services. Jusqu'à présent, il est bien plus usité sous la première forme que sous la seconde.

Nous n'avons pas à énumérer ici les divers emplois du caoutchouc. On en trouvera l'indication, incomplète par la force des choses, dans les Rapports dont il est l'objet (1). Il sert à faire une multitude d'articles commodes pour le vêtement et pour l'économie domestique. L'industrie l'emploie de même de cent façons. La médecine et la chirurgie ne s'en servent pas moins. Une fabrication d'appareils en caoutchouc, à l'usage de l'art de guérir, a été montée avec beaucoup d'habileté par un Français, M. Henri Galante (2). Le caoutchouc durci a pris une place intéressante dans l'art dentaire pour former la base des rateliers, et dans les opé-

(1) Voir le Rapport de M. Gérard, tome VII, page 82. *Produits de l'industrie du caoutchouc et de la gutta-percha.* M. Gérard est une des personnes de l'Europe qui connaissent le mieux tous les secrets de l'industrie dont il a traité.

(2) Voir le Rapport de M. Tardieu et de sir John Oliffe, tome II, page 330.

le.
is-
sé,
ion
:a-
)u-
les
de
les
ité

m-
)n,
ip-
ti-
)ur
de
gie
ip-
'ir,
un
rci
ire
)é-

ro-
ha.
ent

'c,

rations chirurgicales où il s'agit de remplacer les os brisés par une substance permanente qui n'altère pas les tissus (1). Il n'est aucun de nous qui n'ait, dans son costume quotidien, du caoutchouc sous cinq ou six formes.

Les régions équinoxiales ont, à l'égard du caoutchouc, une très-grande puissance de production. L'Afrique, l'Asie et l'Amérique s'y prêtent également, et, en particulier, l'immense vallée du fleuve des Amazones y semble merveilleusement propre. Que des hommes industrieux s'en mêlent dans ces régions, et il se passera, pour le caoutchouc, quelque chose qui rappellera ce qu'on a vu, du fait des États-Unis, pour le coton : une production toujours croissante en quantité et en qualité, un prix de vente se réduisant sans cesse, un agrandissement rapide et indéfini de l'approvisionnement des manufactures européennes, la multiplication des usages, le perfectionnement de la qualité des produits manufacturés suivant d'un pas au moins égal celui de la matière première, et ces mêmes articles baissant de prix dans une plus forte proportion que la substance brute, grâce aux inventions de la mécanique. On sait qu'en soixante ans environ la production des États-Unis en coton, partie de rien, était montée à 5,200,000 balles de 192 kilogrammes, soit à très-peu près un mil-

(1) Voir le Rapport de M. le docteur Thomas W. Evans; tome II, page 403.

liard de kilogrammes ou un million de tonnes (1).

Ces observations s'appliquent aussi, dans une certaine mesure, à la gutta-percha, substance précieuse, qui a des analogies avec le caoutchouc, mais qui en diffère aussi à plusieurs égards. La facilité avec laquelle la gutta-percha reçoit une empreinte, et la fidélité avec laquelle elle la conserve, ont été utilisées dans la galvanoplastie. De tous les progrès qu'a accompli cet art intéressant, le plus remarquable peut-être a consisté dans l'emploi de la gutta-percha pour faire les moules. C'est aussi la gutta-percha qui a permis de fabriquer d'une manière supérieure le câble transatlantique, dans la composition duquel rien ne la remplacerait comme corps parfaitement isolant (2).

Le Rapport de M. Coutinho (3) énumère un certain nombre de substances du même genre que le caoutchouc et la gutta-percha, qu'il serait facile aussi d'extraire en grande quantité des forêts des régions équinoxiales de l'Amérique. C'est probablement la base future de grandes exploitations forestières.

(1) *Rapport préliminaire sur le huitième recensement des États-Unis*, etc., par M. Kennedy, page 84.

(2) Voir le Rapport de M. le vicomte de Vougy, tome X, page   .

(3) Voir ci-après, tome VI, page 167.

# SECTION III

**Le capital. — Des notions qui ont successivement prévalu au sujet de la richesse. — Opinion des modernes. — Conclusions pratiques.**

---

## CHAPITRE I.

DES OPINIONS INCORRECTES QUI SONT ENCORE RÉPANDUES, A TOUS LES RANGS DE LA SOCIÉTÉ, ET EN HONNEUR, AU SUJET DU CAPITAL.

Disons-le franchement, il n'y a pas lieu aujourd'hui d'adresser aux peuples civilisés, au sujet de la sollicitude dont le capital serait l'objet, les mêmes félicitations qui leur reviennent si justement lorsqu'il s'agit de la science, pour laquelle le public est animé d'un profond respect et dont la puissance vivifiante est reconnue dans les diverses régions de la société. Mal aisé à former, puisque sa formation suppose l'épargne qui est une privation, le capital est encore plus difficile à conserver, parce qu'il est le point de mire d'une multitude d'atteintes, de nature à le compromettre où à le détruire. Et l'opinion de la plus grande

partie des populations, même des classes qui ont
reçu de l'éducation, est loin de le protéger avec la
fermeté intelligente qu'en pareil cas elle devrait
déployer, dans l'intérêt de tous et de chacun.

Aux yeux d'une partie des populations ouvrières,
le capital est un ennemi; il est plus, il est l'ennemi. Au gré d'une foule de personnes dont
l'esprit a été plus cultivé, l'homme qui dépense,
alors même qu'il excède manifestement ses moyens,
est plus recommandable que celui qui économise
et, à force d'économiser, forme du capital. Le premier est populaire, l'autre est l'objectif des sar-
casmes, quand il n'est pas signalé à l'animad-
version publique.

Des opinions, que l'homme impartial ne peut
qualifier autrement que du nom de sophismes, ont
cours presque partout et se retrouvent fréquemment
dans la bouche d'hommes d'ailleurs éclairés, au
sujet de la conservation du capital. Telle est celle
qui consiste à dire, en présence des dépenses publiques ou privées, même les plus inconsidérées,
qu'après tout la Société n'y perd rien, puisque
l'argent dépensé ne sort pas du pays; comme
si c'étaient les pièces de monnaie en circulation
dans un État qui en fissent la richesse (1)!

C'est ainsi que tant de ressources sont impu-
nément gaspillées, que le fruit des épargnes des

_____

(1) Voir ce qui est dit de la nature de la richesse, plus
haut, page 11 de cette Introduction.

générations est dissipé ou dévoré par des successeurs qui, au milieu de leurs écarts, rencontrent l'indulgence ou la faveur publique. C'est ainsi que des capitaux considérables, parce qu'ils ne se présentent pas sous la forme de pièces d'or ou d'argent, sont considérés comme n'étant pas du capital (1) et, en conséquence, détruits sans pitié ni vergogne, pour l'accomplissement d'améliorations souvent peu dignes de ce nom, par des administrations publiques, qui cependant les ont acquis chèrement avec les deniers des contribuables. C'est ainsi que des gouvernements et des administrations locales disposent légèrement d'une part considérable des sommes qu'ils prélèvent, par de rudes impôts, sur le produit du travail des peuples, sommes qui, partiellement au moins, deviendraient du capital. C'est ainsi même que souvent on anticipe témérairement sur l'avenir et qu'on mange le capital en herbe, en contractant des emprunts pour des entreprises d'une vaine apparence, pour la poursuite d'une gloire chimérique.

J'essayerai de signaler ici les différents aspects sous lesquels la richesse a été envisagée jusqu'à notre temps. De cette revue rétrospective il ressortira une conclusion pratique, adaptée aux besoins de la Société actuelle, au sujet du capital.

(1) Je prie le lecteur de voir plus haut, page 15, les commentaires donnés au sujet du mot *capital*.

# CHAPITRE II.

DES OPINIONS ACCRÉDITÉES, AU SUJET DE LA RI-
CHESSE, PARMI LES ESPRITS SUPÉRIEURS DE L'ANTI-
QUITÉ. — EXISTENCE DÉRÉGLÉE DES RICHES, ALORS.

La poursuite de la richesse était peu en honneur parmi les grands esprits et les âmes généreuses et fières qui ont le plus honoré l'antiquité.

Les Fabricius, les Scipions, les Cincinnatus,
les Marcellus, ces patriciens entourés de tant
de respect, ne possédaient ni de vastes domaines, ni de magnifiques habitations enrichies de
marbres et de bronzes, et resplendissantes de l'éclat
de l'or. Ces grands hommes étaient de petits propriétaires, qui habitaient des chaumières, et dont
les domaines n'excédaient pas le patrimoine d'un
maraîcher de la plaine Saint-Denis; ils étaient
limités à quelque chose de moins que deux hectares. Leurs femmes ne se paraient pas de tissus
tirés à grands frais des extrémités du monde; elles
portaient des robes qu'elles-mêmes avaient filées
et tissées; leurs joyaux n'étaient pas des diamants
sortis des mines de Golconde ou des émeraudes de
l'Éthiopie; c'étaient, comme le disait Cornélie, la
mère des Gracques, des enfants élevés à respecter
les dieux et à aimer la patrie.

Cet état primitif des choses changea, presque à

vue d'œil, lorsque Rome eût détruit la commerçante Carthage et conquis la Macédoine et la Grèce. Il y avait de grandes richesses chez les Carthaginois, et le roi de Macédoine, Persée, possédait des trésors qui furent de même la proie des vainqueurs. A ces dépouilles opimes se joignirent bientôt celles des royaumes d'Asie, dont les princes et les grands avait amassé beaucoup d'or et d'objets précieux. Les principaux des Romains, passant subitement de la pauvreté à l'opulence, furent étourdis et pervertis. Ils cherchèrent de fortes sensations dans les excès. Une détestable émulation de luxe s'établit parmi les hommes les plus considérables de la République. Les préteurs et les proconsuls, envoyés dans les provinces conquises, se livrèrent, à l'envi les uns des autres, aux rapines et aux exactions, pour venir ensuite à Rome éblouir la multitude de l'éclat de leurs fêtes et acheter ses suffrages par des distributions fastueuses.

Ces enrichis avaient des fantaisies épouvantables qu'ils trouvaient naturel de rassasier. On vit un d'eux, le préteur Flaminius, offrir à sa maîtresse, dans un festin, le spectacle de l'exécution d'un criminel, comme un amusement.

Quand la richesse dérivait d'une telle source, et servait d'instrument à de tels plaisirs, elle ne pouvait inspirer que le dégoût aux esprits honnêtes et élevés. C'est ce qui explique le succès qu'eut bientôt, parmi les hommes d'élite, la doctrine des stoïciens. L'influence de cette école philosophique, remarquable par le peu de cas qu'elle faisait des jouissances matérielles et des biens de ce monde, procura au genre humain le meilleur et presque l'unique répit qu'il ait eu pendant la durée de l'Empire, la période qui commence à Nerva pour finir à Marc-Aurèle. Cependant, c'était une philosophie froide, à l'usage exclusif d'une petite minorité distinguée par les lumières et la force d'âme. Le stoïcisme était inhabile à échauffer les cœurs; il n'y prétendait même pas. Il ne pouvait lui être donné de réformer le monde.

## CHAPITRE III.

### DES OPINIONS QUE LE CHRISTIANISME RÉPANDIT A L'ÉGARD DE LA RICHESSE. — L'AUMÔNE.

Quand le dogme chrétien se fut constitué en affirmant le spiritualisme et qu'il eut maîtrisé les âmes, les biens de ce monde furent pour les fidèles moins qu'une ombre passagère et vaine, ce fut un sujet de perdition. Être riche fut une infirmité ou un vice, dont on devait se racheter en se dépouillant de ses biens, pour de bonnes œuvres ou au profit de la communauté. Cet esprit de détachement, qui faisait répudier à l'homme les avantages terrestres, afin qu'il reportât au ciel le cours entier de ses pensées et tous les élans de son cœur, fit naître la vie ascétique, existence singulière où l'individu se plaçait en dehors de la Société même. Tels furent les solitaires de la Thébaïde, qui eurent de fervents et nombreux imitateurs dans la Judée, la Syrie et ailleurs, et dont le type le plus original est saint Siméon-Stylite, qui s'était établi au sommet d'une colonne, afin de mieux marquer son isolement du monde et son abandon à Dieu. Ces hommes pieux tourmentaient leur corps, dans la pensée de faire le salut de leur âme. Leur existence matérielle était une suite de privations et de mortifications. Pour leur habitation, ils prenaient une caverne, une fente au milieu des rochers, un tombeau. Pour lit, ils avaient un peu de paille ou la terre dure. La pièce essentielle de leur mobilier était une tête de mort.

A cette époque, les prédicateurs chrétiens étaient à la tête de la civilisation; ils dirigeaient le mouvement social; ils étaient en possession des idées les plus avancées que l'on connût en fait d'amélioration publique. Leur doctrine, à l'égard de la richesse, après avoir commencé par le renoncement absolu, qui était celle des solitaires, se transforma heureusement et aboutit à l'obligation de l'aumône, dont ils firent la plus grande des vertus. Leurs sermons, dont les plus éloquents nous ont été conservés, et notamment ceux d'un des plus grands d'entre eux, saint Jean Chrysostôme, attribuent à l'aumône tous les mérites, la représentent comme ce qui rapproche le plus

l'homme de Dieu. C'était un progrès, par rapport
à la pratique habituelle des temps antérieurs au
christianisme, où le secours donné par le riche au
pauvre n'avait jamais atteint que de faibles proportions, et où il n'était pas distribué avec amour,
comme par un frère à des frères. Mais cette manière de se servir de la richesse n'était pas le
secret de l'avenir.

Aux yeux des hommes qui se distinguaient le
plus dans l'organisation de la société chrétienne,
cette exaltation de l'aumône le prouve, la vertu
d'amélioration publique qui réside dans le travail
était chose fort subordonnée. Et pourtant, dans
leur manière de juger le travail, ils étaient en
progrès sur les plus grands philosophes et les
plus beaux génies de l'antiquité. Cicéron, Pla-
ton, Aristote considéraient le travail matériel
comme une pratique avilissante. Dès l'origine, au
contraire, on vit les apôtres chrétiens et leurs dis-
ciples répudier cette opinion par leur enseignement et par leurs actes. Saint Paul recommandait
le travail en termes énergiques ; c'est lui qui a
dit : « Celui qui ne veut pas travailler ne doit pas
manger. » Joignant l'exemple au précepte, il vi-
vait comme un artisan, il faisait de ses mains des
tentes pour les voyageurs.

Lui-même, le grand apôtre de la bienfaisance
par l'aumône, saint Jean Chrysostôme, regardait le travail matériel, non-seulement comme
une expiation du péché, ou comme un pré-

servatif contre ses atteintes, mais encore comme une source pure de bonnes œuvres et de vertus. Par là, il se rapprochait fort de la doctrine moderne sur le travail, mais c'était sans avoir conscience de la portée de sa propre pensée. Il ne tirait pas de ces prémisses la conclusion que l'amélioration du sort du pauvre doit résulter du travail. Il n'apercevait pas que le travail était le talisman qui changerait un jour l'existence des peuples. Personne ne l'entrevoyait alors (1).

## CHAPITRE IV.

OPINION MODERNE SUR LA RICHESSE, ET LE MEILLEUR, EMPLOI QU'ELLE PEUT RECEVOIR, EN AGISSANT, COMME CAPITAL, POUR FÉCONDER LE TRAVAIL. — COUP D'ŒIL HISTORIQUE SUR LA RENAISSANCE ET LES TEMPS POSTÉRIEURS.

C'est dans les temps relativement très-modernes que le travail a été compris et signalé aux hommes, dans toute l'étendue de ses grandes destinées, avec toute la force de génération qu'il

(1) Saint Jean Chrysostôme est un des hommes qui ont le plus marqué dans le christianisme. Sa vie a été écrite plusieurs fois. Elle est le sujet d'un livre d'un grand mérite, dû à un pieux et savant ecclésiastique du Midi, qui vient de mourir curé à Montpellier, M. l'abbé Martin.

possède par rapport à la richesse, avec toute son
efficacité pour le bien-être des hommes. C'est de
même dans les temps modernes seulement que
la richesse a pu être appréciée comme ayant,
quand elle se montre à l'état de capital, la vertu
de se reproduire et, pour ainsi dire, de renouveler indéfiniment le miracle de la multiplication
des pains. C'est depuis une date médiocrement
éloignée de nous qu'elle est apparue aux hommes
éclairés pour ce qu'elle est réellement, sous la
figure du capital, une puissance civilisatrice qui
favorise l'émancipation des populations, alors
même que le capitaliste est étranger à toute pensée
de ce genre et que, dans son égoïsme, il s'absorbe absolument dans ses intérêts personnels,
sans aucune préoccupation généreuse ou chari-
table en faveur de ses semblables.

Plusieurs siècles après le triomphe définitif du
christianisme, les communes s'établirent en
Europe par le courage de personnes vivant de
leur travail, artisans ou marchands. A la faveur
de cette organisation, il se forma de grandes for-
tunes, dont presque toujours l'esprit d'entreprise
commerciale était l'origine. C'étaient des capitaux, dans le sens que nous donnons à cette expression aujourd'hui. Dans les grands États,
comme la France et l'Angleterre, où cependant
le commerce extérieur n'était qu'un accessoire,
on vit des hommes de cette classe industrieuse,

rendus opulents par le négoce, devenir la ressource des souverains, moins encore par leurs
trésors que par leur habileté à administrer la
fortune publique. Tel fut chez nous Jacques Cœur.
Sur d'autres théâtres, le commerce et les métiers enrichirent des villes qui s'étaient rendues
indépendantes, et leur procurèrent une puissance
telle que les rois recherchèrent leur alliance et
redoutèrent de les rencontrer sur le champ de
bataille. Les plus beaux exemples se rencontrèrent dans la Péninsule italienne, dans le nord
de l'Allemagne et dans les Pays-Bas. Gênes,
Venise surtout, furent des républiques d'un grand
poids dans la balance politique du monde. Florence fut de même à la tête d'un État puissant.
Dans la Germanie, les villes hanséatiques s'éle-
vèrent pareillement à de grandes destinées. Et que
d'éloges ils méritent aussi ces artisans de la
Flandre, ces braves gens laborieux et intrépides,
que, cédant à de folles passions, les rois de France,
suivis de leur noblesse bardée de fer, attaquèrent
si injustement et si impolitiquement, et qui don-
nèrent des leçons aux gentilshommes de ce temps-
là, dans plus d'une bataille rangée! Ces villes industrieuses ou commerçantes de la fin du moyen
âge étaient des foyers de richesse, favorisant et
provoquant le développement des sciences et des
arts. Elles offraient le spectacle de la richesse
honorablement acquise, honorablement et utile-

ment employée, érigée en puissance politique, et servant d'instrument actif au progrès de la liberté et de la civilisation.

Il y eut un moment, je veux parler de l'époque désignée sous le nom de renaissance, où l'on put croire qu'on allait voir se réaliser pour l'Europe, ce qui ne s'accomplit qu'aujourd'hui, après plusieurs siècles d'attente et d'épreuves. Il sembla que, dans les États qui composent cette glorieuse partie du monde, on allait, d'un accord unanime, comprendre l'importance de l'industrie et se rendre compte des grands résultats auxquels on peut atteindre, non pas seulement dans l'ordre matériel, mais aussi dans l'ordre moral et dans l'ordre politique, avec l'aide d'une richesse bien acquise par le travail, confiée de nouveau au travail pour qu'il s'en alimente et s'en active. On eût dit que, secouant la domination de la féodalité, l'Europe allait passer de plain-pied à un régime analogue à celui dont jouissent aujourd'hui les États les plus civilisés, régime caractérisé par l'ascendant des institutions libérales, le progrès et la diffusion des lumières et l'abondance du capital, et offrant, pour la grandeur comme pour le bien-être des peuples, des ressources toujours croissantes.

Il n'en a point été ainsi cependant. Le chemin par lequel les peuples s'avançaient, et qui était la grande route de la civilisation, a été barré, rendu presque impraticable pour la plupart des peuples.

Le genre humain a été arrêté dans sa marche par une suite d'intermèdes violents et ensanglantés. Il y a eu les querelles acharnées et toujours renaissantes des souverains qui, de gré ou de force, entraînaient les nations sur les champs de bataille. Il y a eu les guerres de religion, les dissensions intestines. Il y a eu la turbulence des grands et, de temps en temps, un incroyable aveuglement des classes moyennes et des classes populaires, qui les empêchait de reconnaître leurs propres intérêts et de distinguer leurs véritables amis. Il y a eu, pendant plus de trois siècles consécutifs, le xvi<sup>e</sup>, le xvii<sup>e</sup> et le xviii<sup>e</sup>, un plan arrêté dans presque toutes les cours, et imperturbablement suivi par les souverains ou par leurs ministres, de dépouiller les sujets des libertés les plus naturelles, et de leur soutirer, par l'impôt ou par des exactions, tout ce que rapportait leur travail. Telles sont, en raccourci, les causes par lesquelles, dans toute l'Europe, beaucoup plus cependant sur le continent qu'en Angleterre, la marche du progrès et l'accomplissement des destinées meilleures, espérées par les peuples, ont été retardés pendant trois ou quatre cents ans.

Presque tout ce qui se créait de capital était consommé par les gouvernements à mesure qu'il se produisait, de sorte que les peuples, qui redoublaient d'efforts, en profitaient à peine. La solidarité entre les libertés publiques et la prospérité matérielle de la Société, prospérité qui se

manifeste principalement par le développement
du capital, est de toute évidence pour l'esprit attentif qui embrasse cet âge de l'histoire.

Enfin, quand le xviiie siècle était au moment de
se clore, éclata parmi les peuples de l'Europe un
événement prodigieux et à jamais mémorable pour
notre patrie, qui brisa les chaînes des nations et
renversa ou ébranla fortement, là où il ne les fit
pas disparaître, les obstacles qui s'opposaient au
progrès. C'est la Révolution française de 1789,
qui, après une effroyable tourmente, laissa sur-
nager des principes impérissables.

A la faveur de ces principes, imparfaitement
appliqués cependant en France et plus imparfaitement encore sur le reste du continent européen,
des résultats considérables ont été obtenus dans
tous les genres, et spécialement pour la formation de ce qui nous occupe en ce moment, le capital.

Le caractère dominant de la richesse aujour-
d'hui, ce qui la rend éminemment utile, c'est
qu'elle se présente, sur des proportions jusques
alors inconnues, dans la carrière de l'activité, à
titre de capital. Sous cette forme nouvelle, elle
possède la puissance de génération; elle fait men-
tir le vieil adage de l'école : « *Nummus nummum
non parit,* l'argent n'engendre pas de l'argent. »
C'est parce qu'on l'a employée à titre de capital,
que la richesse acquise a pu procurer aux sociétés

modernes les grandes améliorations qui leur sont propres. C'est le capital qui a suscité les manufactures, si largement outillées, qui font vivre des populations nombreuses, en répandant dans toutes les parties du monde des torrents de produits; c'est lui qui a ouvert les chemins de fer, qui ont coûté des milliards, mais qui les rendent.

Dans ce nouvel ordre de choses, la supériorité, relativement à l'aumône, de l'emploi que reçoit la richesse est facile à constater. L'aumône est un secours qui se motive par un sentiment de bienveillance, de commisération, de charité chrétienne. A ce titre elle est respectable, mais elle offre plus d'un inconvénient. Et d'abord, la richesse qui reçoit cette destination ne sert qu'une fois pour toutes. Elle est détruite par l'usage même qui en est fait, car elle est donnée pour être consommée, et elle l'est en effet. En outre, et ceci est plus grave, l'aumône, dans la plupart des cas au moins, n'exerce pas une influence salutaire sur celui qui la reçoit. Elle ne le porte pas à chercher en lui-même les ressources dont il a besoin. Elle ne l'habitue pas à s'efforcer d'écarter lui-même les obstacles qu'il rencontre sur son chemin; elle lui donne l'habitude opposée, celle de compter avant tout sur autrui, d'abdiquer pour ainsi dire sa personnalité. Le progrès de la Société recommande une discipline plus sévère. Il exige que l'homme s'applique à se suffire à lui-même et aux siens, et c'est ainsi que chacun se met en mesure de produire le plus d'effet pour le bien-être et la prospérité de tous.

De nos jours, les hommes veulent être libres. Or, qui dit liberté dit aussi responsabilité. Les hommes ne sont libres que là où chacun sait porter la responsabilité de son existence et de celle de sa famille. L'habitude de l'aumône est la négation de la responsabilité. Et ce que je dis ici de l'aumône est très-bien senti de la population ouvrière aujourd'hui, de celle de Paris, par exemple.

Dans les idées modernes, l'aumône, comme moyen de parer à la détresse des populations, est rejetée au second plan. C'est une ressource pénible, pour les cas exceptionnels. Le travail, au contraire, a pris la première place, à l'avantage général, parce que, sous le régime du travail, chacun donne en retour de ce qu'il reçoit; il en donne l'équivalent. Sous les auspices du travail libre, avec l'assistance de la science, avec le concours du capital successivement accru, la Société peut et doit, si elle le veut fortement, arriver à ce point que le bien-être devienne accessible à tous les membres de la famille humaine, sous la condition que chacun y contribue par son labeur.

En résumé, sous les Romains, la richesse sert aux jouissances individuelles ou à l'ostentation des grands ; elle est essentiellement égoïste. Sous l'inspiration chrétienne, le caractère d'égoïsme fait place à la bienveillance et à la charité ; l'idéal de l'emploi de la richesse c'est l'aumône, l'aumône qui soulage la souffrance, mais qui abaisse, plutôt qu'elle ne l'élève, le moral de celui qui en est le bénéficiaire. De nos jours la grande manifestation de la richesse, c'est d'agir à titre de capital. Elle acquiert ainsi une fécondité toujours plus grande ; elle provoque l'amélioration du présent et de l'avenir ; si les hommes sont bien inspirés, elle développe les forces morales de la Société et de l'individu et sert de piédestal à la liberté et à l'égalité.

## CHAPITRE V.

### DES INFLUENCES QUI SONT HOSTILES A LA FORMATION ET A LA CONSERVATION DES CAPITAUX. — LA GUERRE, LES DÉPENSES DE LUXE DES ÉTATS ET DES VILLES.

Le capital étant ainsi la matière première des améliorations publiques et du progrès populaire, la conclusion devrait être que les gouvernements ne sauraient avoir de plus grand souci que de ménager le capital des peuples, de veiller à ce qu'il grandisse par le bon emploi qui en serait fait, et on serait assuré d'obtenir ce résultat en le laissant entre les mains des peuples qui sauraient bien l'utiliser. Le retirer aux peuples par la pompe aspirante de l'impôt, en faisant jouer celle-ci au delà de l'indispensable, c'est méconnaître un de

leurs droits les plus sacrés, le droit de propriété.
L'épuiser, par l'expédient commode et décevant
de l'emprunt, est d'une suprême imprévoyance;
c'est appauvrir le présent et compromettre l'avenir.
Le prodiguer dans des entreprises inspirées par
l'orgueil ou par la vanité, est de l'égarement. Le
consumer par le luxe, sous quelque forme que ce
soit, est contraire à la raison et subversif de la
bonne politique.

Le luxe des États, des souverains et des administrations publiques est un Protée; non qu'il soit
insaisissable, car les représentants des populations, s'ils sont vigilants et fermes, peuvent le
dompter et le soumettre; mais il prend vingt
formes diverses, toutes pernicieuses, et il est rare
que ceux dont le devoir serait de le contenir et de
l'enchaîner, mettent autant d'habileté et de con-
stance à le poursuivre qu'il en emploie pour leur
échapper et se satisfaire.

De toutes les formes du luxe des États et des
souverains, la guerre est la plus ruineuse, la plus
dévorante, en même temps que c'est celle qui
laisse le plus de regrets et sème le plus de deuil.

Justement affligé du débordement des forces
militaires que les princes de son temps, en cela
fidèles aux errements de leurs prédécesseurs, te-
naient à honneur de déployer, Montesquieu écrivit
dans l'*Esprit des Lois* des lignes que je repro-
duirai ici, parce qu'elles semblent avoir été inspirées par le spectacle qu'offre notre époque :

« Une maladie nouvelle s'est répandue en Europe ; elle a saisi nos princes et leur fait entretenir un nombre désordonné de troupes. Elle a ses redoublements et devient nécessairement contagieuse ; car, sitôt qu'un État augmente ce qu'il appelle ses troupes, les autres soudain augmentent les leurs, de façon qu'on ne gagne rien par là que la ruine commune. Chaque monarque tient sur pied toutes les armées qu'il pourrait avoir, si ses peuples étaient en danger d'être exterminés ; et on nomme *paix* cet état d'effort de tous contre tous. Aussi l'Europe est-elle si ruinée que les particuliers qui seraient dans la situation où sont les trois puissances de cette partie du monde les plus opulentes, n'auraient pas de quoi vivre. Nous sommes pauvres avec les richesses de tout l'univers ; et bientôt, à force d'avoir des soldats, nous n'aurons plus que des soldats et nous serons comme des Tartares (1). »

Même en dehors de la guerre, il est facile de dévorer le capital des nations industrieuses. Les guerres de Louis XIV, ces guerres dont il s'accusait quand il était trop tard, à son lit de mort, ont, plus que toute autre cause, contribué à mettre la France dans la détresse qui caractérisa les dernières années de son règne. Mais ce Versailles, qu'il construisit à grands frais et par manière de défi, dans un lieu où il semblait que la

(1) *Esprit des Lois*, livre XIII, chapitre XVII.

nature eût interdit de placer une ville, les autres demeures royales qu'il fit sortir de terre, çà et là, comme si ce n'eût pas été assez de cette fastueuse résidence, le faste olympien dont il entoura chacun des instants de son orgueilleuse existence, ne laissèrent pas que de faire une large brèche dans les ressources des contribuables, et furent pour une part dans l'appauvrissement extrême et l'épuisement profond où son règne précipita la France.

Si, dans une grande ville, l'incendie ou un tremblement de terre détruit un millier de maisons de 300,000 francs l'une, c'est pour la ville une perte égale à celle qu'elle eût éprouvée si elle eût embarqué 300 millions en espèces ou en lingots d'or et d'argent, en donnant l'ordre au capitaine de faire sombrer le navire une fois en pleine mer. C'est la même perte aussi que cette ville éprouvera si son administration, poussée par un désir déréglé d'embellissement, démolit les mêmes mille maisons, reconnues encore fort habitables, pour le plaisir de tracer des rues mieux alignées ou plus larges. Il se peut bien que de tels travaux produisent un surcroît d'agrément; il reste à savoir jusqu'à quel point ce qu'on acquiert vaut la grosse somme qu'il en a coûté.

Tout le monde se rappelle la naïveté que Saint-Simon, en ses *Mémoires,* met dans la bouche d'une comtesse de Fiesque, qui faisait admirer à tout le monde une glace qu'elle avait achetée à

chers deniers : « J'avais, disait-elle dans sa vanité puérile, une méchante terre, et qui ne rapportait que du blé, je l'ai vendue, et j'en ai eu
ce miroir. Est-ce que je n'ai pas fait merveille ?
Du blé ou ce beau miroir (1)! »

Les États ou les villes imitent, sur de gigantesques proportions, la comtesse de Fiesque et dé-
ploient la même aberration, lorsqu'ils enfouissent
des millions, péniblement fournis par les contribuables ou inconsidérément demandés à l'emprunt,
dans des œuvres stériles et des entreprises d'ostentation. Ils ravissent aux peuples du nécessaire
pour leur donner des superfluités, ainsi que la
noble dame le faisait pour elle-même ; mais du
moins c'était elle-même, elle seule, qu'elle ruinait.

(1) *Mémoires du duc de Saint-Simon*, tome II, page 37,
édition Hachette, in-12.

tème de voies de communication rendant aisé l'approvisionnement de l'industrie en combustible et en matières premières, rattachant les grands gisements de minerais de fer aux puissants gîtes de charbon, unissant les foyers de production aux centres de consommation, et l'intérieur aux ports de mer. Ce sont des chemins de fer, des canaux, des routes de toute sorte, sans compter les fleuves et rivières améliorés dans leur cours, de manière à rester navigables, tant que la gelée ne vient pas les fermer. Ce sont encore des services maritimes établissant des relations régulières, promptes et économiques avec les autres nations. Le tout compose une sorte de grand outillage, qui facilite extrêmement aux hommes l'exercice de leurs facultés et l'entrée en possession effective de la liberté du travail.

Il n'est pas moins obligatoire que le pays offre une organisation du crédit, par laquelle l'homme industrieux et honnête se procure, autant que possible, le capital en l'absence duquel l'industrie enchaînée ne pourrait prendre un grand essor, et la puissance productive de l'individu et de la Société se développer. Pour le progrès de l'industrie, l'assistance du capital a une vertu particulière que rien ne pourrait remplacer.

Une division du travail judicieusement établie peut être considérée aussi comme une des bases essentielles de la prospérité de l'industrie et du développement de sa puissance productive.

# SECTION I

## Les voies de communication perfectionnées.

———

## CHAPITRE I.

### LES CHEMINS DE FER ET LA NAVIGATION A VAPEUR.

La facilité des transports est un des aspects sous lesquels l'industrie a le plus gagné dans les derniers temps. Sur terre, ce sont les chemins de fer qui de plus en plus se multiplient et qui, dans les directions les plus importantes, accélèrent leur service. Les canaux, quoiqu'ils aient subi la concurrence redoutable des chemins de fer, continuent d'être fort fréquentés. On n'a pas cessé de les entretenir et de les perfectionner, et même quelques canaux nouveaux se construisent. Les fleuves ont reçu et reçoivent quotidiennement des améliorations d'un grand effet. A Paris même, juste pendant l'Exposition, un nouveau barrage établi dans le lit de la Seine, celui de Suresnes, a fait sentir son influence heureuse en permettant l'inauguration, au travers de la capitale, d'un service d'omnibus à vapeur qui a survécu.

Sur mer, les paquebots à vapeur deviennent

sans cesse plus nombreux et se perfectionnent
indéfiniment, au point de vue de la célérité et du
confort. C'est ainsi que d'Europe en Amérique,
de Brest ou de Liverpool à New-York, la traversée
est maintenant réduite à neuf jours ; neuf journées
passées avec un remarquable degré de bien-être.

Le changement produit par les chemins de fer
est plus sensible que celui qui résulte des paquebots à vapeur, parce qu'il est d'un usage plus universel. On peut y faire participer toutes les parties d'un vaste territoire, tandis que les paquebots
ne sont possibles, quand il s'agit des grandes distances, qu'entre des ports qui soient le siége d'un
grand commerce.

Mais le bateau à vapeur maritime ne doit pas
être considéré seulement à l'état de paquebot, c'est-
à-dire de navire destiné à transporter principalement des voyageurs et des dépêches. Il sert aussi
au transport des marchandises, indépendamment
de celles que portent les paquebots proprement
dits, et qui forment le complément très-productif
de leurs affaires. La mer est un moyen de communication qui a une immense étendue, s'ouvre dans
des milliers de directions et pénètre dans toutes
les parties du globe. Les véhicules qui y servent,
de plus en plus perfectionnés dans la série des
âges, éprouvent de nos jours une rénovation.
C'est le fer et puis l'acier qui se substituent au
bois pour la coque, c'est la vapeur qui tend à devenir le moteur habituel. On trouvera, sur ce point,

un exposé substantiel dans le Rapport de M. de Fréminville (1).

La navigation à vapeur pour les marchandises, qui d'abord coûtait très-cher, gagne du terrain aujourd'hui sur la navigation à voiles, au moyen de combinaisons fort heureuses. L'Inde même et l'Australie sont desservies par des navires à vapeur, et l'on prévoit, dit M. de Fréminville, le moment où ces navires seront les seuls employés à des opérations mercantiles de quelque importance.

Par l'habileté et l'énergie avec lesquelles les armateurs anglais se sont appliqués à utiliser le navire à vapeur, et par le concours habile qu'ils ont trouvé dans les grands établissements de construction établis sur la Tamise, sur la Clyde, ou sur la Mersey et même à Newcastle, à Sunderland et Dumbarton, ils ont fait des pas immenses et ils ont reconquis pour leur patrie, au point de vue commercial, l'empire des mers que les armateurs des États-Unis semblaient au moment de lui ravir, lorsque le Parlement vota la loi qui étendait à l'industrie de la navigation la liberté du commerce. C'est ainsi que l'Angleterre n'a qu'à se féliciter d'avoir eu foi dans le génie de la liberté commerciale.

Le *Statistical abstract* montre que, dans le commerce étranger proprement dit, l'Angleterre, en 1850, n'avait que 86 navires à vapeur du port de 45,186 tonneaux avec 3,813 hommes d'équi-

(1) Tome X, page 372.

page, contre 7,149 navires à voiles, du port de 2,143,234 tonneaux, montés par 93,912 hommes.

C'est, quant au tonnage, une proportion de 2 pour 100, et, pour le personnel des matelots, de 4.

En 1867, le nombre des navires à vapeur était monté à 834, leur tonnage à 608,232 tonneaux et leurs équipages à 31,414 hommes, contre 17,567 bâtiments à voiles, d'un tonnage de 3,511,827 tonneaux, montés par 106,364 hommes. A cette dernière date, la proportion entre la vapeur et la voile est, pour le tonnage, de 17 pour 100, pour le personnel, de 30.

Le nombre total des navires à vapeur, en Angleterre, déduction faite des bâtiments de rivière, était, en 1867, de 1,616, avec un tonnage de 812,677 tonneaux et un personnel de 43,111 hommes, contre 20,161 navires à voiles jaugeant 4,681,034 tonneaux et montés par 153,229 matelots.

Au 31 décembre 1866, la France possédait 15,230 navires à voiles, ne jaugeant que 915,034 tonneaux et 407 navires à vapeur du port de 127,777 tonneaux.

## CHAPITRE II.

### SERVICES RENDUS PAR LES CHEMINS DE FER DANS LES CIRCONSTANCES EXTRAORDINAIRES.

Les relations que les chemins de fer établissent entre les parties d'un même continent, et, à plus

forte raison, entre les provinces d'un même empire,
sont avantageuses de plus d'une façon. La différence entre le roulage et le chemin de fer ne consiste pas seulement dans une réduction des frais
de transport, réduction qui, étant souvent de moitié, quelquefois des deux tiers ou des trois quarts,
ou même plus fortement accusée encore, est déjà
par elle-même un grand bien. Un autre avantage, fort précieux, c'est que la puissance de
traction des chemins de fer est presque illimitée,
avec des Compagnies puissamment organisées,
comme elles le sont aujourd'hui pour la plupart.
Une grande Compagnie peut transporter, dans un
bref délai, à peu près tout ce qu'elle veut, tout ce
que peut demander le public. Le matériel des entrepreneurs de roulage est limité et ne peut guère
s'accroître ; il en est de même de celui de la batellerie, et la même observation s'applique, dans une
certaine mesure, à la navigation des paquebots.
Au contraire, une Compagnie de chemin de fer,
avec les locomotives et les wagons qu'elle a communément pour son service régulier, peut, eu égard
à ce que les plus longs trajets qu'elle ait à accomplir n'exigent jamais qu'un tout petit nombre de
jours, déplacer, dans un laps de temps de quelques
semaines, des masses de marchandises telles que
le besoin public, même le plus imprévu, s'en trouve
satisfait.

Il est des cas où un gouvernement est dans
l'obligation de transporter subitement le matériel

de guerre nécessaire à toute une armée, ou d'expédier de grands approvisionnements de munitions
ou de vivres. C'est ce qui s'est vu en France pendant la guerre de Crimée de 1854 et 1855, et pendant la guerre d'Italie en 1859. Sans les chemins
de fer, le gouvernement français aurait eu à subir
alors des frais de transport exorbitants, ou même il
eût dû renoncer absolument à opérer, dans le
même délai, les transports qu'il s'était proposés.
Le roulage et la navigation à vapeur de la Saône
et du Rhône eussent infailliblement élevé leurs
prix dans une très-forte proportion, pour effectuer
à peine la moitié ou le tiers du service qu'on aurait
eu lieu de réclamer d'eux. Avec la Compagnie des
chemins de fer de Paris à Lyon et à la Méditerranée, tout se fit dans le temps voulu, au prix ordinaire du tarif fixé par la loi, et même sans que le
service du commerce eût notablement à en souffrir.

Au sujet de cette guerre de Crimée on peut dire
plus et soutenir que si la France et l'Angleterre
n'avaient pas eu l'assistance de la vapeur sur
terre et sur mer, leur situation sur le théâtre de la
guerre eût été bien différente, et que la privation
de cet élément de puissance a été pour la Russie
un irrémédiable désavantage. Sur dix soldats qui
partaient du Nord, il en arrivait un ou deux à Sé-
bastopol; les autres restaient en route, écloppés,
malades ou morts. Sur un troupeau de mille bœufs,
il n'en parvenait pas cent aux assiégés.

Un autre cas où les chemins de fer interviennent

pour satisfaire à un besoin public de première nécessité, qui, sans eux, resterait profondément en
souffrance, est celui où un grand pays a été affligé
d'une mauvaise récolte. On tire alors de l'étranger
des blés qui affluent de diverses directions dans
quelques-uns des principaux ports. C'est ainsi
que Marseille a reçu, toutes les fois que la récolte
avait été faible en France, des quantités de blés
de Taganrog, d'Odessa, de Galatz et autres
ports du Danube, d'Alexandrie, quelquefois d'Alger et d'autres contrées encore. Mais, une fois le
blé au port, il restait à le faire pénétrer dans l'intérieur. L'insuffisance du roulage et de la batellerie
à vapeur se traduisait, toutes les fois que se présentait pareille conjoncture, par une élévation
énorme des prix de transport, qui enchérissait d'autant la denrée. Malgré ces circonstances encoura-
geantes pour les entrepreneurs de transport, la
consommation était mal pourvue. Avec le chemin
de fer, les deux inconvénients disparaissent. Il arrive même, du moins en France, que le public
jouit alors d'un tarif de faveur, qui a été stipulé
par le cahier des charges, en prévision des di-
settes. Enfin, l'économie que le chemin de fer introduit dans les frais de transport a cet autre résultat que, par lui, les contrées où le blé manque
ont la faculté d'en puiser dans des pays dont,
avant les voies ferrées, l'accès leur était fermé.
Nous avons cette année même un exemple : notre
récolte de 1867 ayant été mauvaise, nos dé-

partements de l'Est ont pu, grâce aux chemins de fer, se pourvoir en Hongrie où la moisson avait été abondante. Il est même venu des blés de Hongrie jusqu'à Paris. La distance de Pesth à Strasbourg étant de 1,140 kilomètres et celle de Pesth à Paris de 1,687, le transport de 1,000 kilogrammes de blé coûtait, à la fin de 1867, pour la destination de Strasbourg, 91 fr. 90 c.; pour celle de Paris, 108 fr. 60. Sur le parcours austro-allemand, le tarif perçu est à peu près de 8 centimes par tonne et par kilomètre; sur la ligne française de l'Est, il n'est que de 3 centimes et demi.

Si l'on se reporte à l'époque où le transport des blés s'effectuait par le roulage ou les bateaux à vapeur, on constate premièrement qu'il était plus cher, secondement qu'il subissait des variations extrêmes : ainsi, en 1853, il y a eu sur le Rhône, entre Lyon et Marseille, vingt-quatre prix différents. Les oscillations ont été, dans le courant de la même année, de 17 à 90 francs par tonne; en 1854, de 18 à 70 francs. Le trajet est de 352 kilomètres, soit environ le cinquième de celui de Pesth à Paris. Entre ces deux points, le chemin de fer perçoit uniformément 19 fr. 50 c. sur les céréales, à moins d'une cherté extraordinaire des grains, et dans ce cas il est tenu de faire un rabais, au lieu d'élever ses prix (1).

(1) Les renseignements numériques consignés dans cet exposé sur le transport des blés sont extraits d'un travail de M. Alfred Goldenberg.

L'influence des chemins de fer sur le prix des blés pendant les années de disette, pour l'empêcher de s'aggraver, peut être estimée par la comparaison entre l'élévation que le cours des blés a atteinte cette année même (1867-68), où l'insuffisance est grande, et celle des époques antérieures, fortement marquées aussi par un déficit, mais où l'on n'avait pas de chemins de fer. En 1867-68, nous voyons le blé à 34, 35 et 36 francs l'hectolitre. En 1846-47, il fut à 44, 45 et 46 francs. Les prix de 1861-62, époque où les lignes ferrées magistrales étaient achevées, ont été sensiblement les mêmes que ceux de 1867-68. On peut donc dire approximativement que, en France, dans les très-mauvaises années, les chemins de fer restreignent de 10 francs la hausse des céréales.

On tire de là naturellement la conclusion qu'il faut viser à ce que les chemins de fer pénètrent partout. Le moyen d'y parvenir consiste à les construire économiquement.

À cet effet, sur les chemins de fer secondaires, qui rencontreront des montagnes ou des terrains très-escarpés, on devra admettre et on admet en effet de plus fortes pentes, sauf à ne marcher, sur ces parties, qu'avec une vitesse médiocre. Pour répondre à tous les cas de ce genre, il fallait, outre l'admission, dans le système ordinaire, des pentes plus prononcées, créer quelque nouveau type qui s'appliquât à des pentes inabordables avec le mode actuel d'établissement des voies ferrées. M. le ba-

ron Séguier y a pourvu par un système fort ingénieux que, en Angleterre, M. Fell a amélioré
encore, et qui, en ce moment, on l'a vu plus haut,
est en usage au mont Cenis.

Afin de pouvoir multiplier les chemins de fer
d'intérêt local, on a adopté quelquefois l'idée
d'une voie plus étroite. Il en résulte une grande
économie (1). C'est une raison pour qu'on s'y rallie,
car, dans beaucoup de cas, il faut s'attendre à ne
retirer de cette catégorie de chemins qu'un revenu
bien médiocre. Un certain nombre de chemins qui
sont établis ou sont sur le point de l'être en
France, à titre d'éléments du réseau des grandes
compagnies, sont ou semblent devoir être dans le
cas de rendre à peine les frais d'exploitation (2).

## CHAPITRE III.

### LE BON MARCHÉ DES TRANSPORTS PROVOQUE DE NOUVEAUX USAGES QUI SONT DES PROGRÈS.

A l'égard des marchandises qui, par leur nature, peuvent être transportées *en vrac,* c'est-à-

(1) Voir tome VI, page 369, Rapport de MM. Eugène Flachat et de Goldschmidt.
(2) Voir à ce sujet un travail de M. Michel, dans les
*Annales des ponts et chaussées,* tome XV, 1868.

dire à découvert, et qui, d'ailleurs, se présentent
en grande quantité, les chemins de fer offrent au
commerce des conditions exceptionnellement favorables : ils transportent alors pour le sixième, le
huitième et même le dixième du prix du roulage.
Ainsi, pour le plâtre, sur certaines lignes, le tarif
est de 2 centimes par tonne et par kilomètre (1).

Pour toute marchandise qui peut se présenter
en grande quantité et qui, par sa nature, est complétement ou à peu près exempte de chances d'al-
tération, il serait possible d'obtenir des chemins
de fer des conditions fort douces.

Citons, par exemple, les marbres qui pourraient, qui devraient être utilisés sur une grande
échelle dans une capitale fastueuse, telle que la
ville de Paris, où l'on a le goût des constructions
monumentales, et où, dès lors, il semble que cette
belle matière devrait occuper la place qu'elle avait
dans la Rome des Césars. A Paris, cependant, le
marbre ne sert que très-exceptionnellement dans
les constructions particulières, même les plus
soignées. On le réserve pour des destinations spéciales, telles que les cheminées et les consoles.
Hors de là, on le remplace, dans les habitations les
plus splendides, par le stuc. Les hôtels qui ont été
érigés dans Paris en si grand nombre depuis une
quinzaine d'années, offrent très-souvent des cages
d'escalier en stuc jouant les plus beaux marbres,

(1) Ce tarif sur le plâtre est exceptionnel.

et le stuc y forme fréquemment le revêtement des salles à manger. Certes, le stuc ne manque pas d'éclat et on peut lui donner les nuances les plus riches. Lorsqu'il est neuf et qu'il est l'objet d'un entretien intelligent et constant, il est d'un grand effet ; mais il a le grave inconvénient d'être très-périssable.

Dans les monuments publics auxquels on a voulu imprimer le cachet d'une grande magnificence, comme l'église de la Madeleine, il semble qu'on se soit à peine souvenu que le marbre existât. On en a placé çà et là, dans l'intérieur de ce temple grandiose, de petites plaques, les unes rondes, les autres carrées, qui y font une figure étrange. Au lieu des superbes colonnes de marbre et de porphyre qui embellissent les églises de Rome, on y voit des colonnes en pierre commune, qu'on a cru relever avec un filet d'or sur le bord des cannelures. A l'arc de triomphe de l'Étoile, le marbre est totalement absent. Les sculptures multipliées de cette imposante construction sont toutes en pierre des environs de Paris.

Il serait possible de citer des édifices récemment érigés à Paris, avec des prétentions à la splendeur, où le stuc a pris la place du marbre, même à l'extérieur.

Le marbre, pourtant, serait infiniment préférable à la pierre toutes les fois qu'il s'agit de décorer, soit au dehors, soit au dedans, les édifices publics qui sont des monuments, et même les fastueuses demeures que se font bâtir les particuliers opulents. A l'intérieur on peut le considérer comme permanent et indestructible, et à l'extérieur, sous notre ciel humide, il est très-durable encore. Notre climat, beaucoup moins conservateur cependant que celui de l'Italie et surtout que celui de l'Égypte, ménage le marbre de bonne qualité. On en a la preuve par les jardins de Versailles, où les marbres, posés sous Louis XIV, sont encore en fort bon état, et par les belles colonnes de l'arc de triomphe du Carrousel, qui n'ont pas souffert, depuis soixante ans qu'elles sont là exposées à toutes les intempéries, et qui auparavant, dit-on, avaient subi la même épreuve, un siècle durant, au château de Marly.

La France offre de nombreuses carrières de marbre dans différentes parties de son territoire, principalement de marbre d'ornement, et l'on peut y citer aussi des carrières de marbre statuaire. D'ailleurs ce dernier ne manque pas à l'étranger, d'où, avec une bonne organisation, on le ferait venir sans frais excessifs. Les Pyrénées, plus peut-être qu'aucune autre chaîne de montagnes dans le monde entier, sont remplies de marbre. On y en trouve de toutes les variétés, de toutes les nuances. Il est vraisemblable que les facilités de transport que fournissent les chemins de fer détermineront à Paris, d'ici à un prochain avenir, le retour du marbre dans l'architecture d'où il a été si mal à propos banni.

Si l'on était encore à construire l'arc de triomphe de l'Étoile, il est probable que les quatre groupes de figures colossales, placés deux à deux sur les pieds-droits, le long des deux grandes ouvertures, seraient en marbre statuaire, de même que les bas-reliefs qui s'étalent sur les quatre faces, les sculptures de la frise et les renommées placées au-dessus de chacune des portes, dans les tympans(1).

L'emploi de la pierre au lieu du marbre, pour les grandes figures, enlève à celles-ci tout aspect monumental, et en fait des objets qui choquent le regard. Il est impossible à un homme de goût de prendre pour des monuments et de regarder comme

(1) Voici un aperçu de la dépense qu'eût occasionnée la substitution du marbre à la pierre pour les quatre groupes ; j'en suis redevable à M. Ch. Garnier, l'habile architecte du nouvel Opéra.

En pierre, tels qu'ils sont, les quatre groupes ont coûté............................... 400,000 fr.
En marbre de Saint-Béat, ils eussent coûté... 620,000
—      Serravezza, 2ᵉ choix,   —   ... 800,000
—      —      1ᵉʳ —      —   ... 960,000

Suivant qu'on eût adopté l'un ou l'autre de ces trois marbres, l'excédant de dépense eût donc été de 220,000, 400,000 ou 560,000 francs.

En faisant en marbre toute la sculpture du monument, et en employant du marbre de première qualité, la dépense supplémentaire eût été de 1,500,000 francs. Le monument tel qu'il est a coûté 9 millions. C'eût été une augmentation de dépense d'un sixième.

des embellissements de Paris des objets tels que la grande fontaine de la place Saint-Sulpice, les quatre groupes placés au débouché du pont d'Iéna, et beaucoup d'autres du même genre où la pierre a malheureusement été substituée au marbre.

Le transport des marbres des Pyrénées à Paris pourrait se faire au prix de 3 centimes par tonne et par kilomètre, même en supposant des marbres polis. Le mètre carré de plaques de deux centimètres d'épaisseur, polissage compris, pourrait se livrer, sur place, au prix de 10 francs. Le prix du mètre carré rendu à Paris serait donc 11 fr. 75 c.

Or, le stuc coûte de 12 à 14 francs le mètre (1).

Le Rapport de M. Delesse (2) présente, au sujet de l'emploi des marbres dans l'architecture, des observations d'un grand intérêt.

Une des questions les plus intéressantes qui puissent être soulevées à l'occasion des chemins de fer, est celle de leur introduction dans l'intérieur des grandes villes et surtout des populeuses

(1) Dans cette comparaison entre le marbre et le stuc, il s'agit de surfaces unies. Avec des panneaux qui offriraient des bordures en relief, le prix du marbre serait notablement augmenté; celui du stuc le serait beaucoup moins. Mais si l'on avait de grandes surfaces à couvrir, on pourrait, pour le travail du marbre, recourir à des moyens mécaniques, surtout dans les Pyrénées, où les chutes d'eau abondent, et la dépense, même dans le cas où il aurait des bordures en relief, en serait fort atténuée.

(2) Voir ci-après, tome X, page 61.

capitales, telles que Paris. A l'origine, effrayé
qu'on était par la dépense, on avait relégué les
gares à l'extrémité des quartiers bâtis. C'est ce
qui se fit à Paris et à Londres. De grands intervalles ont été laissés ainsi à parcourir aux
voitures ou aux piétons, pour atteindre les chemins de fer. Depuis lors, ces puissantes métropoles, douées d'une si forte vitalité, se sont étendues jusqu'à la plupart des gares et les ont même
enveloppées. Mais pour les anciens quartiers, qui
sont les plus populeux et les plus affairés, l'inconvénient primitif a subsisté encore. A Londres,
où les capitaux abondent plus et où l'esprit d'entreprise est plus hardi, on a lutté héroïquement
contre l'obstacle. On a poussé, à grands frais, les
chemins de fer plus avant dans la ville, en les
suspendant au-dessus des maisons, transformées
à cet effet en solides viaducs. On a eu ainsi des
gares au cœur de la ville. Celle de Charing-Cross,
avec les magnifiques ponts en fer qui l'accompagnent, en est le plus bel exemple (1). Finalement,
on s'est mis en souterrain pour traverser de part
en part cette immense capitale. On se rend ainsi,
pour quelques sous et en un quart d'heure, de la
gare de Paddington, située à l'ouest, à celle du
pont de Londres, et aux abords de la Banque, au
centre de la Cité. A Paris, on s'est borné jusqu'ici
au chemin de fer de Ceinture, qui est loin des

(1) On assure que la dépense, toute à la charge d'une Compagnie, a été de cent millions de francs.

quartiers peuplés et qui est employé surtout pour le transport des marchandises, excepté entre la gare Saint-Lazare et Auteuil.

Au milieu des travaux gigantesques qui ont fait de Paris la plus belle ville du monde, il y a là une lacune fort regrettable.

La célérité est un des premiers besoins des hommes aujourd'hui, et le chemin de fer est un instrument dont les populations ne tolèrent pas l'absence là où il est possible de lui ménager sa place. Un réseau de chemins de fer métropolitains est indispensable à Paris. Cette grande capitale pourra être plus belle encore, mais elle sera fort in-commode tant qu'elle n'aura pas ses chemins de fer intérieurs. Paris devrait avoir, avec d'autres dispositions peut-être, tout ce que Londres possède en ce genre. Par là, on diminuerait l'encombre-ment, déjà quelquefois intolérable et qui ne peut que s'accroître, sur les voies magistrales de cette immense ville. Par là aussi on en rapprocherait les extrémités aujourd'hui trop séparées. C'est dans ces grandes cités, théâtre d'une activité dé-vorante, où la production de la richesse est im-mense, qu'est plus particulièrement vraie la maxime anglaise : « *Time is money,* le temps est de l'argent. » Tout ce qui y économise le temps est d'un grand rapport.

On a laissé échapper une occasion favorable, unique, alors qu'on traçait à travers Paris tant de percements nouveaux. La dépense de la construction des chemins de fer eût été fort amoindrie, si on l'eût faite en même temps.

Aujourd'hui il y a lieu de croire que les chemins de fer métropolitains de Paris ne peuvent être que souterrains. Les grands revenus de la ville de Paris lui fourniraient les sommes nécessaires pour accomplir cette œuvre. Il est vraisemblable qu'avec une subvention qui n'aurait rien d'excessif, on trouverait une Compagnie disposée à s'en charger.

A Londres, tout s'est fait sans subvention, et on assure que les chemins de fer métropolitains de cette capitale sont rémunérateurs pour les actionnaires (1). Il y aurait là un emploi des deniers parisiens bien autrement utile que telle autre destination qu'on leur donne.

On me permettra de citer, en terminant ce chapitre, un exemple, d'un tout autre genre, des services que peuvent rendre les voies de communication économiques. Naguères les fabriques de Londres, qui font des meubles en rotin, en jetaient les débris ou les brûlaient. Aujourd'hui, un manufacturier de Melun, M. Debonnaire, les fait venir; il les emploie à faire pour l'agriculture des liens, qu'il vend à raison de 14 francs le mille. Le département de Seine-et-Marne en a employé 3,072,000 en 1866 (2).

(1) Nous voulons parler du chemin en souterrain de Paddington à la Cité.

(2) Rapport de M. Émile Fournier, tome VI, page 82.

# SECTION II

## Les Institutions de crédit.

---

## CHAPITRE I.

QUESTION POSÉE AU SUJET DES BANQUES D'ÉMISSION :
L'UNITÉ OU LA MULTIPLICITÉ. — LE MONOPOLE OU
LA LIBERTÉ.

L'industrie est, dans la plupart des États les plus civilisés, beaucoup moins pourvue d'institutions de crédit que de voies de communication perfectionnées ; lacune très-fâcheuse qu'il importerai de combler dans le moindre délai possible.

Une bonne constitution du crédit n'est pas moins indispensable à un peuple industrieux que l'établissement d'un réseau de chemins de fer.

En dehors des pays peuplés par les Anglo-Saxons dans les deux hémisphères, on est loin d'apprécier à leur juste valeur les institutions de crédit et l'utilité que retire l'industrie de leur organisation sur une grande échelle.

Des communautés relativement petites, telles que la Belgique, la Suisse et la Hollande, sont à cet égard en progrès sur les grands États du continent. Elles-mêmes restent pourtant en arrière des exemples fournis par la race anglo-saxonne, et particulièrement par la branche de cette race qui forme la population écossaise, et qui a porté à un si haut degré d'activité, de puissance et de prospérité l'ancien patrimoine des barbares calédoniens.

Dans ces dernières années, des événements considérables, concernant la constitution du crédit dans les États, se sont présentés comme des sujets d'étude du plus grand intérêt. Les doctrines antérieurement établies, qui étaient plus empiriques que conformes à une théorie régulière, et qui supportaient mal le rapprochement des faits et la discussion, sont tombées dans une légitime suspicion.

Ce que les Anglais appellent le *currency principle*, c'est-à-dire la conception à la fois peu scientifique et peu fondée sur l'observation attentive des faits, d'après laquelle l'illustre Robert Peel, en 1844, crut devoir réédifier les banques d'émission (1) du Royaume-Uni, a reçu dans la pratique un échec fait pour en décontenancer à jamais les auteurs ou fauteurs. En avril 1866, la loi de 1844 a mis le commerce de la Grande-Bretagne à deux doigts de sa ruine ; sous peine de subir tous

_____

(1) C'est-à-dire ayant la faculté d'émettre de ces titres au porteur et à vue, bien connus de tout le monde sous le nom de *billets de banque*.

les dommages d'un cataclysme commercial, il a fallu suspendre la loi, par un acte de dictature. Comme le système avait déjà éprouvé une pareille infortune en 1847 et 1857, il est profondément atteint dans l'opinion, et il est douteux qu'il ait encore longtemps à vivre.

Aux États-Unis, une expérience qui n'était pas sans quelque analogie avec le plan de sir Robert Peel, mais dont cependant la pensée fondamentale est plus soutenable, parce qu'elle est moins rigoureusement restrictive, a été tentée, au milieu des angoisses d'une longue et terrible guerre civile. Elle a été compliquée et viciée par le désir de procurer au Trésor fédéral quelque assistance, pour les dépenses exorbitantes auxquelles il avait à subvenir. On a imaginé une nouvelle catégorie de banques, unies par des liens étroits avec le Trésor public, et recevant de lui les seuls billets qu'elles puissent émettre. Par un acte sommaire et excessif, et moyennant un détour peu digne d'un législateur consciencieux, on leur a attribué le monopole de l'émission des billets de banque, en ravissant cette faculté aux établissements qui la possédaient déjà : on a frappé brusquement de taxes, tellement lourdes que mort instantanée devait s'ensuivre, les anciennes banques d'émission, quoique le législateur leur eût garanti une durée déterminée. Il n'est pas certain que le succès de ce nouveau système des banques américaines réponde à l'attente de ses promoteurs. On n'en

pourra bien juger que lorsque le pays aura été
affranchi du régime d'un papier-monnaie à cours
forcé et déprécié.

En France, une enquête, organisée sur une
grande échelle, a eu pour objet de répandre des
lumières sur la meilleure constitution à donner
aux banques, particulièrement en ce qui concerne
l'émission des billets. De nombreux témoignages
d'hommes considérables ont été recueillis; aucune
conclusion n'en a été tirée encore officiellement.
En attendant, l'état ancien des choses est maintenu. La France, avec sa grande activité, ses
manufactures, son commerce, son agriculture qui
a tant de besoins, reste sans autre ressource, en fait
de banques d'émission, que la Banque de France,
entourée de ses succursales au nombre de soixante-
dix, avec la perspective d'un de ces établissements subordonnés pour chaque département,
et encore pourvu que le gouvernement l'exige;
car la loi de 1857, sur la Banque de France,
n'a rien stipulé de plus, en faveur de l'industrie
française; et nous sommes en présence d'une
école, investie d'une grande influence, qui assure
qu'ainsi tout est réglé pour le mieux. De sorte
que, pour la nation française, l'idéal serait d'avoir
en tout 89 succursales; disons 100, parce qu'il y a
bien quelques départements où, d'elle-même, la
Banque doublerait; c'est déjà fait dans le Nord et
la Seine-Inférieure.

Nous serions, il faut en convenir, bien loin de

l'Écosse, par exemple. Celle-ci compte environ sept cents succursales, groupées autour de douze banques, toutes banques d'émission comme la Banque de France. En d'autres termes, pour une même population (1), l'Écosse a présentement un nombre d'établissements de crédit — banques-mères ou succursales—cent vingt fois plus grand que le nôtre, et, quand la Banque de France aurait fait le maximum de ce qu'on peut lui imposer, c'est-à-dire quand elle aurait cent succursales, la proportion de 1 à 120 se changerait en celle de 1 à 83.

Selon les partisans du monopole, il faudrait, quelle que soit l'extension réservée à l'industrie française, se contenter de cette modeste ration jusques en 1897, époque à laquelle la loi de 1857 cessera d'être en vigueur. Telle est la thèse que quelques personnes ne craignent pas de soutenir, dans ce siècle où le mot de progrès est à la mode et où le progrès reçoit d'éclatants hommages, autrement qu'en paroles.

Il est bien difficile d'admettre ce que prétendent les défenseurs du monopole, que le principe général de la liberté du travail, fondement de toute bonne économie politique, n'a rien à voir dans l'organisation des banques douées de la faculté d'émission, tout aussi bien que dans la constitu-

(1) L'Écosse a une population de 3,200,000 âmes, soit le douzième de celle de la France, qui est de 38 millions.

tion de celles qui en seraient dépourvues. Les motifs qu'on a donnés à l'appui de cette thèse ne sont aucunement convaincants. Ils ne résistent pas à la discussion. Ce sont des arguments pris à la même source de banalités où puisent d'ordinaire les avocats des monopoles industriels.

Aux termes de nos lois cependant, le régime du monopole n'est pas aussi absolu que le soutiennent ses partisans. La loi de 1857, qui a fixé les droits de la Banque de France ainsi que ses obligations, n'a pas dit et le texte d'aucune loi antérieure ne porte que cette institution, au surplus fort utile et infiniment respectable, soit investie du privilége de l'émission, à l'exclusion de toute autre ; au contraire, nos lois sur la matière, permettent positivement, sous certaines conditions, à la vérité peu accommodantes, de créer d'autres banques d'émission dans le pays (1).

(1) L'article 9 du décret (ayant force de loi) du 18 mai 1808, qui agrandit la situation de la Banque de France, autorise la création d'une banque d'émission indépendante dans toute ville où la Banque de France n'a pas de succursale. La restriction est assez rigoureuse; mais elle laisse encore de la marge, et sans faire violence à la lettre et à l'esprit de la loi, il serait possible de faire sortir de cette disposition des effets considérables. Aucune loi ultérieure n'a, directement ou indirectement, abrogé cet article qui est ainsi conçu : « La Banque de France aura le privilége exclusif d'émettre des billets de banque dans les villes où elle aura établi des comptoirs. »

Il est facile de voir qu'en France, avec le système du monopole de l'émission, on irait se heurter contre des impossibilités matérielles, si on voulait multiplier les succursales au point que revendique l'intérêt public. Pour que la France eût, non pas un nombre d'établissements égal à celui de l'Écosse, par rapport à sa population, mais seulement le quart, il faudrait porter les succursales de la Banque de France à plus de 2,000. Peut-on en faire sérieusement la proposition? La Banque de France pourrait-elle accepter un pareil fardeau, une pareille responsabilité? Et si celle-ci est impuissante, de son propre aveu, à se charger de la tâche d'organiser le crédit dans le pays, sur les proportions que réclamera de plus en plus le développement continu de l'industrie nationale, il faut bien qu'elle se résigne à la partager avec d'autres.

L'agriculture souffre et surtout souffrira bientôt plus encore que les manufactures, du régime du monopole. Si l'on pouvait librement fonder des banques, il s'en établirait dans les districts purement agricoles, où le crédit fait défaut si malheureusement. Par le profit qu'elle donne, la faculté d'émission agirait comme une subvention pour ces établissements; elle en déterminerait donc la création.

Il y a des pays où, soit par l'effet de la pression exercée par le législateur, soit plus encore par le perfectionnement des usages commerciaux, le billet de banque est moins employé qu'autrefois. L'Angleterre et les États-Unis sont dans ce cas. Dans les Iles Britanniques, avec une émission de 900 millions de francs, le service commercial est satisfait à peu près. La Banque d'Angleterre n'a guère en billets de banque qu'une fois et demi le montant de son capital accru des réserves. Les banques les plus considérables des États-Unis n'ont plus qu'une émission du tiers ou du quart de leur capital. En France, au contraire, nous sommes encore à l'âge où le billet de banque est en croissance. Depuis vingt ans, la somme des billets en circulation a plus que triplé. Nous avons franchi 1,200 millions, ce qui fait six fois le capital de la Banque de France; c'est une raison de plus pour multiplier, en France, les banques d'émission.

Une des combinaisons qui ont été proposées pour mettre en pratique en France un système de banques plus large que celui qui existe aujourd'hui, consisterait à établir des banques d'émission régionales, embrassant chacune un certain nombre de départements, avec le droit d'établir, sans aucune autorisation préalable, dans toute l'étendue de sa circonscription, autant de succursales qu'elle le jugerait convenable. Les banques régionales seraient investies de la faculté, vainement sollicitée, avant 1848, par les banques départementales, qui existaient alors, d'établir entre elles tels rapports qu'elles voudraient. Ce serait, vis-à-vis de chacune d'elles, un excellent moyen de contrôle.

La Banque de France n'en aurait pas moins le droit d'ouvrir des succursales dans les villes où elle l'estimerait utile à ses intérêts et à ceux du public; mais il est vraisemblable qu'elle n'en conserverait qu'un nombre restreint, comme la Banque d'Angleterre qui se borne à douze ou treize; il est vrai que celle-ci ne peut sortir de l'Angleterre proprement. Une telle organisation ne serait pas la liberté, elle en serait même loin; mais ce serait un grand progrès sur l'état actuel des choses (1).

Aux États-Unis, il n'est pas rare de rencontrer des banques dans de simples villages, quand ils sont le siége d'un certain commerce. En 1834, je visitai, dans la Pennsylvanie, un endroit appelé Port-Carbon, situé aux sources de la rivière du Schuylkill, au milieu d'exploitations d'anthracite, déjà intéressantes, qui, depuis, le sont devenues beaucoup plus. C'était un village tout neuf, composé d'un très-petit nombre de maisons éparses. Non-seulement les rues n'étaient pas pavées, mais

---

(1) *La Liberté des Banques*, par M. Horn, est la revendication de la liberté en cette matière. De même l'ouvrage de M. H.-D. Mac Leod : *Theory and practice of Banking*. De même l'ouvrage de M. G. Du Puynode : *de la Monnaie, du Crédit et de l'Impôt*. De même les chapitres spéciaux du *Traité d'Économie politique*, de M. Joseph Garnier.

On lira avec profit, au sujet des banques régionales, une brochure de M. L. de Lavergne intitulée : *La Banque de France et les banques départementales, suivie d'une Notice historique sur la caisse d'escompte avant* 1789.

on y circulait à travers des troncs d'arbres encore debout, qui se dressaient tout noircis sur la voie publique. C'étaient les débris de la forêt primitive que, au lieu de la déraciner, on avait brûlée sur pied. Parmi les maisons les plus apparentes on en distinguait une qui portait cette enseigne :

*Office of deposit & discount*
*Schuylkill Bank.*

C'était une banque d'émission, dûment autorisée par la législature de l'État, et fonctionnant régulièrement, la Banque du Schuylkill.

En France, beaucoup de villes manufacturières ou commerçantes, de 15 à 25,000 âmes et plus, sont moins bien loties que l'était, en 1834, le village improvisé de Port-Carbon.

Les banques d'Écosse, les plus intéressantes qu'il y ait au monde, par les services qu'elles rendent, fournissent la preuve irrécusable que la multiplicité, même très-caractérisée, des banques dans le même État et dans la même localité, au lieu d'être, ainsi qu'on l'a prétendu, la cause certaine de désastres, peut et doit, si les banques sont astreintes par la loi ou s'astreignent d'elles-mêmes à certaines conditions peu difficiles à tracer, contribuer puissamment à la prospérité publique. Au contraire, les exemples abondent pour démontrer que, dans un grand État, une banque unique, avec plus ou moins de succursales, mise en possession du monopole absolu de l'émission, peut mal servir le commerce et devenir l'origine de dérangements profonds dans les finances. Qu'on s'informe à Vienne, à Saint-Pétersbourg, à Florence, à Rio-Janeiro !

# CHAPITRE II.

## RAISONS DU SUCCÈS DES BANQUES D'ÉCOSSE.

En cette matière des banques, comme en beaucoup d'autres, la liberté pourra quelquefois donner des résultats regrettables ; mais, d'une manière générale, elle sera un bienfait lorsqu'elle marchera de pair avec la responsabilité, qui lui sert de sauvegarde. Le succès des banques d'Écosse est l'effet de la responsabilité dont elles offrent un remarquable modèle. En m'exprimant ainsi, je n'entends pas seulement cette responsabilité spéciale, applicable en Écosse, d'après les anciennes lois, à tous les actionnaires, responsabilité en vertu de laquelle ils supporteraient les conséquences, quelque étendues qu'elles fussent, d'une mauvaise gestion qui serait l'ouvrage des directeurs (1). Je fais allusion surtout à ce contrôle que les douze banques-

(1) Les conditions de l'existence des associations commerciales et financières ayant été rendues beaucoup plus libérales, dans le Royaume-Uni, cette responsabilité disparaîtra, si les banques d'Écosse jugent à propos de le demander.

mères exercent les unes sur les autres, et qui, à
des époques périodiques et très - rapprochées, les
oblige toutes à régler et solder leurs comptes réciproques, de telle sorte que chacune d'elles ne
peut maintenir son existence qu'autant qu'elle
marche droit et donne toute sécurité à ses émules.
J'ai en vue aussi la publicité qui astreint les banques d'Écosse, comme celles de l'Angleterre aujourd'hui, à placer sans cesse leur situation sous
les yeux d'un public intelligent et justement ombra-
geux.

On ne sait pas tout le parti que, dans la Société
moderne, il est possible de tirer de la publicité.
Elle mérite d'être considérée comme le contre-
poids ou la sanction de la liberté. Elle est plus
qu'un hommage rendu à l'opinion publique, elle est
une des formes de la souveraineté nationale, en ce
qu'elle soumet la gestion des grandes administrations commerciales ou politiques, à l'examen de ce
souverain qui se nomme le public.

Vis-à-vis des grandes compagnies, comme celles
qui ont pour objet les chemins de fer, les autres
travaux publics et les banques, la publicité est
appelée à devenir un très-efficace instrument de
contrôle. Imposée suivant des formules tracées
d'avance, que le législateur aurait toujours le droit
de modifier pour le mieux, rendue effective et sin-
cère par les moyens qui seraient nécessaires, dans
le cas où l'on chercherait à l'éluder, la publicité, impérativement appliquée à la gestion des

affaires des Compagnies, empêcherait beaucoup
d'abus du genre de ceux dont nous sommes trop
souvent les témoins, de la part d'hommes qui suppléent par l'audace au talent, à l'esprit d'ordre et
à l'amour du travail, qui leur manquent. Une publicité intelligente et résolûment maintenue tiendrait lieu de bien des règlements, dont d'ailleurs
les hommes peu scrupuleux savent tourner les
prescriptions, et qui ont le malheur de ressembler
à des tracasseries. Il n'y a guère d'institutions qui
puissent, aussi facilement et aussi utilement que
les banques, être soumises à ce genre de contrôle.

# SECTION III

## La division du travail.

---

## CHAPITRE I.

### MODES DIVERS. — EXEMPLES FRAPPANTS EN ANGLETERRE.

La division du travail a rendu les plus grands services à l'industrie et a contribué à accroître la puissance productive du genre humain. On peut la considérer comme d'un avantage absolu, lorsqu'il s'agit, un établissement étant donné, d'y fractionner avec intelligence une opération quelque peu complexe. On améliore la fabrication, on la rend plus uniforme et on diminue les frais, dans une forte proportion, en faisant passer le même objet successivement par la main de différents ouvriers, armés chacun d'un mécanisme spécial, et accomplissant chacun une tâche déterminée, au lieu de demander à la même main de faire la besogne entière. Adam Smith, dans la *Richesse des Nations*, a démontré l'utilité de la division du travail, ainsi comprise, pour l'industrie des épingles, au commencement même de cet immortel ouvrage (1), et J.-B. Say a fait de même pour celle des cartes à jouer, dans son *Cours d'économie politique* (2).

La division du travail reçoit fréquemment aussi, et avec non moins de succès, une application d'un autre genre : lorsqu'une industrie est devenue très-considérable dans une localité, on trouve de l'avantage à la fractionner en parties successives, dont chacune forme le lot d'un groupe de manufactures. C'est ce qui s'observe en Angleterre pour l'industrie cotonnière, qui y a pris un si large développement. D'abord la filature est réservée à une catégorie d'établissements distincts, qui ne vont pas au delà, et encore chaque filateur, en particulier, ne produit qu'un petit nombre de sortes de fils ou de *filés*, pour nous servir de l'expression consacrée par l'usage. Il se renferme dans une série restreinte de numéros. Une seconde catégorie de manufacturiers se livre au tissage, et là aussi chacun, se fixant dans une sphère limitée, travaille exclusivement un certain nombre de variétés, c'est-à-dire certains numéros de filés, ou ne produit que des tissus d'une certaine sorte. Une troisième se livre à l'impression, ou, en d'autres termes, se charge de disposer les couleurs sur

(1) Livre I, chap. I.

(2) On a pu voir plus haut l'exemple de la fabrication actuelle des mouvements de montre qui passent par un nombre très-grand de machines et ne coûtent que 4 fr. 50 c.

les toiles blanches fournies par le tisserand, sans faire d'autre travail. Bien plus, parmi les impri-meurs, chacun a son cercle dont il ne s'écarte pas. Celui-ci se tient dans le commun, celui-là dans un genre moins vulgaire, un troisième se réserve absolument pour le raffiné. Tel ne fait que les toiles peintes d'un petit nombre de couleurs, tel autre s'occupe·de tissus de beaucoup de teintes. On pourrait en citer qui se consacrent exclusivement aux étoffes dans lesquelles domine la couleur écla-tante appelée rouge d'Andrinople. Ce que nous di-sons ici s'observe, par exemple, très-distincte-ment à Manchester et à Glasgow, qui sont les villes de la Grande-Bretagne où l'industrie co-tonnière a les proportions les plus colossales. On y signale des établissements d'impression d'où il sort tous les ans assez de toiles peintes pour faire jusqu'aux trois quarts du tour de la terre (1).

Il ne serait pas difficile de citer des cas où la di-vision serait plus fortement accusée encore. Ainsi, dans la fabrication d'un objet manufacturé, telle ville, telle province ou telle nation accomplit une partie de la besogne ; le reste va s'exécuter plus loin, quelquefois à des distances énormes. C'est ainsi que l'Angleterre livre jusqu'au bout du monde des filés de coton, pour être convertis en tissus. Ce n'est pas chez elle un commerce accidentel

(1) La maison Edmond Potter et Cie, de Manchester, atteint et même dépasse cette production de 30 millions de mètres.

ou secondaire, c'est une industrie à grandes proportions. Son exportation en cotons filés a été, en 1860, de 197,343,000 livres anglaises (environ 90,000,000 kilogrammes) d'une valeur de 9,871,000 liv. st. (249 millions de fr.) Elle a décru depuis, par le manque de coton brut, pendant la guerre civile des États-Unis et à la suite de cette guerre. En 1865, par l'élévation du prix de la matière première, et quoique la quantité des filés exportés fût moindre, la valeur a été supérieure à celle de 1860, et de 10,343,000 liv. st. (261 millions de francs).

Dans le même genre, quoique sur de moindres proportions, on peut citer l'industrieuse ville de Reims, qui file des laines transportées d'abord d'Australie à Londres, d'où elle les reçoit, pour les renvoyer en Écosse à d'autres manufacturiers, qui en font des tissus. Pareillement la Suisse se livre depuis un certain nombre d'années à la filature de la bourre de soie, qui va ensuite se tisser dans diverses contrées de l'Europe. Dans ces deux cas, cependant, la division du travail ne peut s'expliquer que par des aptitudes particulières et pour ainsi dire individuelles. On n'aperçoit dans la nature des choses aucune raison pour que les Écossais, race si intelligente, qui montre tant d'habileté à filer le coton, ne parviennent pas à filer la laine, pour les fabriques d'étoffes de leur contrée, aussi bien que les gens de Reims, qu'il faut aller chercher dans un autre État, à une assez grande distance, en payant des commissions, outre les frais d'un double transport. Le fait tient nécessairement à ce que, présentement et d'une manière accidentelle, il y a, dans les ateliers de Reims, des hommes, chefs et ouvriers, qui donnent à cette opération des soins exceptionnels.

# CHAPITRE II.

## CONVENANCE POUR CERTAINS ÉTATS DE SE BORNER A PEU PRÈS A PRODUIRE DES MATIÈRES PREMIÈRES.

Il est beaucoup d'autres cas, au contraire, où la division du travail est absolument commandée par les circonstances propres aux différents pays. Les États du Sud de l'Union américaine qui, jusqu'en 1861, avaient presque le monopole de la production du coton brut employé dans les manufactures de l'Europe, étaient incapables d'ouvrer avec succès cette matière première, de manière à soutenir la concurrence des filatures et des tissages de l'Angleterre. Ils étaient dans cette période de la civilisation où l'industrie manufacturière ne peut encore être que faiblement développée. Par la même raison, l'Australie et les provinces de la Plata sont hors d'état aujourd'hui, et le seront longtemps encore, d'élaborer la laine que rendent leurs immenses troupeaux. En agriculture, l'Australie en est encore à l'époque pastorale et elle ne semble pas à la veille d'entrer dans la carrière manufacturière, si ce n'est par voie d'exception pour quelques articles spéciaux. Il en est ainsi, à plus forte raison, des admirables pays qui forment le bassin de la Plata (1).

En général, les pays où la population relative est faible ont plus d'avantage à se cantonner à peu près dans la production de quelques matières premières et à n'y joindre, en faits d'articles manufacturés, que des objets peu ouvragés, tels que les métaux en barres ou en saumons qui s'exportent commodément, ou les ustensiles les plus simples et les plus usuels. On se procure alors, par la voie des échanges, les marchandises fabriquées qu'on a renoncé à faire.

En parcourant l'Exposition, il était facile de constater que cette règle, calquée sur la nature même des choses, est une de celles que les peuples tendent le plus à observer.

En Europe, l'empire de Russie, considéré dans son ensemble, est, à cause du peu de densité de sa population moyenne, dans la situation à laquelle convient la règle de s'attacher, de préférence, à la production des matières premières. Par la même

(1) Voir le Rapport de M. Martin de Moussy sur la situation générale de l'industrie dans l'Amérique espagnole, tome VI, page 482.

raison, sinon même *a fortiori,* ce système est
celui que doivent suivre les États du nouveau
monde.

Lorsque dans les pays, où la densité moyenne
de la population est faible, il se rencontre des
parties de territoire de quelque étendue où cette
densité se rapproche de celle de l'Europe occidentale, il devient indispensable que, dans ces divisions du territoire, l'industrie manufacturière
s'organise pour en occuper et nourrir les habitants. Le grand soin du législateur, alors, doit
être de ne pas sacrifier aux convenances, réelles
ou supposées, de cette fraction, les intérêts et les
droits de la masse de la nation, qui est fondée
à s'approvisionner d'articles manufacturés aux
meilleures conditions, et qui tient à échanger,
aussi avantageusement que possible, les matières
premières qu'elle produit contre les objets fabriqués qu'elle ne sait pas faire et qui lui sont nécessaires.

Cette observation s'applique à quelques-uns
des États de l'Union Américaine qui occupent le
littoral et qui sont situés au nord du Potomac.
Dans le Massachusetts, par exemple, la densité de
la population est à peu près la même qu'en
France (1). Beaucoup de manufactures se sont
établies dans le Massachusetts.

(1) Elle a dû être de **68** personnes par kilomètre carré, en
**1866**; je prends cette année, parce que c'est celle d'un recen-

La Russie, de même, offre, d'un gouvernement à un autre, de très-grandes différences dans la densité de sa population, et ceux qui sont le plus peuplés se sont faits manufacturiers. Les manufactures qui y ont été érigées sont fortement protégées, au détriment des nombreuses provinces qui sont demeurées presque exclusivement agricoles (1).

Le Chili, le Pérou, l'île de Cuba et l'Australie, toutes contrées qui ont de riches mines de cuivre, offrent cette particularité que, jusqu'à ces derniers temps, elles adressaient la totalité à peu près de

sement officiel en France. La densité moyenne de la population française constatée en 1866 est de 70, et 51 départements sont au-dessous de 68. Il faut dire qu'aucun autre des États de l'Union Américaine n'offre la même densité de population que le Massachusetts. L'État de New-York n'en est qu'à 35, et la Pensylvanie qu'à 29. La population moyenne des six États à esclaves, qualifiés du Centre (Virginie, Caroline du Nord, Tennessee, Kentucky, Missouri et Arkansas), n'était en 1860 que de 8 individus par kilomètre carré, et il n'est pas vraisemblable qu'elle ait grandi depuis, car ces États ont été le théâtre de la guerre civile.

(1) La partie la plus peuplée de la Russie se resserre autour des deux centres historiques de l'Empire, Kieff et Moscou, et de Varsovie. Dans ces parties du pays, on rencontre les densités de 47, 43, 40, par kilomètre carré. D'autres parties sont entre 25 et 30. La Pologne, dans son ensemble, est à 38, la Finlande est au-dessous de 9. La moyenne de la Russie d'Europe est de 12 1/3; en dehors de l'Europe, le Caucase est au-dessous de 10, et la Sibérie n'a que 1 habitant par 3 kilomètres carrés.

leurs minerais à un petit nombre de centres métallurgiques de l'Europe, spécialement aux vastes usines de Swansea, dans le pays de Galles. C'est d'Europe ensuite qu'est expédié à ces contrées tout objet en cuivre, un peu soigné, dont elles ont besoin. On verra, dans le tableau tracé à grands traits par M. Daubrée, de la richesse minérale du globe (1), que l'établissement de Swansea reçoit des minerais de cuivre de seize contrées au moins. Toutes les parties du monde contribuent à l'alimenter, l'Europe du Nord comme celle du Midi et du Centre, les extrémités opposées de l'Amérique, l'Archipel des Antilles, l'Afrique, l'Australie. Il y a là un double exemple de la division du travail et de sa concentration : d'une part, divers États se limitant à la production de la matière brute et n'allant guère au delà ; puis un autre État, un seul point dans cet État, un seul établissement en ce point, attirant à lui tous ces produits primitifs, séparés de si loin par l'espace. Par la puissance de ses moyens, il accapare l'élaboration complète de la majeure partie de la matière première du monde entier (2).

(1) Tome V, page 139.

(2) Le Chili et le Pérou commencent à expédier à l'Europe entière du cuivre à l'état métallique. Pour certains minerais, l'extraction du métal est une opération facile, et la métallurgie a fait des progrès dans ces pays, dans le premier principalement. Swansea, en conséquence, voit diminuer sa production. Voir le Rapport de M. Martelet, tome VII, page 598.

# CHAPITRE III.

### LUTTE ENTRE L'INDUSTRIE BIEN OUTILLÉE ET L'INDUSTRIE MAL OUTILLÉE.

C'est de l'Inde que venaient, il y a un siècle, les jolis tissus de coton, les toiles peintes ou impressions qui ont conservé de cette époque la dénomination d'*indiennes*. Aujourd'hui, l'Inde n'est plus pour l'Europe qu'un grand producteur de coton brut. Cette matière première, travaillée dans les manufactures européennes, retourne ensuite, toute fabriquée, sur les rives du Gange, du Bramapoutra et de l'Indus, où elle avait pu être récoltée l'année d'avant, et où elle affronte la concurrence des tissus faits dans le pays ; tant la supériorité des procédés et des appareils, ou, pour dire la même chose autrement, le concours fourni par la science et le capital, augmentent la puissance productive de l'homme et lui donnent de force contre les peuples chez lesquels ce concours n'existe que faiblement !

Il ne faut pourtant pas croire que l'industrie de l'Inde se soit déjà rendue à discrétion ou même qu'elle doive nécessairement être détruite un jour. Elle résiste et résistera longtemps, par diverses causes. A défaut de machines, l'Indou a dressé ses doigts et leur a fait acquérir une souplesse et

une dextérité que nous ne connaissons pas en
Europe. Par là il remédie un peu à l'extrême imperfection de son outillage. Ce qui le sert plus,
c'est l'avantage d'avoir la matière première sous
la main, au lieu que les produits de l'industrie
anglaise, lorsqu'ils se présentent dans l'Inde, sont
grevés de frais de transport pour deux trajets, l'un
et l'autre de 18 à 20,000 kilomètres, quand l'article
est en coton de l'Inde. Enfin la main-d'œuvre du
tisserand indou est à vil prix en comparaison de
celle de l'européen.

Mais ce n'est pas tout.

Une innombrable quantité d'articles en coton
sert à vêtir les 180 millions de créatures humaines qui peuplent l'Inde et ses annexes. De
toute antiquité, le coton occupe la plus grande
place dans leur habillement et dans leur service
domestique. Le docteur J. Forbes Watson, qui
est l'administrateur du musée de l'Inde à Londres, a réuni 700 espèces caractérisées de tissus
en coton, que met au jour couramment l'industrie
des peuples de l'Inde, et dont l'Exposition offrait
le résumé. C'est une diversité très-curieuse dans
la finesse du fil, dans le mode de tissage, dans
la forme même de l'objet, tel qu'il tombe du
métier, et dans les couleurs. Les extrêmes s'y
touchent. En même temps que les tissus les plus
grossiers et à vil prix, on y trouve des mousselines filées et tissées à la main, qui font la stupé-
faction des connaisseurs. Quoique provenant

d'une matière moins belle que le coton *longue-soie* de la Géorgie, qui s'emploie en pareil cas dans les fabriques européennes, ces mousselines sont à la fois plus légères et plus solides que tout ce qu'il y a de mieux réussi dans les produits du Lancashire, de la Suisse et de Tarare. On remarque, entre autres, un échantillon d'une longueur de 16 yards (14 mètres 60 centimètres) sur 48 pouces (1 mètre 22 centimètres), pesant seulement 13 onces *avoir du poids* (368 grammes); le prix est de 12 livres sterling, 5 shillings (308 francs), ce qui représente, en argent pur, un poids plus que triple de celui de la marchandise (1). Une industrie qui sait faire des objets de cette délicatesse, et qui, pour les articles les plus usuels, a le secret des formes, des dispositions et des nuances répondant au goût de son public, qui est protégée par la coutume et même par la religion (2), n'est pas une rivale aisée à détruire sur son propre terrain, surtout lorsque le consommateur est, par tempérament, aussi complétement asservi à la routine.

C'est donc une lutte très-intéressante qui s'en-

(1) 308 francs contiennent 1,386 grammes d'argent fin.

(2) Il y a des prescriptions religieuses qui interdisent au peuple indou de porter certains articles de vêtement, qui auraient été coupés avec des ciseaux et cousus, de sorte que ces articles sont tissés tels qu'ils doivent servir. L'industrie britannique n'a pu se mettre au courant de ces conditions si minutieuses.

gage, en ce moment, sur le terrain de l'Inde, entre l'industrie indigène et l'industrie européenne. La première, réduite aux expédients que lui a révélés une longue expérience, a, pour se tirer d'affaire, la triste ressource de rétribuer fort petitement l'ouvrier, qui, à la vérité, est habitué à se contenter d'une maigre pitance; la seconde paye cher la main-d'œuvre, mais elle est munie d'une multitude de procédés mécaniques, qui restreignent extrêmement le rôle du travail humain pour chaque objet. L'une dispose à peine de quelques embryons de capital; l'autre tient sous ses ordres un capital immense, qui lui permet de ne reculer devant aucune dépense de premier établissement, devant l'acquisition d'aucun mécanisme perfectionné. L'abondance et l'accroissement d'activité et de richesse que provoque une administration plus équitable et plus intelligente, depuis que le Parlement a substitué son autorité à celle de la Compagnie des Indes, pour le gouvernement du pays, élèveront certainement le taux des salaires des ouvriers indous; le fait commence même à se produire. Mais il ne faut pas croire que l'élévation générale de la main-d'œuvre doive nécessairement déterminer l'anéantissement de l'industrie cotonnière dans l'Inde. Sous la même influence qui aura donné aux salaires un mouvement ascendant, cette industrie pourra bien se procurer, elle aussi, la ressource des machines. Le capital qui se sera amassé dans le pays, par le double fait de la hausse des salaires et d'un meilleur gouvernement, en fournira les moyens, quand bien même l'Europe n'y subviendrait pas. L'Inde a déjà fait les premiers pas dans cette voie ; il existe à Madras des filatures de coton dans le système européen (1).

# CHAPITRE IV.

## DOUBLE MOUVEMENT, L'UN POUR LA DIVISION DES IN- DUSTRIES ENTRE LES PEUPLES, L'AUTRE POUR LA CONCENTRATION D'UN GRAND NOMBRE D'INDUSTRIES CHEZ CHACUN D'EUX.

L'ordre naturel des choses, c'est qu'il s'établisse une division du travail entre les différentes parties du globe, pour que le genre humain soit approvisionné de toute chose aux meilleures conditions ; ou, en d'autres termes, pour que, dans les entrepôts où puisent les différents peuples, il soit possible de se procurer, avec une même quantité de travail, la plus grande quantité d'objets divers, propres aux divers besoins de l'homme. Une telle division du travail doit être l'effet non pas d'un règlement, mais de la liberté ; elle doit s'établir spontanément par l'introduction générale du principe de la liberté du commerce dans le droit public

(1) Il en existe aussi dans la colonie française de Pondichéry.

du monde civilisé. Un des meilleurs arguments en faveur de la liberté du commerce, c'est précisément qu'elle doit nécessairement déterminer cette division du travail.

Pour la question de savoir qui doit produire telle ou telle matière première, le climat donne dans quelques cas, des indications précieuses. Il révèle aisément les cultures qui sont permises et celles qui sont défendues. A l'égard des articles manufacturés, il fournit moins de lumières, alors même qu'il s'agit de substances dont il est nécessaire d'avoir sous la main la matière première fraîchement récoltée. La nature a tant de ressources et, quand la science l'interroge, elle fournit des réponses si inattendues ! Pour bien des produits, on peut, à défaut d'une plante, s'adresser à une autre. Ainsi, pour le sucre. La culture de la canne ne pourrait se tenter chez nous ; mais on extrait un sucre, exactement le même que celui de la canne, d'une assez grande variété de plantes, parmi lesquelles la betterave s'est fait justement remarquer, et a été choisie avec un grand avantage. Ensuite, outre les identiques, il y a les similaires et les équivalents qui se suppléent les uns les autres.

Quant aux industries manufacturières qui élaborent des matières premières d'une conservation facile et aisées à transporter, telles que la pupart des textiles ou les métaux, les motifs qui en déterminent le partage entre les différents pays sont

nombreux et complexes. La grande recommanda-
tion à faire sur ce point, c'est de laisser la répartition se faire naturellement et d'elle-même. Il ne
faut pas avoir d'industrie en serre chaude. L'industrie qui ne vit que par des moyens artificiels
n'enrichit pas le pays, elle lui impose un tribut.    .

De cette manière, il y a dans la civilisation deux
courants opposés, l'un qui porte les peuples à se
répartir entre eux la production des divers articles
nécessaires à leurs besoins, en sorte que chacun
produise pour tous ce qu'il peut faire le mieux ;
l'autre, qui pousse chacun d'eux à s'approprier la
production de toute chose, par la voie des similaires, quand celle de l'identique est impossible.
Cette dernière tendance est irréprochable, toutes
les fois qu'elle renonce absolument à s'assister
de priviléges qui soient des charges pour le public, telles qu'étaient les faveurs du régime protectionniste. Bien plus, dans ces conditions, où elle
est d'accord avec la liberté et l'égalité, elle est un
symptôme révélateur de la puissance et de l'intelligence de la Société ; elle atteste la vitalité de
l'esprit d'entreprise, les ressources de l'initiative
privée des citoyens.

Le législateur doit ménager et respecter également ces deux tendances, et leur laisser le champ
libre, pour qu'elles se manifestent dans toute leur
énergie et toute leur spontanéité.

26

# CHAPITRE V.

CONCENTRATION DES INDUSTRIES DANS UN MÊME
ÉTABLISSEMENT.

En observant l'industrie, on a lieu de constater
cependant des dérogations très-accusées à ce genre
de division du travail qui a pour effet de partager la confection d'un même article entre plusieurs
établissements complétement distincts. Il existe
un certain nombre de manufactures en grande
prospérité et généralement regardées comme ayant
beaucoup d'avenir, qui embrassent, au contraire,
la totalité d'une fabrication complexe. Il en est qui
réunissent dans leur sein plusieurs séries d'opérations, dont chacune habituellement forme un corps
d'industrie séparé. Ainsi, il existe, en Alsace et
dans d'autres parties de la France, des établissements très-considérables où l'on fabrique les toiles
de coton imprimées, en partant de la balle de coton
brut, arrivée des États-Unis, de l'Egypte ou de
l'Inde, jusques à l'opération finale de l'*apprêt* du
tissu. En France, la célèbre maison Dollfus, Mieg
et C^{ie}, de Dornach (Haut-Rhin), présente le plus
beau modèle du genre, mais elle n'est point la
seule qui travaille ainsi et qui, par ce moyen, recueille de beaux bénéfices.

Dans l'industrie du drap, de pareils exemples

sont plus nombreux. En Angleterre même, il serait
facile de citer beaucoup de fabriques qui achètent
la laine brute et effectuent successivement toutes
les opérations, c'est-à-dire la filature, le tissage,
le foulage, le tondage et l'apprêt. Il existe depuis longtemps, en France, de grands établissements dans ce système. On peut citer les fabriques
de Lodève ; celle qui est si vaste, du baron Seil-
lière, à Pierrepont (Moselle), et celle de la maison Balsan, à Châteauroux, qui se signale entre
toutes par l'excellence de ses dispositions et par
la perfection de son matériel.

En Angleterre, la colossale fabrique de Saltaire,
édifiée d'un seul bloc, avec toutes les annexes dé-
sirables, jusques et y compris une élégante église,
par un manufacturier éminent, M. Titus Salt, et
consacrée au travail de la laine peignée, est organisée sur la base de la réunion de toutes les opérations. C'est une des applications les plus satisfaisantes du système.

En fait d'établissements ainsi constitués, un
exemple très-remarquable est offert par le Creusot.
On y trouve réunies l'exploitation des mines de
charbon, l'extraction des minerais de fer, la fabrication de la fonte et du fer en barres et en feuilles
et la construction des machines les plus compliquées, de celles qui réclament le plus de perfection, telles que la locomotive et la grande machine
de navigation. C'est depuis qu'il est entre les mains
de MM. Schneider (1837), que le Creuzot a reçu,

par degrés, l'organisation qui le distingue. On y coule annuellement 130,000 tonnes de fonte qui se convertissent en 110,000 tonnes de fers et tôles de toute sorte. Le mouvement de la gare centrale du chemin de fer du Creusot atteint 1,400,000 tonnes environ. Le nombre des ouvriers est de dix mille et la somme, répartie entre eux en salaires, monte à dix millions.

En présence du succès qui a récompensé les diverses tentatives de concentration que nous venons d'énumérer, la critique est désarmée, et il n'est pas possible d'ouvrir la bouche, si ce n'est pour louer. Il y a seulement lieu de faire remarquer qu'à de tels établissements il faut un chef d'une capacité fort au-dessus de la moyenne et un état-major d'élite. Le système de la division s'accommode beaucoup mieux d'hommes d'une capacité ordinaire; par cela même il répond mieux à la généralité des cas. C'est aux chefs d'industrie à choisir entre les deux systèmes, dans la plénitude de leur liberté et sous leur responsabilité.

# SECTION IV

## Les idées générales qui précèdent justifiées par l'expérience.

---

## CHAPITRE I.

UN EXEMPLE DE LA PROSPÉRITÉ PUBLIQUE ET PRI-
VÉE A LAQUELLE PEUT S'ÉLEVER UN PEUPLE QUI A LE
GÉNIE DE LA LIBERTÉ, LE GOUT ET L'ESPRIT DU
TRAVAIL, L'AMOUR DU SAVOIR, ET QUI EST ACTIF
A FORMER DU CAPITAL.

Les Américains des États-Unis ont doté leur
pays : d'abord de la liberté du travail, qui chez eux
marche inséparable des autres libertés (1) ; ensuite
d'une éducation générale qui est étendue à tous,
obligatoire même, et qui dépose dans chaque intelligence ce qu'elle peut porter de connaissances
en tout genre. Le courant des idées dominantes
donne à chacun le goût d'appliquer aux arts utiles
ses facultés et son savoir. A mesure que la population se répand sur la superficie de ce pays immense — il contiendrait la France quinze ou seize
fois — et que se forment ainsi de nouveaux États,
chacune de ces communautés s'empresse de sil-

(1) Voir, au sujet de la liberté du travail, page 259.

lonner l'espace qui lui est échu de voies de communication perfectionnées et particulièrement de
chemins de fer, exécutés avec une économie qu'on
ne saurait trop louer, car on ne l'a pas assez imi-
tée ailleurs, et les institutions de crédit s'y multiplient sous la forme de banques d'émission (1).

Un des traits les plus dignes de remarque dans
la manière dont cette nation a conçu et réglé ses
destinées, c'est qu'elle a dirigé le principal effort
de son activité, de sa volonté et de son intelligence, non pas vers la guerre, où l'Europe se
laisse trop facilement entraîner, mais vers les
arts de la paix, vers l'exploitation des richesses
offertes par la nature.

Dès le lendemain de leur indépendance, les Américains adoptèrent, en même temps que cette politique pacifique vis-à-vis des autres peuples, un excellent programme intérieur pour maintenir leurs
bons rapports réciproques, de sorte qu'en conser-
vant, chacun chez soi, leur souveraineté propre et
leur qualité d'État, ils ne se portassent pas om-
brage les uns aux autres et n'eussent pas à se protéger contre leurs confédérés par une force armée.
Ce qui était plus difficile que de consigner ce programme sur le papier et de le voter, ils ont su

_____

(1) Sur ce point des banques, il convient d'ajouter que les
Américains ne se sont pas toujours montrés soucieux des
meilleurs modèles à suivre et des garanties qu'il est indispensable d'exiger des fondateurs et directeurs.

s'y conformer jusques en 1861. Dans leur politique inoffensive envers les autres puissances, ils n'ont pas perdu de vue ce qu'ils devaient à leur propre dignité. Ainsi, tout en faisant respecter leur honneur national, ils ont gardé, sans solution de continuité au dedans, et à peu près sans interruption au dehors, la paix, ce premier des biens pour les peuples civilisés, et ils ont accru leur capital des sommes énormes qui, chez les autres, étaient consumées par la guerre ou par l'entretien, en temps de paix, d'un immense appareil militaire.

Dès le début, ils avaient eu soin de se placer, dans leur administration intérieure, sous le drapeau des principes politiques et sociaux les plus chers à la civilisation moderne, les mêmes que nous honorons sous le nom de principes de 1789.

Enfin, du propre mouvement des individus, sans aucune intervention de l'autorité, sans qu'aucune atteinte fût portée aux droits de la conscience individuelle, ils ont maintenu parmi eux le sentiment religieux, qui, lorsqu'il s'assiste des lumières qu'on est assuré de trouver au contact de la liberté, est une des premières forces de la civilisation pour le bon ordre, la stabilité et l'harmonieuse régularité de la Société, la meilleure garantie pour les bonnes mœurs, publiques et privées.

C'est par l'ensemble de ces moyens qu'ils ont fondé une nation dont les développements rapides font l'étonnement du monde.

Dans l'Union américaine, il y a un groupe de
six États qu'on désigne souvent sous le nom col-
lectif de la Nouvelle-Angleterre, et qui montre par
son exemple jusqu'à quel point une société d'hommes industrieux, intelligents, économes, énergiques dans le maintien de leurs droits, mais non
moins empressés à reconnaître et à remplir leurs
devoirs, peut porter sa puissance productive, et
comment une telle population peut parvenir à un
degré d'aisance qui ne soit surpassé sur aucun
point du globe, lors même qu'elle aurait été placée
primitivement dans des circonstances très-défa-
vorables.

C'est qu'une société qui est animée d'un tel
esprit et qui s'est façonnée comme nous venons
de le dire, sait, par son travail, par son génie,
par le judicieux emploi de ses ressources, faire
tourner à son avantage toute chose, même ce que
d'autres considéreraient comme des obstacles.

Parmi ces six États, fixons nos regards sur l'un
d'eux particulièrement, celui de Massachusetts,
qui est le principal. Il fut fondé par une poignée
d'hommes éminemment dignes d'estime et de respect, caractères fortement trempés, non moins
distingués par leur aptitude aux affaires positives
que par leurs sentiments et leur vertu, à la fois
calculateurs et enthousiastes, et dont l'implacable
persécution d'une église intolérante avait élevé le
cœur, comme le feu purifie l'or. C'étaient les puritains de la Grande-Bretagne, les *Pèlerins,* comme

on les nomme en Amérique, à cause des pérégri-
nations qu'ils furent obligés de faire pour sauver
le dépôt de leur foi ; âmes et intelligences d'élite,
dont la descendance conserve les traditions de ses
pères.

Les *Pèlerins*, débarqués dans le Massachusetts,
rencontrèrent un terrain peu fertile, ayant souvent
pour base un granit, qui non-seulement comporte
peu la culture, mais qui, de plus, hérisse le lit des
fleuves d'écueils et de cataractes. La région qui
borde la mer, celle par conséquent qui était le
mieux à leur portée et qu'il leur eût été le plus
commode de mettre en culture, est semée d'é-
tangs et de marécages. Le climat, d'ailleurs, est
sujet à des variations extrêmes qui à l'été de
Naples font succéder l'hiver de Moscou. Ces difficultés, devant lesquelles une race moins entrepre-
nante eût senti s'évanouir son courage, n'ef-
frayèrent point les Puritains et n'ont pas arrêté
davantage leur vaillante postérité. Elles ont été
abordées avec un mélange extraordinaire d'habileté
et de vigueur et ont été converties en éléments
de richesse et de prospérité, ainsi que nous allons
succinctement le dire.

Les cataractes par lesquelles, à la suite de quelque ébranlement de la croute terrestre, la constitution granitique du sol avait, d'une manière uniforme, interrompu le cours des fleuves, à une
certaine distance de la mer, ont été transformées
en chutes d'eau motrices pour des manufactures :

témoin, entre autres, celles de la célèbre ville de
Lowell, à 40 kilomètres de Boston. Ces manufactures sont les plus remarquables du monde,
par le soin qui y est pris de la moralité et du bien-
être des populations ouvrières, et par la sollicitude
infatigable avec laquelle ces populations elles-
mêmes veillent à la fois sur leurs propres mœurs
et sur leurs propres intérêts. S'acharnant sur ces
rochers de granit rebelles à la charrue, dont le
détritus même donne un sol ingrat, les habitants
du Massachusetts en ont fait de vastes carrières
de matériaux à bâtir et la matière d'un commerce
lucratif. Le granit de Boston, extrait par des
procédés avantageux et ensuite taillé à la mé-
· canique, se répand au dehors par la voie de mer
et va se dresser en monuments qui ornent les
villes proches ou éloignées. Il a un aspect bleu,
particulier, qui en révèle l'origine, et il raconte
ainsi, dans tous les lieux où il est apporté, les
tours de force que sait accomplir le génie de
l'*Yankee;* c'est le nom sous lequel, en Amérique
même, sont connus les gens de la Nouvelle-Angleterre. Me promenant sur le port, à la Nouvelle-
Orléans, qui par mer est à un millier de lieues de
là, je voyais débarquer des pierres toutes taillées,
d'un beau granit bleu. Je m'arrêtai comme devant
de vieilles connaissances, et on me dit en effet :
« C'est la façade de l'hôtel d'une banque, qui arrive toute faite des carrières de Boston; les ouvriers d'ici n'auront plus qu'à poser l'une sur

l'autre les pierres, qui sont numérotées à cette fin. »

Ils ont fait mieux avec les grands étangs d'eau douce que leur territoire présente, le long du littoral : ils en retirent, grâce à la rudesse même de leurs hivers, la matière d'un commerce important et d'un mouvement maritime fort considérable. L'épaisse couche de glace qui, par l'intensité du froid, se forme à la surface de ces nappes d'eau, est découpée en blocs quadrangulaires et réguliers, d'un arrimage facile, par des moyens simples, analogues à ceux qui servent au vitrier pour couper le verre ou le cristal à son gré. On en remplit de nombreux vaisseaux, dans la cale desquels la glace se conserve facilement, sous une couche de sciure de bois, et qui vont la distribuer dans les ports, non-seulement de toute l'Amérique, mais aussi de la vieille Asie; car la glace du Massachusetts ne se borne pas à alimenter les cités répandues sur le littoral des États-Unis, qui en consomment beaucoup, et où la glace est entrée, comme chose vulgaire, dans la consommation quotidienne de tout le monde. Traversant toute la largeur de la zone torride, elle se débite dans les ports de l'Amérique méridionale, que baigne l'Atlantique, jusqu'au Brésil, jusqu'au delà de la Plata. Elle double le cap Horn pour aller rafraîchir les habitants des ports de l'autre versant du nouveau monde, et arrive enfin à Canton, à Calcutta, à Madras, à Bombay, après avoir franchi de nouveau la majeure partie de la zone torride. Ce trafic de la glace occupe à lui seul autant de navires que le commerce de toutes les colonies françaises.

Les habitants du Massachusetts se sont dit aussi que si le sol qui les entoure ne rendait pas à l'homme une rémunération suffisante, ils avaient la mer devant eux. Ils sont devenus les premiers pêcheurs du monde, et ce n'est pas seulement le menu fretin de l'Océan qu'ils poursuivent; la pêche de la baleine est devenue l'objet favori de leurs armements. Façonnés par la rude mer qui baigne leurs rivages, et toujours au courant des découvertes de la science, ils pratiquent admirablement cette pénible industrie, dans les parages les plus redoutés, jusque dans les régions polaires. Ils en possèdent presque le monopole aujourd'hui, monopole légitime, puisqu'il résulte de l'intelligence et du savoir de l'homme, développés par la libre concurrence. Une des causes de la supériorité des Américains dans la grande pêche consiste dans une heureuse application du principe d'association, en vertu de laquelle, dans la répartition des bénéfices, tous les hommes attachés à l'entreprise, jusqu'au dernier des matelots, sont rendus solidaires.

Encore un trait de mœurs qui montre sous un nouveau jour le génie industrieux de cette population: il y a un certain nombre d'années, quelques parties de leur côtes furent infestées de requins. D'autres, regardant ce vorace animal purement et simplement comme un fléau, se seraient proposé de l'exterminer, et n'auraient pensé à rien de plus. Pour les gens du Massachusetts, dont l'esprit, ouvert et ingénieux, est imperturbablement tourné vers l'exploitation de la nature, la destruction des requins aventurés dans leurs parages ne pouvait être que la moitié de l'œuvre. Ils virent dans ces monstres marins, que le hasard plaçait à leur portée, un but pour leur activité productive; au lieu de se borner à tuer le requin, ils le pêchèrent; de la partie charnue, ils tirèrent de l'huile, et la partie osseuse fut vendue à des cultivateurs, qui la broyèrent pour la répandre dans leurs champs.

On apprécie mieux ce que peut faire l'homme, tout ce qu'il lui est possible d'obtenir de son travail, quand il le veut, si, à côté de cette esquisse de l'habitant du Massachusetts, on contemple une autre race, qui vit au milieu de circonstances naturelles beaucoup plus favorables, et qui cependant n'est encore qu'au seuil de la civilisation, alors que l'habitant du Massachusetts a pénétré si avant dans la carrière, et présente un des types supérieurs de l'homme cultivé. De la Nouvelle-Angleterre, transportons-nous dans le bassin de la Plata. Là, le terroir est fertile, le climat délicieux et parfaitement salubre. Le nom de la ville principale, Buenos-Ayres (*bon air*), n'est point une vanterie : c'est l'expression de la pure vérité, et

l'avantage qu'il révèle s'étend au pays tout entier. On y rencontre des fleuves majestueux,
d'une navigation facile, dont les branches se ra-
mifient au loin dans tous les sens, invitant ainsi
l'homme à aller du littoral dans l'intérieur, pour
y faire une florissante agriculture, qui écoulerait
aisément ses produits par les mêmes voies navigables. Ce n'est point un terrain entrecoupé de
montagnes qui en rendent le parcours difficile ou
dangereux; ce sont de vastes plaines au sol mo-
dérément ondulé, bien connues sous le nom des
*Pampas*, où il serait aisé de tracer des chemins
de fer. A une population qui serait industrieuse,
les plaines du bassin de la Plata, grandes comme
des empires, fourniraient un champ d'exploitation
indéfini. C'est à peine si la main indolente d'une
race sans industrie a, jusques à ces derniers temps,
cherché à tirer un parti avantageux de quelques-
unes des ressources naturelles qui s'y offraient à
elle avec profusion.

En ce moment pourtant, les hommes éclairés
des pays de la Plata paraissent réussir enfin à
donner une heureuse impulsion autour d'eux (1).
Mais leurs efforts surmonteront-ils l'ignorance et
l'inertie d'une partie de la population, l'indisci-

(1) Voir ce qui a été dit plus haut, à l'occasion des laines
de la Plata, de l'esprit de progrès qui paraît se révéler
par l'extension de l'exploitation pastorale dans les Pampas,
page 73.

pline d'une autre, l'ambition turbulente de quelques chefs militaires sans scrupules ? Parviendront-ils à susciter une opinion politique fortement consti-tuée qui fasse respecter les lois, en couvrant d'ignominie, et au besoin en frappant d'un juste châtiment ceux qui les violent et qui cherchent la satisfaction de leurs passions jusque dans l'assas-sinat (1).

## CHAPITRE II.

COMMENT, DE NOS JOURS, L'ACCROISSEMENT DE LA PUISSANCE PRODUCTIVE DE L'HOMME A PERMIS DE RÉSOUDRE DES PROBLÈMES SOCIAUX ET POLITIQUES QUI, AUTREFOIS, AURAIENT ÉTÉ INSOLUBLES.

—

§ I. — Secours apporté par le capital et la science aux colonies, compromises par l'abolition de l'esclavage des noirs.

Le degré de puissance productive auquel est par-venue l'industrie moderne, par l'intervention con-jointe et de plus en plus active de la science et du capital, a permis de franchir des obstacles que tout le monde aurait, autrefois, jugés insurmontables.

(1) Au moment où nous écrivons ces lignes (avril 1868), les journaux annoncent l'assassinat du général Flores, à Montevideo, le lendemain du jour où il s'était démis du pou-voir, en se félicitant de ce qu'il l'avait exercé sans verser une goutte de sang.

C'est ainsi qu'ont été résolus des problèmes qui in-
téressaient la politique générale et le bon ordre du
genre humain. Parmi les nombreux exemples
tirés de l'histoire contemporaine, qu'il serait facile
de citer, j'en mentionnerai deux seulement, et
d'abord le maintien de la production du sucre
dans les Antilles, après l'abolition de l'esclavage
des noirs, qui semblait devoir y déterminer la
cessation absolue de cette industrie, et plonger
ainsi dans le dénûment et la misère toutes ces
îles, naguères si florissantes.

La cessation de l'esclavage dans les colonies,
par l'Angleterre en 1833 et par la France en 1848,
mit les blancs, propriétaires du sol dans les Antilles, à la discrétion de la population noire affranchie. Les nègres ne consentaient plus à travailler
dans les sucreries, où ils avaient été traités en esclaves et dont l'habitation leur rappelait une abjec-
tion séculaire. Ils aimaient mieux s'établir à part,
sur quelques lopins de terre auxquels ils faisaient
rendre sans peine, sous ce riche climat, le peu
qu'il fallait pour leur subsistance. Pour déterminer
même les meilleurs des affranchis à continuer
leur collaboration, il fallut leur donner des salaires
très-élevés relativement, et, pour remplacer les autres, on dut recourir aux Coulis, appelés à grands
frais de l'Inde et de la Chine. A ces embarras, s'en
joignait un autre dont la gravité n'était pas moindre:
la concurrence de la betterave de l'Europe, qui,
sans cesse aidée de la science pour perfection-

ner ses procédés, produisait à des prix de plus en plus bas, et déprimait les cours de la denrée. Mais ce sont précisément les progrès accomplis par l'industrie sucrière de l'Europe qui ont tiré de peine les producteurs des colonies, et dans beaucoup de cas, ce sont des capitaux européens qui leur ont donné le moyen de s'approprier ces progrès. Voici comment :

Dans nos trois îles à sucre, des capitalistes français sont intervenus ; ils ont érigé des usines, dites *centrales,* munies des excellents appareils qui servent en Europe à l'industrie de la betterave ; les colons n'ont qu'à livrer la canne à ces établissements, aussitôt qu'ils l'ont coupée dans les champs, sans avoir à s'occuper de la traiter eux-mêmes. On leur donne en payement la somme qui représente un rendement de 5 pour 100 de sucre. Cette proportion est tout ce qu'ils obtenaient quand ils travaillaient la canne eux-mêmes et chez eux. L'usinier se paye avec le surplus que ses procédés plus avancés lui permettent de retirer, et qui est de 5 pour 100 aussi. De cette manière, la situation du colon est fort améliorée ; l'usinier recueille un bénéfice très-satisfaisant, le consommateur est mieux et plus abondamment servi. La maison Cail, si connue par ses succès dans l'art des constructions mécaniques, s'est consacrée à l'établissement de ce système d'exploitation, qui donne les meilleurs résultats.

Je ne fais ici qu'effleurer cet intéressant sujet,

27

mais on le trouvera fort bien traité, dans le Rapport de M. Dureau sur l'état comparé de l'industrie
sucrière dans les diverses contrées (1).

On voit par là comment l'assistance combinée
du savoir et du capital assure ce résultat si désirable, que l'émancipation des noirs ne soit pas un
désastre pour les pays où cette race infortunée
avait été sous le joug de l'esclavage. Si cette
aide n'était venue, toutes ces belles colonies auraient été réduites à la triste condition dont Haïti
est l'affligeant modèle. Haïti, c'est l'émancipation
des noirs, exécutée sous les auspices les plus hos-
tiles au savoir et au capital, par l'exil de la race
blanche, qui représentait la science et l'art
d'administrer, et par la dévastation, l'incendie et
le meurtre, qui détruisirent le capital antérieurement acquis.

§ 2. — Les difficultés suscitées par la diplomatie à la Compagnie du canal maritime de Suez, levées par la puissance
acquise à l'industrie dans les temps modernes.

Un second exemple, parfaitement représenté à
l'Exposition, témoigne, plus hautement encore que
le précédent, en faveur du concours que l'industrie, perfectionnée par l'assistance du savoir et du
capital, peut apporter à l'accomplissement des œu-

(1) Voir ci-après, tome XI, page 281.

vres les plus hardies, et en même temps les plus
utiles. C'est le triomphe obtenu par la Compagnie
de l'isthme de Suez sur les obstacles que lui
avait suscités un des grands gouvernements de
l'Europe, en lui faisant interdire le concours des
ouvriers du pays. Tout le monde connaît les
services que promet le canal maritime de Suez et
sait avec quelle intelligente activité la Compagnie,
organisée par M. Ferdinand de Lesseps, en pour-
suivit l'exécution, aussitôt que la concession lui en
eut été accordée par le vice-roi d'Égypte. Un fait
non moins notoire, c'est l'acharnement avec lequel
un homme d'État anglais, lord Palmerston, s'est
appliqué à entraver l'entreprise, dont pourtant,
plus que personne, l'Angleterre doit profiter. Dans
la dernière période de sa vie, lord Palmerston
semblait avoir une idée fixe : barrer le chemin
à l'influence française. Sous cette inspiration
jalouse, il parvint à obtenir du Sultan, suzerain
du vice-roi, une décision qui rendait impossible,
à la Compagnie du canal, de se procurer les bras
égyptiens dont elle avait besoin, dont il semblait
qu'elle ne pût se passer.

Le creusement du canal nécessitait l'enlève-
ment, en plein désert, d'une masse énorme, inouïe
de terres, de sables ou même de pierres. Il ne s'a-
gissait de rien moins que de 74 millions de mètres
cubes. C'est, par kilomètre, le décuple environ de
ce qu'exige la construction d'un chemin de fer à
deux voies dans un pays au moins moyennement

difficile (1). Ce gigantesque travail se faisait à bras,
par les procédés en usage en Europe. Les ouvriers
indigènes, bien traités par la Compagnie, se
relayaient successivement sur les chantiers,
en formant un effectif, toujours présent, de
20,000 hommes, et, par ce moyen, l'œuvre avan-
çait à la satisfaction générale. Ce fut dans ces
circonstances que lord Palmerston obtint le firman
sous lequel il se flattait d'écraser la Compagnie,
dont ensuite il aurait recueilli l'héritage forcé. Se
parant des couleurs de la philanthropie, il repré-
senta que c'était la corvée des fellahs, un esclavage déguisé, et que, par conséquent, en fournissant ainsi des hommes à la Compagnie, le vice-roi
opprimait son peuple et violait la loi de l'empire
ottoman.

Mais, en présence de cette implacable animosité,
les hommes courageux et énergiques qui dirigeaient les affaires de la Compagnie ne désespérè-
rent pas. Ils pensèrent qu'en appelant à leur aide

(1) Le canal de Suez a 160 kilomètres ; il y a donc eu à déplacer, par kilomètre, 462,500 mètres cubes. Comme termes
de comparaison, mentionnons que, pour un ensemble de 763
kilomètres du chemin de fer français du Nord, cette moyenne
est de 40,000 mètres cubes, et que, pour 363 kilomètres de la
ligne de Paris à Mulhouse, elle est de 47,000. Les chemins de
fer dont il s'agit sont à deux voies. On est donc fondé à dire
que le canal de Suez comporte des mouvements de terres
décuples de ceux d'un chemin de fer à deux voies dans des
circonstances au delà de l'ordinaire.

les machines, ils échapperaient, non il est vrai sans engager un gros capital, à la ruine que leur préparait la diplomatie du premier ministre britannique. D'habiles constructeurs leur apportèrent leur concours et c'est ainsi qu'ont été inventés des appareils ingénieux et puissants, avec lesquels il a été possible de se passer des bras, fournis jusqu'alors par les fellahs, et de suffire à la tâche avec un nombre restreint d'ouvriers européens. Les machines nouvelles, qui ont été imaginées pour le creusement du canal, avec l'assistance de la vapeur, sont d'un très-grand effet. C'est surtout une drague d'un modèle nouveau, dite à *long couloir,* qui, non-seulement enlève les terres dans ses godets, mais ensuite les dépose sur les côtés du canal, où des wagons les reçoivent pour les transporter, par un chemin de fer, dans les dépressions du sol (1). Cette drague se manœuvre à la vapeur. La Compagnie du canal a fait construire un grand nombre de machines de ce genre.

Une fois ces appareils établis, le travail a marché au delà des espérances de la Compagnie et du public européen, qui suit avec une vive sollicitude cette belle entreprise d'intérêt universel. On estime que, avec le secours de ces engins, on peut extraire 2 millions de mètres cubes par mois. A ce compte, les 40 millions qui restaient

(1) On trouvera plus de détails au sujet de ces mécanismes dans le **Rapport de M. E. Baude, tome X, page 227.**

à retirer au 1ᵉʳ janvier 1868, quantité extraordinaire pourtant, n'ont plus rien dont on puisse
s'inquiéter. Ce serait l'affaire de vingt mois; en
septembre 1869, le canal, à moins d'accidents
imprévus, serait achevé et ouvert au commerce du
monde. Qu'on y mette six mois, un an de plus,
personne n'en saura mauvais gré à la Compagnie.

La conception, la construction et l'installation,
au milieu du désert, de tous ces mécanismes si
efficaces, fait le plus grand honneur à MM. Borel et
Lavalley. Ils ont donné à l'industrie les appareils
les plus puissants et les plus ingénieux qu'on ait
jamais appliqués aux terrassements ; voilà un progrès considérable qui, grâce à eux, est acquis à
l'art des travaux publics, et il faut s'attendre à ce
qu'il en soit fait des applications importantes (1).

Mais une transformation aussi complète de l'entreprise n'a pu s'effectuer sans une énorme mise
de fonds : on calcule que le matériel en dragues,
bateaux-porteurs allant à la mer, gabares à cla-
pet, appareils élévateurs, excavateurs, grues à
vapeur, chalands, caisses à déblais, locomotives
et locomobiles, canots à vapeur, toueurs, etc., a
exigé 60 millions de francs. Ainsi, c'est bien le
concours du capital et du savoir qui a sauvé la
Compagnie de l'isthme de Suez.

(1) Il est très-possible qu'on ait à s'en servir, par exemple,
pour le creusement du canal interocéanique dans le grand
isthme américain.

# SIXIÈME PARTIE

—⁓⁓—

## SECTION I

### Des encouragements qu'a reçus la liberté du travail et des acquisitions que la puissance productive de l'homme et de la société est en voie de réaliser par le moyen des améliorations sociales et politiques accomplies dans les dernières années.

———

## CHAPITRE I.

ABOLITION DE L'ESCLAVAGE. — ABOLITION DU SERVAGE. — ADOPTION DU SYSTÈME REPRÉSENTATIF AU LIEU DU GOUVERNEMENT ABSOLU.

A côté des perfectionnements industriels, proprement dits, il convient de porter au compte des dernières années un certain ordre de faits de l'ordre moral et de l'ordre politique qui ont exercé déjà et doivent de plus en plus exercer une grande influence sur l'avancement de l'industrie et sur la dose de bien-être qu'elle répand parmi les hommes, à la condition qu'ils travaillent.

Les institutions sociales et politiques ont,

dans un grand nombre d'États, éprouvé des modifications très-caractérisées, qui ont changé les
rapports des populations ouvrières des villes et
des champs avec les autres classes de la société
et avec l'autorité elle-même. Un esprit de noble
et intelligente bienveillance s'est propagé, parmi
les chefs d'industrie et leur a inspiré le ferme
propos d'entretenir de bonnes relations avec les
populations placées sous leur direction. Le niveau
de la philanthropie s'est élevé, parce qu'elle s'est
placée sur une base solide, celle d'un patronage
intelligent autant que généreux, qui respecte la
dignité et la liberté du patroné.

Elles-mêmes, les populations ouvrières tendent à se mettre à la hauteur de la situation nouvelle, qui leur est faite par la loi politique dans la
plupart des États; elles se livrent à des efforts
plus ou moins persévérants, plus ou moins éclairés, dans le louable dessein de se préparer un
meilleur avenir, qui soit leur propre ouvrage.

De là divers ordres de faits fort distincts,
quoique convergeant vers le même but, qui est
non-seulement le progrès industriel, mais encore
le progrès social, par l'amélioration morale, intellectuelle et matérielle du sort des populations
ouvrières.

Parmi les changements apportés aux institutions politiques et sociales, dans le cours des
dernières années, l'événement le plus considérable est la révolution, heureusement termi-

née aujourd'hui, dont les États-Unis ont été le théâtre ensanglanté. Cette grande nation, qui prise tant la liberté sous toutes les formes, la liberté politique, la liberté religieuse, la liberté industrielle, offrait, sur une partie considérable de sa vaste étendue, le tableau dont on avait lieu d'être surpris autant qu'attristé, de l'esclavage d'une des races humaines, pratiqué avec une rigueur qui rarement a été égalée. On en était venu à contester le nom ou la qualité d'homme à cette race infortunée, et des tribunaux, éclairés en d'autres matières, avaient sanctionné cette révoltante doctrine. L'affranchissement des noirs des États-Unis a été consommé par une crise qui a duré cinq années consécutives; cinq années de guerre et de destruction, de 1861 à 1865; cinq années d'efforts gigantesques, suivies d'un ébranlement qui dure encore.

L'abolition de l'esclavage sur le territoire de la grande République américaine ne peut manquer de déterminer le même événement dans le reste du nouveau monde. La florissante île de Cuba, ainsi que Porto-Rico, appartenant l'une et l'autre à l'Espagne, s'apprêtent, trop lentement peut-être, à modifier et à supprimer le régime de la servitude. Le vaste empire du Brésil prépare, plus visiblement, la même transformation sociale.

En Europe, une politique nouvelle, favorable au grand nombre, manifeste avec régularité ses effets dans presque tous les États. Le régime représentatif est devenu le système commun dans toute cette importante partie du monde. Seule, en ce moment, parmi les nations chrétiennes de l'Europe, la Russie fait exception à cette nouvelle règle ; mais ce vaste empire, depuis l'avènement d'Alexandre II, a fait un grand pas dans la voie du progrès par l'émancipation des serfs, et, avant de se résoudre à une nouvelle étape, on a cru convenable de se recueillir et de se préparer.

Le droit d'élire des mandataires qui composent de grandes assemblées politiques votant le budget et participant au gouvernement, a été étendu là où il existait antérieurement, et appliqué de même d'une façon très large, là où il a été une innovation. De toutes parts donc, le droit du suffrage politique est à l'usage, non plus seulement de quelques classes restreintes, mais aussi bien des artisans et même d'hommes placés à un moindre rang dans l'industrie.

Les populations ouvrières exercent ainsi, à des degrés divers, la haute attribution de concourir à la nomination de députés formant eux-mêmes une des deux chambres d'un parlement, et non pas la moins influente. Sans doute, ce n'est pas partout comme en France, où le droit de suffrage est reconnu à tous, sans aucune condition de propriété, d'impôt ou même d'instruction. Mais partout on est au delà de ce qui avait été essayé, chez nous, sous la forme des électeurs à 300 et 200 francs d'impositions directes, dans la pé-

riode comprise entre 1814 et 1848. L'Angleterre, qui avait résisté pendant un certain nombre d'années, a, dans le courant même de 1867,
élargi le mécanisme qui lui était propre.

La généralisation du système représentatif et la
reconnaissance du droit de suffrage au profit d'une
partie au moins des artisans et des ouvriers, devaient entraîner, comme une conséquence directe
et comme une obligation étroite, l'adoption par
les gouvernements de mesures plus avantageuses à l'avancement moral, intellectuel et matériel
des populations, ce qui implique, pour le moins, un
ensemble de mesures favorables à la liberté du
travail. L'instruction publique en général, l'instruction primaire en particulier est aussi l'objet
d'une plus grande sollicitude.

Mais il s'en faut qu'on ait lieu de s'endormir
dans la quiétude. La société n'est pas une tente
dressée pour le sommeil. Il faut qu'on reste debout et qu'on fasse des efforts toujours nouveaux,
d'autant plus qu'on s'est proposé de faire participer un plus grand nombre d'hommes aux bienfaits
de la civilisation, d'autant plus qu'on s'est jeté
plus en plein dans le courant démocratique.

La voie nouvelle où l'on est engagé excite les
appréhensions de personnes parfaitement inten-
tionnées, dont le regard ne peut se détacher du
passé, et qui sont promptes à s'alarmer des innovations. Il est en effet souvent dangereux d'innover, mais nous sommes dans un temps où il y

aurait bien plus de danger à rester stationnaire, et où la prudence portée à l'excès est une imprudence souveraine. Le passé, certes, a eu ses moments de gloire et de grandeur, mais le plus souvent il avait infligé aux peuples de cruelles souffrances, et les peuples, se redressant enfin, ont de propos délibéré rompu avec lui. Il serait chimérique de supposer qu'on pourrait les y ramener, et il ne le serait pas moins de croire qu'ils n'ont pas la ferme volonté de placer entre ce régime détesté et eux une profonde séparation, un abîme. En France, du moins, cette détermination des esprits ne saurait être mise en doute.

Pourtant il n'est pas contestable que le chemin qu'on a devant soi est âpre et raboteux, et que le passage de l'ancien ordre social et politique au nouveau serait marqué par de nouveaux faux pas et de nouveaux désastres, si, pour la suite des manœuvres qu'il faut accomplir, toutes les classes, sans exception, ne s'inspiraient de beaucoup de bonne volonté les unes pour les autres, et ne faisaient provision de patience autant que de résolution. Profitons des leçons que nous avons reçues dans les périodes antérieures de ce difficile pèlerinage.

La direction nouvelle qu'ont prise les peuples est caractérisée par deux signes qui lui sont propres.

L'un est la suppression des priviléges, ou, pour parler autrement, l'égalité qui, dans sa formule la plus élevée, ne reconnaît d'autre différence entre les hommes que celle qui est fondée sur les vertus personnelles et sur la capacité attestée par les services.

L'autre est la liberté, c'est-à-dire le droit reconnu à tous de développer leurs facultés personnelles et d'en faire l'usage qu'ils croient le meilleur, pour l'avantage de la société et pour leur bien propre. La personnalité humaine doit désormais être dégagée des langes dont elle était entourée dans les états primitifs de la société. C'était pour l'avantage de chacun, disait-on, qu'on la tenait ainsi emmaillotée et comprimée ; et, en effet, il a pu y avoir de bonnes raisons, alors, pour agir de la sorte, même pendant de longues périodes. Mais outre qu'on a extrêmement abusé, sous l'ancien régime, du besoin qu'ont pu avoir les peuples d'être dirigés, outre que la tutelle s'est souvent changée en une affreuse tyrannie, la preuve est faite que de nos jours les peuples doivent rentrer en possession de la liberté.

La liberté reconnaît autant de formes qu'il y a de modes distincts dans l'aptitude humaine, autant que nous avons d'ordres de facultés.

Il y a la liberté religieuse, la première de toutes, parce que c'est la consécration suprême de l'affranchissement de la pensée, c'est-à-dire de la force qui mène l'individu et le monde.

Il y a la liberté politique, qui se révèle, soit par l'intervention des peuples dans leur propre gouvernement, au moyen de mandataires compo-

sant des assemblées délibérantes qui votent l'impôt, fixent les dépenses publiques et font les lois,
soit par la faculté d'exprimer et de publier ses
opinions, soit par celle de se réunir pour traiter
des affaires de l'État ou des localités.

Il y a enfin la liberté du travail, liberté de droit
naturel, inoffensive pour les prérogatives des gouvernements, et que ceux-ci pourtant ont mis peu
d'empressement à reconnaître; ils l'ont souvent
contrecarrée par des règlements, paralysée par
des monopoles, ou étouffée sous le poids des
taxes.

La liberté du travail implique nécessairement la
liberté d'association industrielle, car l'association
est un des usages que l'homme est le plus porté
à faire de sa liberté.

Au point où sont parvenus les peuples de la
race européenne, on peut ténir pour certain que
la puissance productive de chacun d'eux est en
proportion de ce qu'il possède, et de ce qu'il sait
pratiquer, de l'égalité et de la liberté, telles que
nous venons de les définir. Sous cette double égide,
disons mieux, sous l'action de ce double aiguillon,
chacun, individu ou peuple, perfectionne son in-
dividualité; chacun atteint, dans la carrière de
l'industrie, de même que dans les autres modes de
l'activité humaine, une valeur et une puissance
qu'aucun autre ordre social et politique ne saurait procurer, au même degré, à l'ensemble des
citoyens.

C'est ainsi que le progrès de l'industrie a une liaison intime, indissoluble avec les formes politiques avancées que l'esprit humain a conçues et que, de nos jours enfin, il peut mettre en pratique.

# CHAPITRE II.

## LES POPULATIONS OUVRIÈRES SE PROPOSANT, PAR L'ASSOCIATION, D'AMÉLIORER LEUR SORT DE LEURS PROPRES MAINS.

—

### § 1. — L'association, — Sociétés coopératives pour la production et pour la consommation

La nouvelle dignité dont sont investies les populations laborieuses, dans le domaine de la politique, a agi sur ces classes comme un stimulant, pour qu'elles s'efforçassent d'améliorer leur situation par leurs propres efforts.

Animées d'espérances nouvelles et désireuses de les réaliser, les populations ouvrières des villes ont recouru particulièrement à l'esprit d'association. Il s'est constitué des sociétés ouvrières exemptes, je devrais dire privées, dans leurs éléments, du mélange des autres classes; tel est le caractère des sociétés coopératives, qui sont fort en vogue en ce moment, et qui s'appliquent à une assez grande variété d'objets.

Les unes ont pour but la production même, c'est-à-dire l'exercice d'une industrie, manufacturière le plus souvent; les autres s'occupent de la consommation; elles fournissent leurs membres de denrées alimentaires principalement, à des conditions meilleures que si chacun les achetait dans un magasin de détail.

Une troisième variété, qui n'est pas la moins intéressante, et à laquelle nous consacrerons une mention spéciale, est celle dont on trouve le type dans les *banques du peuple*, déjà multipliées en Allemagne, par les soins incessants, aussi éclairés que patriotiques, de M. Schulze-Delitzsch.

L'association permet à une collection d'individus, faibles isolément, de s'investir d'une grande puissance. L'idée de s'associer est une idée saine, qui s'appuie sur un des sentiments les plus profondément gravés dans le cœur de l'homme, car il est le plus sociable des êtres, et le besoin qu'il éprouve d'exercer sa sociabilité ne le cède en rien à aucun autre, même à celui de la liberté. Encore faut-il, pourtant, que l'association repose sur des fondements solides, et non pas sur des bases incertaines ou imaginaires Il ne suffit pas de s'associer pour réussir; il faut que l'association ait une organisation en rapport avec les données de la nature humaine et avec les principes fondamentaux sur lesquels repose la grande société que forme la nation.

La pensée de s'associer pour se procurer des

articles de consommation a eu des succès qu'il était facile de prévoir. Il n'y fallait pas un capital disproportionné aux ressources réelles des associés. Il n'était pas non plus nécessaire d'avoir, pour la direction, des hommes d'une grande capacité, versés dans les détails de la pratique d'une industrie, et particulièrement doués du don d'administrer. Il était possible, avec de l'esprit d'ordre et de la probité, de faire fonctionner des associations de ce genre, à la satisfaction de tous leurs membres. C'est, en effet, ce qui a eu lieu. On en cite beaucoup qui prospèrent.

Pour les associations destinées à la production, le problème était plus ardu. Là, un capital important était indispensable; ou, pour parer à l'insuffisance du capital qu'on pouvait réunir, un crédit qui ne s'obtient pas aisément dans certains pays parmi lesquels la vérité m'oblige à ranger la France. Il fallait que les associés trouvassent, pour les diriger, des hommes d'une certaine supériorité et qu'à ces chefs, choisis parmi eux, leurs égaux confiassent des pouvoirs très-étendus.

Un des moyens les plus efficaces, pour garantir le succès d'une association quelconque, consiste en ce que ses membres s'engagent, les uns envers les autres, par les liens de la solidarité; c'est une nécessité dans le cas où les associés n'ont pas fait l'apport d'un capital individuel, de quelque importance, qui devienne un cautionnement de fait. Dans une société de consommation,

28

les conséquences de la solidarité n'ont rien d'ef-
frayant. L'opération est simple, pour ainsi dire
élémentaire, les chances d'insuccès sont à peu
près nulles. A moins que le chef ou agent de la
société ne soit un mandataire infidèle et ne se livre
à des fraudes, on ne voit pas comment les socié-
taires pourraient être compromis par lui. Dans
une association de production, le péril est plus
grand, même en supposant que le chef du pouvoir
exécutif n'enfreigne en rien les règles de la probité.
On peut être un honnête homme et conduire mal
une fabrique, en entraînant ainsi l'association à
de grosses pertes, même à sa ruine.

Dans les diverses sociétés coopératives qui se
sont fondées en France, l'idée de la solidarité a
rencontré des répugnances très-vives, qui ne sont
pas surmontées encore. C'est un grand obstacle
à la marche régulière de ces sociétés, et à leur
propagation, car elles n'inspireront de confiance
que si elles offrent une garantie de ce genre. Il
faut même le dire, la résistance à la solidarité
porterait à croire que les membres des associations
éprouvent, les uns vis-à-vis des autres, le sentiment de la méfiance, et un pareil état des esprits
n'est pas un témoignage à citer en faveur de
l'avancement des mœurs publiques.

### § 2. — Les *banques du peuple* de l'Allemagne.

Les *banques du peuple* doivent être citées parmi

les formes les plus intéressantes, les plus dignes d'éloges de la société coopérative, et méritent une mention particulière.

Les banques du peuple représentent le plus remarquable effort qui ait été fait par les populations ouvrières pour l'amélioration de leur propre sort. En toute justice, on doit remarquer, cependant, qu'elles n'ont pas été seules à y concourir et à leur livrer leurs économies. Des artisans placés à un niveau plus satisfaisant de bien-être, et même des personnes appartenant à des classes aisées ont apporté leur pierre à l'édifice, leurs versements à la société. Les capitaux réunis dans les banques du peuple proviennent donc non-seulement des ouvriers, mais aussi d'autres catégories de personnes. Il n'en est pas moins vrai que les ouvriers en ont fourni une bonne part, et ils ont été bien inspirés de ne pas se montrer exclusifs et de confondre, au contraire, très-volontiers leurs épargnes avec les contributions des autres classes. Celles-ci n'ont pas été moins louables de se prêter à l'arrangement. D'ailleurs, la part qu'y prennent les ouvriers est de plus en plus grande, et ils tendent à en devenir l'élément principal.

Les banques du peuple présentent visiblement un progrès sur les caisses d'épargne qui les ont précédées. La caisse d'épargne n'avait d'autre attribution que de recevoir les économies du pauvre : elle les faisait valoir et servait aux déposants un intérêt qui ne pouvait être que très-modéré, parce qu'on s'était imposé fort judicieusement la condition que les sommes déposées reçussent un placement sûr, sans sinistres possibles. On avait été amené, en outre, à restreindre à une somme modique le total des dépôts permis à chacun. La limite, en France du moins, n'était pas assez élevée pour que la somme accumulée par un déposant formât un pécule qui pût lui garantir le pain de la vieillesse. C'est ainsi que dans les pays où l'on est le plus soucieux des intérêts des classes peu aisées, et particulièrement, en France, on avait été conduit à créer, à côté des caisses d'épargne, une autre institution financière d'intérêt populaire, sous le nom de caisse des retraites.

La différence essentielle entre la banque du peuple et la caisse d'épargne, même quand celle-ci est accouplée à une caisse des retraites, c'est que, avec celle-ci, l'ouvrier ne retire des sommes qu'il a déposées aucun secours pour la fécondation de son travail. La banque du peuple, au contraire, est une banque d'escompte, dans l'acceptation ordinaire du mot; elle est un établissement de crédit qui, moyennant la garantie d'engagement valables, avance des capitaux à l'homme industrieux et, de cette manière, lui facilite grandement le travail et l'élévation de sa condition.

Les banques du peuple ont trouvé un promoteur éclairé et courageux, dans la personne de M. Schulze-Delitzsch, ancien juge de paix, depuis, membre du parlement prussien. Cet homme de dévouement a été, en Allemagne, pour la seconde moitié du XIXᵉ siècle, ce qu'avait été en France, pour la première moitié, un philanthrope qui a laissé les meilleurs souvenirs, M. Benjamin Delessert, dont les efforts incessants ont popularisé parmi nous les caisses d'épargne. M. Schulze-Delitzsch a combiné le meilleur règlement pour ce genre d'institution. Il a rapproché et réuni toutes les banques du peuple éparses sur la vaste surface de l'Allemagne, en laissant à chacune sa liberté, dans le sein d'un organisation qui augmente leur force et qui donne au public et à chacun de leurs membres la garantie d'un contrôle.

Le système des banques du peuple est organisé sur le principe que les Anglais nomment le *self government* et les Allemands *selbst hülfe*. Il est entièrement en dehors de la tutelle et de l'action du gouvernement. Il procède de l'initiative individuelle et ne réclame de l'État rien de plus que l'application de la célèbre formule des physiocrates : *Laissez faire*.

Ce sont des sociétés qui reconnaissent le principe de la solidarité, principe qui convient si bien aux nations éclairées et viriles, chez lesquelles l'esprit d'association ne cherche pas à se voiler, mais au contraire appelle le contrôle et aime à se fortifier sous l'aiguillon de la responsabilité.

Pour se faire une idée des modiques contributions qu'exigent les banques du peuple, et par conséquent de leur caractère démocratique, il suf-

fit de rappeler que le droit d'admission y varie de
10 à 15 silbergros (1 fr. 25 à 1 fr. 85), et que la
cotisation mensuelle est de 2 silbergros (25 centimes). C'est avec ces faibles moyens, accumulés
et grossis par leur nombre, qu'on forme un capital
social, un fonds de roulement et un fonds de réserve. Les versements et les bénéfices de l'entreprise se capitalisent jusqu'à parfait achèvement
de la somme fixée pour l'apport social.

Le mouvement qui a donné naissance aux banques du peuple, date de 1852, époque où M. Schulze-Delitzsch, qu'on avait jugé à propos de transfé-
rer de la justice de paix de la petite ville de De-
litzsch à celle d'une autre localité, donna sa dé-
mission, pour se consacrer au succès de l'œuvre
qui est devenue, pour l'Allemagne un élément de
prospérité, pour le monde civilisé un exemple à
suivre, pour lui-même un titre de gloire. En 1855,
on ne comptait encore que sept banques du peuple. Il y en avait, en 1861, 340, dont 151 dans
la seule Prusse, et 53 en Saxe. En 1863, il en
existait 662, et la somme des avances qui furent
accordées cette année par 339 de ces institutions,
les seules dont on ait eu les comptes, était de
34 millions de thalers (128 millions de francs).
Aujourd'hui, il y en a près de 1,200 et la somme
des escomptes ou avances faits, en 1866, par 532
d'entre elles, a été de 320 millions de francs (1).

(1) *Almanach de la coopération* pour 1868, page 99.

Suivant les conseils de M. Schulze-Delitzsch, les banques du peuple se sont groupées en unions provinciales, qui ont leurs séances collectives où l'on s'éclaire réciproquement, et où l'on s'accorde mutuellement des secours en cas de besoin. Toutefois, la majorité n'impose aucune décision, chaque banque est libre d'en suivre les avis. Cependant on se communique ses comptes réciproquement, surtout dans le cas d'un secours.

Une banque centrale a été, par les conseils de M. Schulze-Delitzsch, fondée avec des capitaux distincts avec la mission de servir de point d'appui aux banques du peuple dans les temps difficiles, qu'il faut toujours prévoir.

Enfin, une agence centrale à la tête de laquelle est M. Schulze-Delitzsch, en qualité de directeur salarié (1), dirige le mouvement coopératif qui embrasse non-seulement les banques du peuple, mais aussi les sociétés de production et de consommation. Elle assiste de ses conseils les associations déjà existantes et celles qui sont en voies de se former. Elle négocie, dans leur intérêt, des emprunts chez des banquiers, ou même chez quelques-unes des banques du peuple. Son rôle est celui d'un conseil judiciaire, d'un aide, d'un médiateur.

(1) Il reçoit un traitement de 1,000 thalers (3,760 francs).

### § 3. — Des *Trade's Unions* de l'Angleterre.

Lorsque l'association se forme entre des ouvriers, à l'exclusion systématique et absolue des
autres classes de la société, elle est sujette à présenter des inconvénients de divers genres; elle
soulève même une objection de principe, en ce
qu'elle est contraire à l'idée fondamentale sur laquelle repose la société moderne, l'unité de la
nation. Il est à craindre que des associations,
formées exclusivement d'ouvriers, au lieu de préparer la concorde ou la conciliation des intérêts,
n'en favorisent que l'antagonisme. Des exemples
récents ont montré à quels écarts les associations
ainsi constituées pouvaient se laisser entraîner
par des meneurs sans scrupule et trop complai-
samment écoutés.

Nous voulons parler des faits qui, récemment,
ont reçu une constatation officielle et éclatante en
Angleterre, et qui concernent les associations ouvrières. Ces associations, très-répandues de
l'autre côté du détroit, sous le nom de *Trade's
Unions* ( Unions de Métiers ), sont formées dans
chaque localité entre les ouvriers de la même
profession, à l'exclusion absolue des chefs d'industrie et de leurs employés de bureau et
agents supérieurs. Non contents de se concerter
entre eux pour obtenir une augmentation de salaire par le procédé de la coalition, les membres

d'un grand nombre de ces associations ont donné leur adhésion à un plan qui consistait à forcer tous les ouvriers de leur profession à se conformer aux décisions d'un comité directeur, en employant les moyens de la contrainte personnelle, poussée jusqu'aux dernières violences contre les personnes et contre la propriété. Les ouvriers qui usaient de leur liberté pour aller travailler dans des ateliers que le comité avait mis en interdit, ou qui acceptaient des prix autres que ceux qu'il avait plu au comité de prescrire, étaient poursuivis de vexations, insultés, battus, et, finalement, devenaient l'objet des tentatives les plus criminelles. Un des procédés les plus en usage, pour punir les ouvriers qui résistaient aux injonctions du comité et pour intimider les autres, était de jeter de l'acide sulfurique concentré à la figure des opposants, pour les défigurer et leur crever les yeux. Une autre pratique familière aux comités était de rendre le travail périlleux aux ouvriers qui ne se soumettaient pas. Ainsi, pour les briquetiers, on mêlait des aiguilles à l'argile qu'ils manient. Pour les remouleurs, on plaçait de la poudre à canon dans les meules, afin de les faire éclater. Le moins qu'on se permît envers les récalcitrants, qui prétendaient garder leur liberté, était de tuer leur vache ou leur chèvre, ou de briser leurs outils.

Mais on allait bien au delà de ces dommages et de ces méfaits : Il y a eu des ouvriers assas-

sinés à coups de fusil, pour n'avoir pas voulu
obéir aux ordres du comité; il y en a eu dont on a
fait sauter la maison avec un baril de poudre ou
une bombe, pendant qu'ils y étaient avec leur
famille. Les chefs d'industrie, qui se montraient
rebelles aux décisions de ces nouveaux francs-
juges, ont été l'objet de crimes du même genre,
et, pour comble d'infamie, le chef d'un comité
qui avait ordonné des meurtres et les avait fait
exécuter à prix d'argent, le comité des remouleurs de scie *(saw-grinders)* de Sheffield, a eu
l'audace de faire publier, dans les journaux, la
promesse d'une forte récompense à qui en dé-
couvrirait les auteurs. Diverses personnes, et
entre autres William Broadhead, des remouleurs
de scie de Sheffield, ont été reconnues par leurs
propres aveux coupables de ces attentats; et, ce
qui est plus affligeant, parmi les unionistes, l'opinion semble établie que de tels actes sont de
droit naturel et que rien n'est plus régulier que
d'agir ainsi pour fair monter les salaires. Il ne
paraît pas que le plus affiché de tous les scélérats
qui ont ourdi ces trames coupables, William
Broadhead ait perdu la confiance de l'union dont
il était l'âme. Il semble, au contraire, qu'il en
jouisse tout comme avant qu'il se fût dévoilé
lui-même. En ce moment, l'Angleterre est comme
frappée de stupeur par la révélation qui vient de
lui être faite de la formidable organisation qu'elle
porte ainsi dans ses flancs. Mais c'est patiemment,

froidement, et par les moyens de la légalité ordinaire, qu'elle cherche le remède au mal.

On peut penser et, pour ma part, j'en suis con-
vaincu, qu'aucune des associations ouvrières qui
peuvent exister présentement en France, ne se serait portée à des actes aussi criminels. Mais est-ce
à dire que, sur le continent européen, et en France
comme ailleurs, les associations exclusivement
composées d'ouvriers soient sans danger?

Les rapports faits par les délégués des ouvriers
de Paris sur l'Exposition de 1862 à Londres, et
d'autres publications plus récentes démontrent
trop que, même en France, les lumières manquent à cette partie de la population, au sujet des
questions sociales et de l'organisation du travail,
plus qu'à la classe des chefs d'industrie, quoique
celle-ci, certainement, ait aussi à apprendre.

Les programmes qui sont tracés dans ces rapports, les moyens qui y sont indiqués pour l'amélioration de la condition des populations, sont enta-
chés de beaucoup d'idées fausses et dangereuses.
Ils révèlent, pour la plupart, une tendance très-forte
à constituer en France, sous le nom de *corporations* dirigées par des *syndicats*, des sociétés
composées exclusivement d'ouvriers, comme les
*Trade's Unions*, animées d'un esprit exclusif, peu
sympathiques pour la liberté du travail, peu respec-
tueuses de la liberté individuelle et de l'égalité.

C'est ainsi qu'on y recommande la limitation du
nombre des apprentis, l'exclusion des femmes des

ateliers, l'égalité des salaires pour tous, dans chaque profession, quelle que soit l'inégalité de leur aptitude, de leur adresse et de leur zèle.

Des associations dans lesquelles domineraient les idées qui étaient le plus en faveur parmi les délégués de 1862, et qui paraissent ne pas moins plaire à une partie de ceux de 1867, profiteraient peu à la paix sociale et serviraient très-mal la cause des populations ouvrières. Dans le temps où nous vivons, on nuit à la cause qu'on croit servir lorsque, dans l'intention de lui être utile, on porte atteinte à la liberté et à l'égalité du prochain. Il est prouvé que le terrorisme, qui a été mis en usage dans plusieurs industries de Sheffield, par exemple, et qui semblait y avoir courbé toutes les volontés, a eu ce résultat que le bien-être des ouvriers des professions, où ces coupables moyens étaient employés, s'est développé moins que celui des autres (1).

L'examen de la question que nous venons d'effleurer provoque une réflexion qu'il m'est impossible de ne pas soumettre au lecteur. Les aberra-

(1) Sur ce point et sur les divers autres aspects du sujet des *Trade's Unions*, M. Edwin Chadwick a lu à l'Institut (Académie des sciences morales et politiques) un mémoire rempli d'indications précieuses. *Séances et travaux de l'Académie des sciences morales et politiques*, cinquième série, t. XIV, p. 161. M. Courcelle-Seneuil a aussi présenté à ce sujet des observations très-judicieuses dans son ouvrage *Liberté et Socialisme* (ch. v, p. 123 et suivantes).

tions de divers degrés que nous venons de signaler, procèdent principalement d'une ignorance profonde dans les matières d'économie sociale et politique. Si les ouvriers étaient plus éclairés sur ces questions, la pente de leur esprit serait toute différente, et ce serait dans d'autres directions et par d'autres moyens qu'ils chercheraient l'amélioration de leur sort. Donc, il est utile, il est urgent de répandre parmi eux les *saines notions de l'économie politique* et sociale. Le législateur devrait y encourager les *bons citoyens* (1). Comment donc notre législation, de la plus fraîche date, persiste-t-elle à frapper d'un impôt spécial les publications d'économie politique et sociale, qui ne sont pas des volumes et qui, par leur brièveté, seraient plus accessibles aux ouvriers?

Pour que l'association soit utile aux classes ouvrières, il est nécessaire qu'elle procède de sympathies beaucoup plus larges que les sentiments sur lesquels sont édifiées les *Trade's Unions*, ou que les tendances accusées par les programmes des ouvriers français. Les associations qu'il faut appeler de ses vœux sont celles qui réuniraient les chefs d'industrie et les simples ouvriers, leurs collaborateurs. C'est un sujet sur lequel il reste à présenter quelques observations.

(1) Il y a quelques années, le 16 février 1857, dans son discours d'ouverture de la session législative, l'Empereur avait prononcé ces paroles : « Le devoir des bons citoyens est de répandre partout les saines notions de l'économie politique ».

§ 4. — De l'association sous la forme de la participation de l'ouvrier aux bénéfices.

Il y a déjà plus de trente ans que quelques personnes, en très-petit nombre, placées à la tête d'établissements divers, ont eu l'idée d'associer les ouvriers ou les employés aux bénéfices de l'industrie, en leur répartissant à la fin de l'année une part déterminée de ces bénéfices, qui venait en addition des salaires habituels de la profession. Ces chefs d'industrie étaient persuadés que, par là, non-seulement ils donnaient une satisfaction morale et matérielle à la population ouvrière, mais même que la charge, qu'ils s'imposaient ainsi, serait compensée par un redoublement d'application des collaborateurs de tous les rangs, par une production plus grande ou meilleure, et par la suppression du gaspillage des matières qui, quelquefois, occasionne des pertes fort sensibles (1).

Cette manière de procéder a été successivement introduite dans un certain nombre d'ateliers importants, où l'on s'en est très-bien trouvé. Voici quels en seraient les traits principaux :

L'ouvrier recevrait chaque quinzaine, comme

(1) Il y a des industries où ce gaspillage peut atteindre des proportions très-fortes. Telle est celle de peintre-vitrier que pratique M. Leclaire, un des hommes qui ont les premiers adopté la participation.

aujourd'hui, un salaire fixe ; mais, en outre, à la fin de l'année, après que l'intérêt du capital aurait été payé aux bailleurs de fonds, avec un prélèvement pour l'amortissement et un autre pour former un fonds de réserve, le reste se partagerait, dans des proportions convenues, entre le capital et le travail; tous les collaborateurs, jusques et y compris le chef lui-même, mais à l'exception de ceux qui n'auraient été employés que passagèrement, auraient leur part dans la rémunération ainsi assignée au travail. L'ouvrier qui s'en irait volontairement, ou qui se serait fait renvoyer, n'aurait aucun droit à la participation de l'année courante, non plus que sur le fonds de réserve ou d'amortissement, ni sur les retenues qui pourraient avoir été faites dans l'intérêt d'une caisse de secours aux malades. Ainsi entendu, le système de la participation n'a rien que de conforme aux principes, et on avait lieu de prévoir qu'il donnerait des résultats satisfaisants. Avec la participation, la situation morale de l'ouvrier serait changée, autant, pour le moins, que sa situation matérielle. L'harmonie de la société tendrait à se substituer à un antagonisme dont souvent les effets sont regrettables et menacent de devenir désastreux. Avec un pareil régime, les grèves, qui sont fort préjudiciables à tout le monde, deviendraient beaucoup plus rares.

En organisant ce mode de rétribution, il conviendrait de favoriser la fidélité des ouvriers aux

établissements, en rendant la participation proportionnelle, jusqu'à un certain point, à la durée
des services, et en ne la faisant courir qu'à partir
d'un certain noviciat.

Il ne faudrait cependant pas que les populations
se fissent illusion sur les conséquences nécessaires de la participation. Il ne s'ensuivrait pas
toujours, qu'en somme, leur rémunération serait
plus élevée. Les bénéfices nets de la plupart des
établissements dépendent de circonstances commerciales sur lesquelles personne en particulier
n'a d'action. Une variation marquée dans le prix
des matières premières peut être la cause qu'un
établissement, bien administré d'ailleurs, n'ob-
tienne que des profits insignifiants. Les années
de crise ont des effets fâcheux qu'un chef d'industrie isolé ne saurait conjurer.

De leur côté, les établissements ne sauraient
retirer de la participation des effets de quelque
importance, si l'on ne faisait en sorte que la rémunération découlant de la participation fût, autant que possible, en rapport avec le concours
que chacun aurait apporté à l'œuvre commune.

Dans les établissements où cette méthode de
rémunération est appliquée, on a trouvé avantageux d'affecter une partie du complément, ainsi
acquis à chacun des ouvriers ou employés secondaires, à la formation d'un capital qui, plus tard,
devienne pour lui une ressource, et garan-
tisse le bien-être de sa vieillesse. Cette combi-

naison paraît exercer une très-heureuse influence. Elle est en vigueur dans la Compagnie des chemins de fer d'Orléans, un des premiers établissements où la participation des collaborateurs aux bénéfices ait été organisée.

On a essayé avec succès une variante de ce système, qui se présente comme fort avantageuse pour l'ouvrier, en ce qu'elle l'affranchit des chances aléatoires du commerce qui viennent affecter, sans qu'il y puisse rien, les bénéfices de l'établissement, quelquefois même les anéantir, et qui lui procure une rémunération supplémentaire dépendant uniquement de lui-même, ou tout au plus d'un petit nombre de camarades avec lesquels il est en collaboration incessante. Supposons un établissement dans lequel le produit définitif serait le résultat de cinq ou six opérations distinctes. Pour chacune des opérations, les employés et ouvriers, par lesquels l'opération doit s'accomplir, formeraient une association temporaire, qui entreprendrait la besogne à forfait, dans des conditions parfaitement déterminées. L'administration de l'établissement, agissant comme un commanditaire bailleur de fonds, fournirait ses ateliers, son matériel de machines et d'outils à la charge de les entretenir, à plus forte raison toutes les matières. Des salaires, préalablement fixés à un taux modique, seraient distribués pendant le cours de l'opération, à titre de prélèvement sur le prix convenu. Lorsque le travail aurait été achevé, l'excé-

29

dant serait distribué aux collaborateurs, sauf les
retenues qui auraient été réglées d'avance, dans le
but de former pour chacun d'eux individuellement une réserve, et déduction faite de quelques
sommes mises à part, pour être affectées à des
œuvres de solidarité ou de prévoyance.

Conformément à ce plan, il serait facile d'établir
des associations temporaires entre un nombre
restreint d'ouvriers, de manière à faire dépendre
la part de chacun de ses efforts individuels ou de
ceux d'un petit groupe.

C'est ainsi que, dans quelques maisons qui se
livrent sur de grandes proportions à la construction des machines, des marchés sont passés entre
l'établissement et des groupes peu nombreux d'ouvriers, pour des travaux déterminés, comme serait,
par exemple, un certain nombre de locomotives.
Les ouvriers en retirent une rémunération plus
élevée et les maisons n'ont qu'à s'en applaudir (1).

(1) Voici comment les choses se passent dans deux grandes
maisons de construction mécanique, la Société J.-F. Cail et Cⁱᵉ
et la Compagnie de Fives-Lille :

Les ouvriers de chaque spécialité sont groupés par équipes,
composées d'un chef ouvrier et d'auxiliaires plus ou moins
nombreux, suivant la nature du travail. La valeur de l'heure
de travail est déterminée contradictoirement entre eux et les
contre-maîtres, ce qui d'abord sert à coter la valeur personnelle de chacun d'eux. Un travail étant à faire, le contre-
maître en offre un prix à forfait, sur lequel il se met d'accord
avec un chef d'équipe ; pendant l'exécution du travail, le chef

Le système de la participation est très-séduisant, et les effets qu'il a rendus jusqu'ici semblent en rapport avec les espérances qu'il a fait naître. Il est aujourd'hui en activité dans un certain nombre d'établissements. En Angleterre, où, depuis quelque temps, les relations entre les maîtres et les ouvriers sont plus tendues et plus difficiles que partout ailleurs en Europe, on assure qu'il a révélé une grande puissance pour l'applanissement des obstacles. On cite des mines de charbon où, auparavant, la discorde était perpétuelle entre les patrons et les ouvriers, et où tout a été pacifié par la participation.

Un des avantages de la participation serait de fixer peu à peu ces ouvriers nomades qui promènent leur humeur inquiète d'atelier en atelier,

d'équipe et les autres ouvriers reçoivent, le jour de la paye, la valeur du nombre d'heures pendant lesquelles ils ont travaillé, d'après le taux afférent à chacun d'eux. Les avances ainsi faites n'atteignant pas le prix à forfait convenu avec l'équipe, le solde est partagé entre tous, au prorata de ce qu'ils ont reçu chacun d'après leurs heures de travail. Les prix à forfait sont établis de manière que les ouvriers gagnent, par ce moyen, environ 25 pour 100 de plus qu'à la journée.

Tous les travaux de détail et d'ensemble qui se font dans les divers ateliers pour aboutir à l'exécution des machines, sont l'objet de marchés semblables autant que possible.

Ce mécanisme fut adopté en 1848, par la maison Cail, sur la proposition de M. Houel, qui en était alors l'ingénieur en chef, et plus tard par la Société de Fives-Lille, dont M. Houel est un des membres.

sans souci du lendemain, sans règle et sans ordre
dans leur conduite. Elle tendrait à augmenter de
plus en plus la classe des ouvriers rangés qui
comprennent ce qu'on gagne à tenir une vie régulière et à se montrer prévoyant.

C'est surtout au point de vue moral qu'elle
mérite d'être recommandée. Elle métamorphose
la condition de l'ouvrier ; elle fait de lui un associé, au lieu d'un salarié; elle lui fournit un
marchepied pour s'élever, s'il s'en rend digne. Indirectement, elle a une grande vertu pour accroître
la puissance productive de la Société. En un mot,
le système de la participation mérite d'être compté
parmi les améliorations sociales qu'il importe le
plus de mettre en honneur.

Il y a plus de quarante ans, un homme qui, par
ses succès en industrie et par la manière dont il
les avait obtenus, a laissé un nom des plus ho-
norés, M. Paturle, avait adopté, dans sa manufacture du Cateau, le système de la participation,
sans le faire descendre cependant jusqu'aux ouvriers. Il le réservait aux agents supérieurs et aux
contre-maîtres. A l'égard des simples ouvriers, il
employait d'autres moyens pour exciter leur zèle.
J'avais l'honneur d'être de ses amis, et je lui ai
souvent entendu dire que ce mode d'organisation,
qu'il avait pratiqué cependant avec une grande
largeur, par l'importance des parts qu'il distribuait, était une des causes de sa fortune. Les con-
tinuateurs de M. Paturle, au Cateau, qui avaient

été ses collaborateurs, se sont fait un devoir d'être fidèles à ses traditions, et ils n'ont qu'à s'en applaudir.

La participation des ouvriers aux bénéfices est donc un but à atteindre, un objet à poursuivre ; elle n'a rien de contraire à la nature des choses, rien d'incompatible avec les droits des chefs d'industrie. Il y a de grands effets à en attendre, pour le succès même de la production et le progrès de l'industrie. Mais, pour en arriver là, des conditions sont à remplir dans plus d'un genre, et d'abord, des conditions morales.

# CHAPITRE III.

## DE LA SITUATION MORALE DES POPULATIONS OUVRIÈRES.

La situation d'esprit des populations ouvrières, dans tous les pays où l'esprit de liberté s'est propagé et a jeté des racines, est digne, en ce moment, de la plus grande attention. Il convient de s'en préoccuper dans l'intérêt de l'industrie ; mais ce n'est pas tout, car il ne s'agit pas seulement d'assurer la production et de la rendre de plus en plus efficace pour la prospérité publique, par l'accroissement de la puissance productive ; il faut aussi prévenir des déchirements intérieurs qui compromettraient la sûreté même des États. En un mot, à l'égard des ouvriers, on a à résoudre des problèmes politiques et sociaux autant que des questions économiques.

Il est manifeste que les populations ouvrières ne sont pas satisfaites de leur sort. Elles élèvent des plaintes de plus en plus vives, des réclamations de plus en plus énergiques et hardies, et comme actuellement elles disposent dans l'État d'une influence étendue, comme elles ont la force du nombre, il serait d'une souveraine imprudence de n'en pas tenir compte, quand bien même l'équité ne commanderait pas d'examiner leurs demandes avec impartialité et d'y faire droit dans tout ce qu'elles peuvent avoir de légitime.

Un sentiment mal défini leur révèle que l'association peut être d'un grand effet pour le soulagement de leurs souffrances. Mais, avec l'instruction si évidemment insuffisante qu'elles ont reçue, elles sont sujettes à se créer, en fait de projets d'association, des fantômes pour lesquels elles se prennent d'une passion peu justifiée. C'est ainsi qu'elles ont supposé qu'elles résoudraient la plupart des questions qui les intéressent par des associations coopératives de production, formées d'ouvriers seulement, à l'exclusion des bourgeois; ainsi encore elles se sont persuadé que le capital était pour elles un ennemi implacable, une sorte de vampire qui absorbe et dévore leur substance et qu'il n'y aurait que justice à lui supprimer sa participation aux produits du travail, c'est-à-dire à abolir l'intérêt du capital. Comme si cette parti-

cipation du capital n'était pas le légitime retour
d'un service rendu, et comme si, du moment
qu'on aurait aboli l'intérêt du capital, en admettant qu'on y pût effectivement parvenir, on n'aurait pas détruit, par cela même, la force incessamment vigilante qui pourvoit à sa formation et
en favorise la conservation!

Il y a, dans l'esprit des populations ouvrières,
un certain nombre d'utopies que le développement
de l'instruction publique ferait évanouir. Ce n'est
pas une des moindres raisons qui doivent convertir les personnes soucieuses de fortifier, dans
la société, les éléments conservateurs, à l'adoption d'un système d'éducation primaire qui soit
général, qui ait assez d'ampleur pour que les
lumières remplacent les funestes préjugés dont
l'influence est notoire, et qui atteigne tout le
monde, même les familles où des pères, démora-
lisés par l'ignorance, refuseraient d'envoyer leurs
enfants à l'école.

Ce serait une raison notamment pour que le
programme élargi de l'instruction primaire com-
prît les notions principales de l'économie politique.
Si les populations restent étrangères aux véritables
notions de la science économique, qui est libérale
et conservatrice en même temps, il est fort à
craindre qu'elles ne fassent bon accueil aux pro-
positions décevantes d'une économie politique
fausse, tyrannique et subversive.

Chez une fraction des populations ouvrières, et

seraient dupes d'une funeste illusion et se prépareraient un amer désappointement. Sur ce sujet, l'expérience a prononcé et la raison est d'accord avec l'expérience.

A côté de cette observation, il est opportun, il est indispensable d'en placer une autre : les populations ouvrières attendent l'exemple des classes plus cultivées, de celles qui possèdent les richesses, le savoir, les honneurs. Nous ne sommes pas dans un temps où l'on puisse dire que les mœurs et la religion sont faites pour le *peuple*. Il n'en peut plus subsister dans les régions populaires qu'autant qu'on en aura au-dessus.

Les classes les mieux pourvues ne doivent pas se dissimuler que, plus que jamais, les populations peu aisées ou pauvres prennent modèle sur elles et se croient permis les penchants qui sont de mise dans l'étage social où brille la richesse. S'il est de bon ton parmi les riches de dissiper sa fortune dans la prodigalité et le scandale, l'ouvrier est provoqué à faire de même de son salaire, et s'il arrivait que le sentiment religieux fût bafoué dans les beaux hôtels qu'habite l'opulence, il cesserait très-rapidement de recevoir des hommages dans la modeste demeure de l'ouvrier.

Les dépenses folles auxquelles se livrent quelques personnes parmi les classes riches, l'ostentation de luxe dont elles affectent d'offrir le spectacle ont un inconvénient particulier dans les sociétés démocratiques où l'égalité devant la loi est fondamentale. Elles sèment, parmi les populations peu aisées ou pauvres, une irritation qui germe, grossit et finit par des haines violentes, d'où sortent des orages publics.

L'inégalité des conditions est un fait indestructible, là même où la loi a établi ou reconnu l'égalité des droits, parce qu'elle est inhérente à la nature humaine. Bien plus, ce n'est pas au législateur qu'il appartient de réprimer ou de contenir les écarts d'un luxe insolent, pas plus qu'il n'est de son domaine d'obliger les hommes à se montrer animés du sentiment religieux. Les lois somptuaires qui, dans aucun temps n'ont eu, à beaucoup près, la puissance qu'on avait voulu leur donner, seraient, de nos jours, plus qu'impuissantes, elles seraient ridicules. De même les lois qui tendraient à forcer les hommes à faire démonstration de piété et de foi, ne serviraient qu'à propager l'irréligion. C'est dans sa liberté que chacun doit s'imposer à lui-même un frein salutaire et de bonnes règles de conduite, et pratiquer la croyance qui aura persuadé son esprit et captivé son cœur. Chez une nation qui a des lumières, la liberté, lorsqu'elle rencontre une opinion publique qui a du ressort, tourne à l'avantage du vrai et du bien. Elle profite aux vertus de famille, elle encourage et honore la vie rangée, elle favorise le sentiment religieux. L'Angleterre en fournit un remarquable exemple. Il y a un siècle, les mœurs y étaient fort irrégulières ; elles n'avaient pas cessé de l'être depuis Charles II. La foi religieuse de même y était chancelante. La pratique des libertés publiques, sous le contrôle d'une opinion qui savait se faire écouter, a fini par rétablir l'autorité des bonnes mœurs et par relever le sentiment religieux de son abaissement.

Si, aujourd'hui, en Angleterre, il ne manque pas d'exemples de dépenses insensées, on peut dire que non-seulement l'opinion les condamne, mais qu'elles sont faites avec moins d'éclat qu'ailleurs. Le faste des Anglais opulents, surtout dans l'intérieur des villes, est moins apparent et moins provoquant pour le pauvre, que celui qu'on rencontre chez d'autres nations.

Les observations que nous présentons ici relativement à l'Angleterre, sont également vraies de l'Amérique du Nord. Aux États-Unis, on est plus attentif encore à payer son tribut aux idées d'égalité, même dans le cercle de l'existence privée. Quelque fortune qu'on ait, on regarderait comme une grande faute d'attirer sur soi l'attention par une existence fastueuse et prodigue. Dans cette grande république, où l'égalité politique règne au même degré qu'en France, sous les mêmes auspices du suffrage universel, le riche, qui veut faire apercevoir les millions qu'il possède en trouve l'occasion éclatante ailleurs que dans l'exagération de ses dépenses personnelles et le caractère à la fois stérile et ruineux des plaisirs qu'il se permet. Il consacre des sommes importantes à des objets d'utilité publique. Il souscrit largement à la fondation d'une école ou d'une université. Il fournit la dotation d'une chaire bien rétribuée pour y faire enseigner quelque branche de la science par un savant éminent. Ou bien il aide abondamment de ses deniers la création de quelque autre établissement, dont le besoin se faisait sentir : une église, une bibliothèque, un hôpital. M. Peabody, dont les largesses, en faveur de l'instruction publique et des établissements de bienfaisance, surpassent ce que pourrait faire une tête couronnée, est un exemple frappant du procédé moral et patriotique qui, dans un pays libre, où domine l'esprit démocratique, se présente à l'homme opulent, s'il juge à propos de manifester sa richesse aux yeux de ses concitoyens, autrement que par une disposition testamentaire, afin de jouir, de son vivant, du tableau du bien qu'il aura fait.

La religion est une des forces les plus efficaces pour le maintien de l'harmonie sociale. Ainsi que l'a fait observer un philosophe, dont des esprits étroits se sont plu à dire qu'il était athée, le célèbre Hegel, la religion est par excellence une puissance de paix. Elle tend à fixer la paix au sein de chaque État. Elle tend même, avec moins de succès cependant, jusqu'ici, à la faire prévaloir entre les nations. Elle est pour l'individu le moyen de tenir dans l'apaisement les passions qui voudraient bouillonner dans son âme.

Dans des sociétés telles que la nôtre, où l'iné-

galité des conditions est flagrante à côté de l'égalité politique, inscrite et pratiquée, à titre de principe constitutionnel, le sentiment religieux est le
meilleur agent qu'il y ait pour rapprocher les
extrêmes. A celui qui est favorisé de la fortune,
il conseille et commande l'estime et l'affection pour
son semblable déshérité, et le ferme propos de
l'aider à s'élever. Au pauvre, il inspire la patience,
l'honnêteté au milieu des tentations, la confiance
en un meilleur avenir ici-bas et la résolution qu'il
faut, pour y parvenir, des efforts intelligents, la
reconnaissance pour la sympathie effective dont il
est l'objet, et enfin l'espoir de la compensation
dans une autre vie, si le succès lui échappe dans
la vie présente. Il est fort douteux que les sociétés
modernes qui essayent de se constituer sur la base
de l'égalité, puissent y parvenir si le sentiment
religieux ne leur sert pas de ciment.

Dans les temps modernes, le sentiment de la
liberté a accompli des merveilles. Mais l'expérience
n'est pas encore terminée d'une grande transformation sociale et politique qui se soit consolidée et
ait acquis une consistance défiant les siècles, par la
puissance du seul génie de la liberté, sans l'assistance et le concours du sentiment religieux. Il est
d'ailleurs fort douteux que, sans l'appui du sentiment religieux, la liberté puisse jeter chez un peuple
des racines profondes et s'affermir dans le sol.

En un mot, jusqu'à présent, le plus puissant
levier que jusqu'ici les peuples aient eu pour élever

leurs destinées, l'histoire le montre, c'est la religion, en ce sens que, plus que toute autre force vive, elle a excité chez les nations les facultés des individus, les a dirigées vers un but commun et les a fait concourir à l'entreprise d'une meilleure organisation sociale.

Mais alors se présente une difficulté bien grave pour certains peuples, et, entre tous, pour ceux chez lesquels le sentiment religieux n'est guère connu que sous la forme du culte catholique. Ces peuples sont livrés à un tiraillement continu entre les principes politiques qu'ils ont adoptés, à l'ombre desquels ils sont résolus de vivre, et les enseignements qui sont donnés au monde du haut de la chaire vénérée de saint Pierre, au sujet de la direction qu'il convient d'imprimer à la politique des États. Impossible d'imaginer une contradiction plus flagrante.

D'un côté, les peuples croient et professent ouvertement que la liberté et l'égalité politiques sont de grands biens, que le gouvernement représentatif est celui sous lequel on rencontre les conditions les meilleures et les plus honorables pour l'existence collective des nations et pour celle des individus. Ils se sont prononcés pour la souveraineté nationale, le système électif, la liberté de la presse; ils veulent affermir et développer les institutions libérales et égalitaires dont ils sont déjà en possession.

Pendant ce temps le saint Père proclame, avec la plus grande solennité, que ce que les peuples considèrent comme des biens suprêmes est un débordement de fléaux, et que toutes ces institutions chères à la civilisation moderne sont d'amères déceptions, émanées de l'enfer et répandues parmi les hommes comme les feux follets qui, la nuit, attirent le voyageur vers l'abîme.

Les constitutions politiques posent en principe non-seulement la tolérance religieuse, mais encore la pleine liberté de conscience et l'égalité de tous les cultes. Des avertissements promulgués avec éclat, à Rome, à l'usage de toute la catholicité, vont droit à l'encontre et condamnent, dans les termes les plus véhéments, le principe de la liberté de conscience et celui de l'égalité des cultes.

Devant une telle discordance entre les opinions qui sont dominantes dans l'État et reconnues par la politique, et l'enseignement qui est donné par l'autorité religieuse, la foi catholique est mise, chez chaque individu, à la plus dure des épreuves. Dans cet état de choses, il est impossible que le sentiment religieux ne soit pas ébranlé. L'âme des fidèles reste suspendue entre le doute et la croyance. L'indifférence, le scepticisme et même l'irréligion conquièrent des positions où ils se rendent inexpugnables. Le secours que d'autres nations peuvent recevoir de la religion pour la marche régulière de la Société, l'harmonie des intérêts divers, l'affermissement de la paix sociale, et par suite pour leur grandeur extérieure, est par cela même extrêmement amoindri.

# SEPTIÈME PARTIE

DU CONCOURS DES DIFFÉRENTES PARTIES DU GENRE HUMAIN
POUR LA MEILLEURE SATISFACTION DES BESOINS COMMUNS

## SECTION I

### Nouveaux rapports entre les peuples et les races.

## CHAPITRE I.

COMMENT L'HORIZON S'EST ÉLARGI DEPUIS LE COMMEN-
CEMENT DU SIÈCLE.

A l'origine des temps, lorsque la civilisation commença parmi les hommes, la terre leur parut une surface *immense*, dans le sens littéral du mot, c'est-à-dire impossible à mesurer, tant elle était grande. Jusque vers la fin du xvᵉ siècle, l'Europe ne connaissait qu'une très-petite partie de la planète. Le nouveau continent n'était pas découvert. De l'Afrique, on ne savait rien, si ce n'est pour la partie la plus septentrionale formée d'une zone étroite le long de la Méditerranée.

30

Quant à l'Asie, à part ce qui touche cette mer, on était dans la même ignorance. Un des hommes les plus entreprenants qui aient jamais existé, Alexandre-le-Grand, avait, il est vrai, jadis étendu ses conquêtes jusque sur les bords de l'Indus; il avait conversé avec les sages du pays; il avait vaincu le plus vaillant des rois de la contrée, le célèbre Porus; mais Alexandre avait passé comme un météore. Plus tard, pendant le moyen âge et à la renaissance, un tout petit nombre d'individus solitaires avaient parcouru quelques parties de l'Empire chinois, de la Tartarie et des régions avoisinantes, poussés, ceux-ci par le génie du commerce ou l'esprit d'aventure, comme le célèbre Marco Polo et son père, ceux-là par le désir de connaître le monde et les peuples divers, plusieurs enfin par le prosélytisme religieux ou par le besoin, qu'éprouvaient le Saint-Siége et les principaux monarques de la chrétienté, d'être édifiés sur la puissance et les desseins des princes tartares dont les conquêtes, extraordinaires d'étendue et de rapidité, répandaient au loin une vive anxiété(1).

(1) « Les expéditions courageuses que de simples moines, Plano Carpini, Simon de Saint-Quentin, Rubruquis, Bartholomée de Crémone et Ascelin firent dans les parties les plus éloignées de l'Asie, avaient mis en circulation, du temps de Bacon, une masse d'idées nouvelles. Le funeste débordement des Mongols à travers la Pologne, jusqu'au delà de l'Oder, où la bataille de Wahlstadt (9 avril 1241) les arrêta, en affaiblissant leurs forces, donna lieu à ces courses extraordinaires dans

Mais ces courageux voyageurs ont été, en somme, très-peu nombreux, et leurs véridiques récits furent le plus souvent traités comme des fables. Tel fut le sort de la relation si curieuse de Marco Polo.

Depuis lors, la race européenne a acquis par degrés, mais lentement d'abord, une force d'expansion que les circonstances les plus opposées ont contribué à servir. L'ambition des princes de se créer des domaines lointains, celle des commerçants de faire une grande fortune, la vague inquiétude dont sont agités un grand nombre d'esprits et qui est inhérente à notre nature même, le désir, qui est une des plus fortes passions de l'homme, de propager sa religion, les persécutions politiques et religieuses qui forçaient des hommes fortement doués, et d'une âme bien trempée, à quitter une patrie inhospitalière, toutes ces causes, et d'autres encore, ont porté une multitude d'individus de la race européenne à se répandre au loin et à porter partout le génie, tour à tour explorateur et dominateur, qui est propre à cette branche du genre humain. Dans cette œuvre d'investigation et d'assimilation, si l'on dresse le bilan de chaque époque successive, on a lieu d'être frappé de la grande part qui revient au XIX⁰ siècle.

lesquelles la diplomatie monacale se cachait sous le voile du prosélytisme et de la piété. » (Alexandre de Humboldt, *Histoire de la Géographie du nouveau continent*, tome I, page 74).

Lorsque ce siècle s'ouvrit, le nouveau monde ne comptait pas dans la balance de la politique. A l'exception d'une lisière qui bordait l'océan Atlantique, et formait toute la partie habitée des États-Unis, il se composait de colonies possédées par les rois d'Espagne et de Portugal, maîtres jaloux, les premiers surtout, qui n'y laissaient pénétrer que leurs propres sujets. Aujourd'hui, l'Amérique est indépendante; elle s'appartient à elle-même, presque tout entière, et tend visiblement à achever de se soustraire à l'autorité de l'Europe, là où elle en subit encore la domination. Par les États-Unis, elle a acquis une grande influence dans l'aréopage des peuples. Chacun des États qui y sont épars attire les étrangers, tant qu'il le peut, afin d'avoir une population façonnée au travail et des capitaux ; chacun d'eux fait un accueil empressé aux savants de l'Europe qui viennent en étudier les ressources. C'est ainsi que le Chili et les provinces de la Plata ont pourvu, à leurs frais, à la publication d'ouvrages importants qui les fissent connaître (1). C'est ainsi encore que, tout dernièrement, le célèbre professeur Agassiz, étant venu au Brésil dans un intérêt tout scientifique, l'empereur du Brésil l'a reçu comme si c'eût été une tête couronnée.

A l'aurore du siècle, l'Australie n'était qu'un

(1) L'ouvrage de M. Claude Gay, membre de l'Institut, sur le Chili, celui de M. Martin de Moussy sur le bassin de la Plata.

désert où l'on trouvait, de loin en loin, de ché-
tives tribus d'une des races humaines les plus
inférieures; c'est aujourd'hui un continent civilisé,
où fleurissent les institutions politiques et sociales
les plus avancées de l'Europe et où la population
ainsi que la richesse suivent une marche ascen-
dante dont la rapidité n'a été surpassée nulle part.

L'Asie lointaine, nous entendons par là l'Inde,
la Chine et le Japon, est ouverte à la race européenne et, sous cette influence qu'elle accepte,
commence visiblement à changer de condition.

L'Inde est passée tout entière à l'état de possession britannique, administrée directement au
nom du souverain du Royaume-Uni, et sous ces
auspices intelligents et humains, la face du pays
se transforme de toute part, au grand avantage
de la population.

La Chine et le Japon, qui s'étaient tenus fermés
avec les précautions les plus despotiques, ont été
forcés d'abaisser leurs barrières. Les peuples de
ces deux empires reconnaissent la force supérieure
de la civilisation occidentale ou chrétienne. Ils
s'approprient ses arts utiles, préparant ainsi, pour
un avenir qui peut-être n'est pas fort éloigné, des
combinaisons politiques et humanitaires dont il
est impossible de rien prévoir, si ce n'est que ce
seront de très-grands événements commerciaux,
politiques, peut-être religieux. A elle seule, la
Chine, d'après un recensement qui déjà remonte
à bien des années, n'aurait pas moins de 535 mil-

lions d'habitants. L'Europe entière, avec ses nombreux États, tous plus ou moins florissants, l'étendue de son territoire et les encouragements que sa richesse croissante donne au peuplement, n'en est guère qu'à 270 millions. Le contact, tel qu'il semble devoir se faire aujourd'hui, entre les deux grandes masses de la civilisation orientale et de la civilisation occidentale, même en réduisant la première aux deux empires de la Chine et du Japon, est peut-être la nouveauté la plus considérable de ce siècle si fertile en innovations. A moins que la population de la Chine ne soit une race tombée dans une irréparable décrépitude, il doit en résulter, pour elle, des conséquences incalculables qui se traduiraient par de très-grands résultats pour les occidentaux eux-mêmes.

L'Asie septentrionale, dépendant tout entière de l'Empire de Russie, des monts Ourals à l'embouchure du fleuve Amour et aux rivages extrêmes du Kamtchatka, s'ouvre à la civilisation, autant que le permet son rude climat. Il y a été trouvé, pendant le dix-neuvième siècle, des mines nombreuses du métal précieux qui a tant d'attrait pour les hommes, et ces mines y appellent une population laborieuse et des capitaux. Cette découverte a précédé le phénomène semblable qui s'est produit dans la Californie et l'Australie et a tant aidé à en déterminer le peuplement accéléré.

Pendant le même laps de temps de deux tiers de siècle, les États-Unis ont accompli des pro-

grès qui tiennent du prodige. Ils ont franchi
l'intervalle qui sépare les deux océans Atlantique et Pacifique, là où le continent a sa plus
grande ampleur, et ils se préparent à exercer sur
l'Amérique entière un patronage rendu nécessaire, à l'égard de l'Amérique espagnole proprement dite, par les désordres auxquels se livrent
la plupart des États Hispano-Américains; patronage qui sera complétement légitime si le protecteur se comporte envers les protégés avec le
respect de leur dignité et de leurs droits.

Ainsi se prépare dans le monde, sinon l'unité de
la civilisation, qui, si elle doit jamais venir, n'est
pas près de faire son apparition, mais du moins,
entre les différentes parties du monde et les différentes races, une intimité de rapports qui déjà,
par elle-même, serait la réalisation d'un des plus
beaux rêves formés par les philanthropes et d'une
des plus nobles espérances conçues par les grands
esprits.

Les moyens de communication ont fait des progrès qui facilitent d'une façon singulière l'accomplissement du nouveau programme que la civilisation s'est assigné. Le chemin de fer, qui n'existait pas à l'origine du siècle, est venu surprendre
les peuples par la commodité, la rapidité et le
bon marché qu'il leur a offerts. Le navire à vapeur, qui n'était guère plus avancé, malgré les
essais faits sur la Seine un peu avant la Révolution française, a joûté dignement avec les har-

diesses de la vapeur sur la terre. Des paquebots d'une vitesse admirable sillonnent aujourd'hui toutes les mers. On va au Japon en un mois environ. Un service est organisé pour faire régulièrement le tour du monde. En partant de Marseille, ou de Brest, ou de Liverpool pour l'Amérique, on est revenu, par l'Asie et l'isthme de Suez, moins de trois mois après. Sous peu d'années, de New-York à San-Francisco, un chemin de fer sans solution de continuité, presque en droite ligne, transportera les voyageurs d'un océan à l'autre, en une semaine, par un parcours de 5,400 kilomètres et abrégera le temps nécessaire pour faire le tour de la planète.

Le télégraphe électrique fait mieux encore; il ne réduit pas les distances, il les supprime.

Le besoin des échanges porte tous les peuples à se rapprocher. Le sentiment de l'unité de la famille humaine les y excite, comme un instinct naturel qui jamais ne sommeille. Leurs relations réciproques sont activées par la politique, qui, malgré elle, sous la pression de l'opinion publique, prend fréquemment le caractère humanitaire, par l'ascendant qu'a acquis sur le monde entier la race de Japhet. Les nouveaux moyens de locomotion resserrent de plus en plus ces relations. On peut, dès aujourd'hui, considérer, comme étant au moment de triompher, le principe, également cher à la philosophie et à la religion, de la solidarité des peuples et des races.

# CHAPITRE II.

### DES FAITS RÉCENTS QUI RÉVÈLENT LA SOLIDARITÉ DES PEUPLES.

La solidarité entre les différentes parties du monde et l'utilité dont peuvent être pour le genre humain celles qui, il y a peu d'années encore, semblaient les plus inabordables ou qui étaient les plus déshéritées, ne sont plus des faits à démontrer; chaque jour en fournit des preuves nouvelles.

Une des plus belles industries de l'Europe, celle des soieries, est menacée, depuis un certain nombre d'années, par une maladie qui sévit sur le bombyx du mûrier. On a commencé par faire venir des soies de la Chine et du Japon, et c'est un commerce dont les proportions sont devenues très-grandes. La soie d'éducation européenne et particulièrement la soie française, qu'à force de soins intelligents nos sériciculteurs avaient rendue la plus belle de toutes, manque à l'industrie. Pour en régénérer la production, l'on tire maintenant une grande quantité de graine de ver à soie de l'empire du Japon, afin d'en faire l'éclosion dans le midi de la France. Le Japon est le seul pays au monde qui la fournisse encore exempte de maladie.

La *famine du coton*, qui a sévi pendant cinq ans, de 1861 à 1865, a amené l'Europe manufacturière à rechercher en tous lieux cette matière première, et même à en provoquer la culture et le commerce, dans des pays qui s'y livraient à peine ou même ne s'y livraient pas du tout. A cette occasion des relations d'échanges toutes nouvelles se sont nouées, vraisemblablement pour ne plus s'interrompre, parce que les populations, lorsqu'elles ont commencé à prendre, par les échanges, le goût du bien-être, sont peu sujettes à y renoncer.

Les relations commerciales sont déjà devenues fort importantes entre les régions de la vieille Asie, naguère entourées de barrières infranchissables, et les diverses contrées où fleurit la civilisation occidentale. D'après un relevé, dont je suis redevable à l'obligeance d'un de nos plus habiles statisticiens, M. Chemin-Dupontès, le commerce des peuples occidentaux, à savoir les nations européennes et les États-Unis, avec l'Inde, la Chine, le Japon et les colonies éparses dans les îles du Grand-Océan, a éprouvé la progression suivante : exportation et importation réunies, il était, au commencement du siècle, de 410 millions de francs. En 1860, il était monté à plus de 2 milliards 600 millions, et même de 2 milliards 800 millions, en comptant l'importation que l'Angleterre fait aujourd'hui en Chine, de l'opium de l'Inde, qui représente une valeur de 180 mil-

lions environ (1); et en 1866, il était parvenu à
4 milliards 24 millions au moins. 1866 offre, par
rapport à 1860, un accroissement de 1,267 millions, presque tout entier au compte de l'Angleterre, grand facteur du commerce d'Europe avec
le monde oriental. Par comparaison avec le commencement du siècle, le progrès est exactement
de 1 à 10 (2).

Ces échanges déterminent un mouvement maritime de 2,914,000 tonneaux.

(1) Le relevé de M. Chemin-Dupontès montre que, pendant
cet intervalle de soixante ans, le commerce des États-Unis
avec le bassin du Grand-Océan, défini comme il vient d'être
dit, a quadruplé (239 millions contre 59). Celui de l'Angleterre a décuplé, si l'on compte les 180 millions de francs d'o-
pium importé en Chine (1,960 millions contre 195), tandis que
celui de la France n'a même pas doublé (92 millions contre
59). Il est vrai que, de plus, en 1860, la France, par l'intermédiaire de l'Angleterre, tirait de la Chine des soies pour une
centaine de millions.

(2) En 1866, l'Angleterre a vu ses échanges avec ces contrées s'élever à plus de 3 milliards 100 millions, y compris
200 millions d'opium introduits de l'Inde en Chine.

La France, de son côté, a vu passer son commerce direct
avec les mêmes contrées à 185 millions ; mais en comptant un
apport de 100 millions de soies, par l'entremise des vapeurs
anglais, le total est de 294 millions.

Au contraire, par suite de la guerre civile, le commerce des
États-Unis avec les pays de l'extrême orient a momentané-
ment diminué.

Celui des États européens autres que la France et l'Angleterre, a été, en 1866 comme en 1860, de 370 à 380 millions.

Au fonds, il n'y a rien de surprenant à ce que deux foyers de production, aussi puissants que la civilisation occidentale et la civilisation orientale, établissent enfin entre eux des rapports d'échange, d'où naît la solidarité. Il l'est davantage que des contrées désolées, qui semblaient sans espoir, fassent leur entrée dans le concert général, et prennent un rôle dans la solidarité universelle. Le Groënland et le Spitzberg, quelles tristes idées ces deux noms ne réveillent-ils pas? Un froid épouvantable règne à peu près les douze mois de l'année sur ces malheureuses terres. L'œil du minéralogiste a cependant percé à travers le manteau de glace et de neige qui les recouvre.

C'est du Groënland qu'on tire la cryolithe, un des meilleurs minerais pour préparer l'aluminium. Cette substance se recommande davantage en ce qu'on en retire aisément du carbonate de soude et de l'alumine pure. Il est curieux que le Groënland soit jusqu'ici le seul point du globe où on la rencontre en masses puissantes. On en extrait annuellement 20,000 tonnes qu'on exporte aux États-Unis (1).

Le Spitzberg semble à la veille de rendre des services aux navigateurs et à l'industrie en général. Les rivages glacés du Spitzberg et des contrées voisines, offrent du terrain houiller sur

(1) Voir le rapport de M. Daubrée, tome V, page 22.

une grande étendue; on y a distingué des couches de houille (1). Le génie industrieux de l'Europe et des États-Unis, qu'aucun obstacle ne rebute, saura bien exploiter ce gisement, malgré la rigueur du climat, si la quantité et la qualité du combustible en justifient l'effort. Le besoin que les peuples civilisés éprouvent de la houille est si intense, et il est si avantageux d'en trouver à portée de la mer, que, vraisemblablement, si elles en valent la peine, les couches de houille du Spitzberg serviront bientôt de base à une grande extraction.

## CHAPITRE III.

### DE L'ÉMIGRATION. — MOUVEMENT DES EUROPÉENS VERS L'AMÉRIQUE.

Dans les pays les plus civilisés, les hommes de toutes les classes, à peu près, ayant acquis la notion juste et éminemment favorable au progrès des sociétés, que la terre entière est le patrimoine commun du genre humain, à la condition que chacun, dans le pays où il arrive, se montre observateur des lois, un fait nouveau s'est organisé spontanément : un nombre considérable de

(1) Rapport de M. Daubrée, tome V, page 53.

personnes quittent la contrée qui les a vus naître et émigrent dans quelque autre, où elles espèrent se faire, par leur travail, un meilleur avenir.

De la plupart des pays de l'Europe, le courant de l'émigration se dirige de préférence vers les Etats-Unis, contrée aux dimensions infinies, où l'industrieux enfant de l'ancien monde est assuré de rencontrer, sous un climat qui diffère peu du sien, un ordre public solidement établi sur l'assentiment et le concours de tous, des lois équitables, des impôts modérés(1), des terres à très-bon marché pour se faire un domaine, et, ce qui attire surtout les hommes du XIXᵉ siècle, le faisceau magnifiquement épanoui de toutes les libertés enviables : la liberté religieuse, la liberté politique, la liberté industrielle.

L'émigration européenne, à destination des États-Unis, s'est accrue successivement sous l'influence de plusieurs causes, parmi lesquelles il faut ranger le perfectionnement des moyens de communication, soit entre l'Europe et l'Amérique, soit du littoral américain à l'intérieur. Pendant les dix années qui suivirent l'adoption de la constitution actuelle, de 1790 à 1800, l'Union américaine avait reçu un total de 20,000 personnes ;

(1) Cette modération des impôts a cessé depuis la guerre civile. L'exercice même de l'industrie est frappé, aux États-Unis, de lourdes taxes, ainsi que nous l'avons exposé plus haut (page 292 de cette *Introduction*); mais on a lieu de penser que cet état de choses est provisoire.

les dix années d'après, ce fut 70,000; de 1810 à
1820, on atteignit 114,000, et on resta au même
point à peu près, dans la période décennale qui
succéda. Pour avoir le nombre des véritables im-
migrants, il faut retrancher de là les simples voyageurs qui retournent chez eux. Ce serait, selon
M. Kennedy(1), une défalcation de 14 pour cent.
A partir de 1838, le mouvement d'émigration de
l'Europe vers les États-Unis devient plus animé :
le nombre, non plus décennal, mais annuel des
émigrants débarqués dans les ports de l'Union,
sans compter les arrivages par la voie du Canada,
atteint 100,000 en 1842, dépasse 200,000 en 1847,
et monte exceptionnellement à 427,000 en 1854.
Il décroît les années suivantes et tombe au des-
sous de 200,000 ; il se rapproche même de
150,000. Mais 150,000 personnes par an constituent encore une acquisition bien avantageuse.
Que ne donnerions-nous pas pour en avoir le
dixième en Algérie ?

Ce sont principalement des Irlandais et des
Allemands qui émigrent aux États-Unis. Les
Scandinaves commencent. Les Français ne s'y
mêlent qu'en très-petite proportion.

Au sujet de la capacité d'émigration qui, de

(1) Les observations de M. Kennedy sur l'émigration sont
consignées dans la préface, que nous avons déjà citée, du
compte rendu du grand recensement exécuté en 1860, sous sa
direction.

nos jours, est propre à l'Europe, le *Statistical abstract* fournit des données précises, du moins en ce qui concerne l'Angleterre. Il en résulte que le nombre des émigrants partis des rivages britanniques a atteint 299,000 en 1849, et 368,000 en 1852. De 1851 à 1854, il a été notablement supérieur à 300,000. Pendant les trois années suivantes, il a été au dessus de 176,000 et même de 213,000 ; puis il s'est fort abaissé, et en 1861, il est tombé à 92,000, sous l'influence de la guerre civile dont les États-Unis étaient le théâtre. Mais, même avant que l'Amérique du Nord eut recouvré le bienfait de la paix intérieure, il s'était relevé. Dès 1863, il était remonté à 224,000. Depuis, il a été moindre, mais il est resté supérieur à 200,000, excepté en 1867, où il s'est arrêté à 196,000.

Au Mexique, l'émigration espagnole, la seule qui fût permise, montait à 800 personnes par an. Rapproché de ce qui précède, ce fait juge les époques et les régimes.

Un des caractères de notre temps, c'est donc la grandeur des proportions que l'émigration a successivement prises. On va voir s'il n'est pas possible que ces proportions augmentent encore par l'introduction d'un nouvel élément.

# CHAPITRE IV.

DE L'ÉMIGRATION DES CHINOIS. — DU PARTI QU'ON
POURRAIT EN TIRER DANS L'INTÉRÊT DE LA CIVILI-
SATION OCCIDENTALE.

On peut croire qu'avec le temps les régions populeuses de la vieille Asie ne se borneront pas,
d'une part, à offrir à l'Europe un débouché fort
large pour ses articles manufacturés et pour
quelques-uns des produits de son agriculture, les
vins par exemple, et, d'autre part, à contribuer
à son approvisionnement en denrées propres à
son alimentation, telles que le thé et le sucre, ou
en matières premières pour son industrie, le
coton, la soie, le jute et l'indigo. L'Asie est pour
l'Europe et ses dépendances le réservoir d'un
autre article de commerce plus précieux encore :
elle peut lui fournir de la main-d'œuvre en abondance et relativement à bon marché. La Chine
surtout offre une agglomération d'hommes dont la
pareille par le nombre ne s'est jamais rencontrée,
et le Chinois n'a pas de répugnance à quitter,
moyennant salaire, les lieux qui l'ont vu naître.
Il est aisé à entraîner là où il trouve à gagner de
l'argent et où il y a de la sécurité.

Déjà le courant de l'émigration a porté des

31

Chinois en grand nombre dans les colonies européennes voisines de leur continent et dans celles des Antilles.

La population de la Chine était fort nombreuse, il y a quelques siècles déjà, et elle augmente avec une rapidité surprenante. Les additions qu'elle reçoit, par sa virtualité propre, trouveraient, en partie, un débouché naturel dans une émigration régulière et constante.

Ce serait une richesse pour les contrées dans lesquelles les hommes manquent ou dont l'esprit industrieux est banni. Le travailleur chinois, entre autres qualités estimables, présente celle d'une application au travail qu'aucune race ne surpasse. Il a l'amour du lucre à un haut degré, mais il ne recule jamais devant le labeur qu'il sait en être la condition. Chez lui l'aptitude commerciale est de même fort développée. Le Chinois trouve à gagner sa vie là où d'autres y renoncent. On a la mesure de ce qu'il y a de ressources en lui, par ce qui se passe en Californie. Cette race amie du travail y est accourue en assez grande quantité, et, pour avoir la paix et éviter de mauvais procédés, elle s'est concentrée sur les alluvions aurifères que les autres mineurs croyaient avoir épuisées. Elle fait des épargnes en vivant sur les miettes tombées du festin des autres.

Il en est de même dans l'Australie. Il est triste d'avoir à ajouter que, là, les qualités qui la distinguent ont été tournées contre elle en sujet de haine et en motif de proscription. Les législatures de quelques-unes des provinces, entre lesquelles se partage la partie peuplée de l'Australie, ont eu la triste inspiration de porter des lois spéciales contre les Chinois, en se fondant sur ce que leur concurrence faisait baisser la main-d'œuvre ; comme si cette baisse était un malheur lorsque la main-d'œuvre est montée à un prix exorbitant, sans aucun rapport avec ce qu'elle se paye chez les peuples les plus civilisés.

Il est d'autres pays où les Chinois ne rencontreraient pas de mauvais traitements, et il est très-vraisemblable que la race anglaise, elle-même, livrée à ses propres réflexions, adoptera à leur égard une autre politique en Australie et leur fera bon accueil dans toutes les parties du monde où elle domine. Exclusif dans les relations sociales, l'Anglais sait, par esprit politique, et sous l'influence de la libre discussion publique, se plier à ce que réclament les principes de la morale, alors même que son intérêt en serait contrarié.

Le Chinois semble appelé à rendre les plus grands services dans les régions intertropicales où, à moins que le pays ne soit caractérisé par une grande altitude qui le rafraîchisse, le climat, par son ardeur, est profondément hostile à la race blanche, de sorte que celle-ci n'y vit qu'artificiellement, pour ainsi dire, et ne réussit à s'y conserver qu'en s'abstenant de tout travail extérieur. Le Chinois, au contraire, peut s'y livrer à tous les genres de labeur, sans risquer son existence. Bien plus laborieux que le nègre par le bénéfice de l'éducation ou de la nature, il est aussi incomparablement plus intelligent. Certes, il serait présomptueux de vouloir juger absolument de l'intelligence comparée des diverses races humaines. De tels jugements sont sujets à être renversés par le temps, puisque toutes les races humaines sont perfectibles et que celles qui semblent inférieures pourraient n'être que retardées, et plus tard regagner le temps perdu. On en a vu plus d'un exemple : qu'étaient les ancêtres des peuples actuels de l'Europe, les Germains et les Celtes, alors que l'Egypte et l'Assyrie, et la Chine elle-même, et la Perse et la Grèce, florissaient et se distinguaient dans les sciences et les arts? Toutefois, la carrière parcourue, depuis l'origine des temps, par les diverses races, peut sans beaucoup d'exagération, être considérée, aujourd'hui, dans les différences qu'elle offre, comme attestant des inégalités d'aptitude. Sans donc manquer aux égards dus à une race qui, en dehors des États-Unis, forme une partie importante de la population du nouveau monde et y participe à la vie civilisée, je crois pouvoir avancer que le Chinois est supérieur au Peau-Rouge et que, placé dans les mêmes conditions, il s'acquitterait mieux de la mission de l'homme sur la terre, d'exploiter le domaine donné, sous cette condition même, par le créateur.

Je le fais remarquer ici, à cause de l'application que cette observation pourrait recevoir dans une partie de l'Amérique.

Dans les environs d'Acapulco, où arrivait et d'où partait le galion des Philippines et de la Chine, il y avait, du temps de la domination espagnole, quelques sangs-mêlés provenant du croisement des races asiatiques avec la population indigène. Ils s'y comportaient fort bien et supportaient parfaitement le travail en plein air.

Comme le voyage est très-facile à travers l'océan Pacifique, cette catégorie d'habitants se multipliera indéfiniment, quand on le voudra, par l'immigration des Chinois, car ceux-ci, de nos jours, s'échappent volontiers, quand une issue leur est ouverte, poussés qu'ils sont par le désir d'échapper au régime arbitraire des mandarins, et attirés qu'ils se sentent vers les contrées où domine la civilisation chrétienne, par la douceur relative des lois, qu'ils entendent vanter, et par la protection dont l'homme industrieux y jouit, en général, dans sa personne et sa propriété.

Un gouvernement civilisateur, qui voudrait sérieusement faire affluer sur le versant occidental de l'Amérique, aujourd'hui si faiblement peuplé, des essaims nombreux de cette race laborieuse, ne pourrait manquer d'y réussir. A cet effet, il n'aurait qu'à se montrer équitable envers elle et à la garantir des avanies et des sévices qui lui ont été prodigués en Australie et aussi en Californie.

Il fut un temps où les historiens se plaisaient à désigner du titre pompeux d'*officine des nations* les rudes contrées de la Scandinavie, où l'existence de l'homme est si laborieuse, et qui ne purent jamais être que faiblement peuplées. Il faut l'esprit d'ordre et d'économie, la fermeté, le courage des peuples qui y vivent, pour qu'ils y subsistent avec cette dignité qui leur vaut le respect du monde. Le jour pourrait bien luire où cette dénomination serait donnée avec plus de justesse à la Chine, en ce sens que le cours des événements pourrait en faire sortir, d'ici à bientôt, des flots de population qui se porteraient vers des contrées même éloignées. Les grandes migrations pacifiques sont aisées depuis que la civilisation a organisé des moyens de communication si prompts et si économiques. Tous les ans, des centaines de mille personnes partent des bords du Rhin, de l'Elbe ou de l'Oder, ou de l'intérieur de la Suisse, ou du Palatinat, ou des rives de l'Adour, et plus aisément encore des rivages de l'Irlande, pour aller se fixer dans le bassin supérieur du Saint-Laurent, ou bien dans les régions où prennent leur source le Mississipi et ses affluents les plus septentrionaux, ou enfin dans diverses parties de l'Amérique méridionale, telles que le bassin de la Plata, ou le Brésil. Ce serait un moindre tour de force que de transporter des Chinois au Mexique, dans l'Amérique centrale et au Pérou. Et, une fois le canal maritime de Suez terminé, il ne serait peut-être pas impossible de les faire arriver jusque dans l'Algérie.

# CHAPITRE IV.

COMMENT ON PEUT ESPÉRER DE VOIR PRODUCTIFS, DANS L'INTÉRÊT GÉNÉRAL, DES PAYS QUI NE L'ONT JAMAIS ÉTÉ OU QUI ONT CESSÉ DE L'ÊTRE.

Le géographe Charles Ritter a montré (1) à quel point les peuples sont sous l'influence de la nature; c'est une dépendance qu'ils subissent d'autant plus que la civilisation est moins avancée et qu'ils se sont moins éloignés de l'état primitif ou sauvage. Mais ce savant illustre fait en même temps cette remarque consolante, qu'à mesure que l'homme s'initie à la civilisation, qu'il développe ses facultés par la culture des sciences et qu'il étend son pouvoir par l'industrie, il prend sa revanche sur la nature et la soumet à sa loi. La civilisation, quand elle est de bon aloi, quand elle n'est pas viciée par un mélange impur, communique à l'homme une énergie particulière, qui est de l'ordre moral, et par laquelle, après avoir pris connaissance des obstacles qu'il rencontre, il découvre le moyen de les surmonter et trouve en lui ce qu'il faut pour faire l'application de ces moyens.

(1) *Géographie générale comparée* ou *Étude de la terre dans ses rapports avec la nature et l'histoire de l'homme.*

C'est la supériorité de la race européenne qu'elle possède plus que les autres cette qualité morale, et les divers peuples qui la composent ont différé tour à tour en puissance et en autorité dans le monde, selon le degré qu'ils en ont eu. C'est par là qu'ils se classent entre eux, à chaque moment. C'est ainsi pareillement que l'empire du monde est mobile et que le flot des événements tend sans cesse à le faire parvenir au plus digne.

Toutes les races humaines participent au don sacré de la perfectibilité. Toutes ont le germe de cette vertu par laquelle on peut triompher des obstacles naturels, quelque formidables qu'ils soient. Toutes l'ont exercée dans une certaine mesure.

Une seule race entre toutes, celle des noirs de l'Afrique, paraît cependant en avoir été privée par une rigueur solitaire. Mais ce n'est qu'une apparence. Les observateurs impartiaux constatent qu'elle a fourni des preuves contraires. Elle pourra, elle devra en donner de plus éclatantes, à la faveur des connaissances et des instruments perfectionnés qui lui sont offerts, comme un don fraternel, par les autres races aujourd'hui. Si j'étais sommé d'indiquer comment un aussi grand phénomène pourra s'accomplir, je répondrais que je n'en sais rien, mais que le moment semble venu où ces peuplades barbares sortiront de leur immobilité et secoueront leurs langes d'enfance.

Ce n'est pas d'un mouvement libéral comme celui qui, depuis un siècle environ, a éclaté parmi les peuples européens, qu'il y a lieu d'attendre le réveil de la race noire. Il n'y a rien de déraisonnable à supposer au contraire qu'une forte impulsion, due au sentiment religieux, vienne quelque jour, aidée de nos sciences et de nos arts, donner à la race qui peuple l'Afrique et semble devoir y faire à jamais le fonds de la population, l'énergie qu'il faut pour secouer le joug de la nature sous laquelle elle plie servilement.

Après avoir risqué ces observations sur l'Afrique, revenons aux autres races plus civilisées et essayons à leur sujet quelques prévisions mieux fondées sur l'histoire.

La civilisation d'abord fit son apparition dans les pays chauds, où l'homme éprouvait moins de besoins et trouvait à les satisfaire et à subsister, par la prodigalité, qui est propre à la nature vierge, dans une partie de ces régions ardentes. Car, dans ces contrées, cette même nature, contre laquelle, quand elle est en courroux ou qu'il lui plaît d'être agressive l'homme a tant de désavantages, offre une végétation luxuriante et une abondance de fruits venus sans travail, sur lesquels il n'y a qu'à abaisser la main.

Mais quand l'homme a voulu d'autres satisfactions que celle d'une subsistance facile, il a été poussé, par l'instinct, par l'observation, et par de mystérieuses destinées dont son âme avait le pressentiment, à se porter vers les zones tempérées, au lieu des pays chauds de la zone torride et du voisinage. C'est ainsi que la civilisation, déplaçant son principal foyer, a obéi à un mouvement qui la faisait émigrer dans des pays de plus en plus éloignés de l'Équateur, en même temps qu'une autre loi générale la faisait marcher de l'est à l'ouest. Après l'Inde et l'Égypte, la Chaldée et la Grèce ; après la Grèce, Rome. Après Rome, la grande triade de l'Europe moderne, la France, l'Angleterre, l'Allemagne.

C'est dans ces dernières régions que les forces de l'esprit humain ont acquis leur plus grand développement, et que la morale, la science et l'industrie ont revêtu une formule supérieure à tout ce qui s'était vu auparavant.

L'arsenal de connaissances scientifiques et de moyens d'actions matériels que s'est formé la civilisation, dans les régions tempérées, peut être retourné avec succès aujourd'hui contre les obstacles naturels qui naguère arrêtaient ou opprimaient l'homme dans les régions brûlantes, voisines de l'équateur. La nature, à la fois féconde et meurtrière, des climats intertropicaux, peut être désarmée d'une grande partie de ses pouvoirs destructeurs en même temps qu'augmentée ou, pour mieux dire, réglée dans sa fécondité, par le moyen des découvertes scientifiques qu'ont accomplies les peuples européens depuis un siècle ou deux, et des procédés énergiques et ingénieux par lesquels ils font usage de ces découvertes.

Nous voyons déjà les arts puissants de l'Europe s'établir dans les régions intertropicales qui avaient été le berceau de la civilisation et qui avaient répandu de l'éclat alors que l'Europe était barbare et inculte. Dans ces contrées, qui depuis avaient été réléguées à un rang inférieur, le génie de l'Europe ouvre les territoires par des communications perfectionnées, et assouplit le cours des fleuves aux volontés et aux desseins du navigateur et du cultivateur. Le bateau à vapeur sillonne les eaux du Gange et des autres fleuves dont le cours sillonne l'Empire indien, et l'on se rappelle que, lorsqu'il y parut pour la première fois, les brahmines se dirent que c'était une nouvelle transformation de Whisnou. Il va parcourir avec plus de succès encore les fleuves de la Chine, qui baignent encore plus de provinces et de cités. Les Anglais ont transporté le chemin de fer dans leur empire asiatique. On y compte aujourd'hui plusieurs lignes ferrées, ayant chacune deux mille kilomètres au moins (1). Dans les mêmes régions, les ingénieurs européens retiennent, par des barrages, des fleuves puissants, pour les obliger à déverser leurs eaux sur les terres et à les arroser. La mull-jenny a émigré du Lancashire pour la côte de Coromandel. La machine à vapeur s'est multipliée sur les rives du Nil. Nous verrons bientôt la civilisation européenne, avec le secours des nou-

(1) Rapport de MM. Eugène Flachat et de Goldschmidt, tome IX, page 348.

velles armes qu'elle s'est données, exterminer, dans l'Asie méridionale, les bêtes féroces qui y sont si terribles. Par l'Inde, enfin, nous pouvons constater que les biens de la vie civilisée, tels que le respect de la propriété et un gouvernement juste, peuvent se transmettre, sous les auspices et par les soins de l'Europe, des régions tempérées aux populations des terres brûlantes.

Des pays immenses doués d'une grande fertilité virtuelle, mais jusqu'à notre siècle étrangers aux notions qui composent la civilisation occidentale, pourront, par l'intermédiaire de celle-ci et à l'aide de ses moyens, être appelés à contribuer, par un apport considérable, au bien-être du genre humain en général, et développer le leur propre, en étendant indéfiniment leurs industries et en agrandissant leur puissance productive.

Quelques lambeaux de ces pays, tels que les îles de l'archipel des Antilles, étaient parvenus, antérieurement au dix-neuvième siècle, à verser sur le marché général un approvisionnement de denrées très-utiles, le sucre, le café, le cacao. Mais c'était au moyen d'une institution économique et sociale contre laquelle la conscience du genre humain est soulevée aujourd'hui et qui s'écroule de toute part, l'esclavage. Sur une telle base, il était difficile d'édifier une industrie perfectionnée, impossible de constituer une société qui fût d'accord avec les lois de la morale, et dont tous les membres fussent admis aux avantages de la vie civilisée.

Toutes les tentatives qui se font et se feront désormais offrent et continueront d'offrir, si elles veulent réussir, des bases plus satisfaisantes, au triple point de vue de la morale publique et privée, de la diffusion des connaissances et de l'avancement industriel. Elles s'inspireront, autant que possible, des données de la société européenne, telle qu'elle est aujourd'hui, et c'est pour cette raison qu'elles procureront un accroissement à la puissance productive des hommes.

Un exemple en est offert par les Antilles, où l'on voit simultanément la race noire passant de l'esclavage à la liberté, les lois civiles de l'Europe sur la famille se substituer à la promiscuité, des écoles s'ouvrir, et le matériel de la fabrication du sucre de betterave, transmis par la France, rendre possible de nouveau la fabrication du sucre de canne qui menaçait de s'éteindre.

# SECTION II

## Des moyens de faciliter les relations entre les diverses parties du globe terrestre.

———

## CHAPITRE I.

### GRANDES VOIES DE COMMUNICATIONS A ÉTABLIR.

L'Exposition Universelle de 1867, par la tendance et le caractère qui l'ont distinguée, a soulevé tout naturellement la question suivante : Quelles sont les mesures, les entreprises et les créations les plus propres à développer la production générale sur la surface de la planète, à y préparer la distribution la plus avantageuse des matières premières et des produits, et à y provoquer la meilleure division du travail ?

Parmi les articles de ce programme, les plus tangibles, assurément, sont les voies de communication, destinées à amoindrir les distances et à franchir les obstacles qui s'opposent aux relations des peuples. A ce titre, on peut indiquer, avec l'espoir d'obtenir l'assentiment universel, quelques travaux dont une partie déjà est en cours d'exécution.

Je signalerai ainsi :

1° Le canal qui couperait l'isthme ou étroite chaussée de 2,400 kilomètres de long, qui joint les deux Amériques, de façon à permettre aux navires qui, de l'un des deux océans, l'Atlantique et le Pacifique, veulent passer dans l'autre, de continuer leur chemin. Un canal de ce genre devrait être à grande section, afin de recevoir les plus beaux navires du commerce et les plus forts paquebots. Il a été considéré comme une nécessité dès le temps de la conquête espagnole dans le nouveau monde, projeté à nouveau après l'indépendance des colonies hispano-américaines (1), et recom-

(1) On trouvera l'historique des desseins qui ont été formés à cet égard, depuis le renversement de la domination espagnole, dans un récent ouvrage de M. Félix Belly. Cet ouvrage, intitulé : *A travers l'Amérique centrale. — Le Nicaragua et le Canal interocéanique* (Paris, librairie de la Suisse romande, 2 volumes in-8°), est fort intéressant. « J'ai consacré, dit l'auteur dans sa préface, dix ans de ma vie et vingt mille lieues de voyages et d'explorations à la solution du problème de l'isthme américain posé depuis Fernand Cortez. J'ai signé des traités applaudis. J'ai ouvert à la véritable influence française, au rayonnement pacifique de nos idées et de nos intérêts, des régions aussi belles que l'Inde, qui devraient être les portes d'or de la civilisation. J'avais préparé ainsi, pour la génération présente, une gloire plus pure, plus légitime et plus féconde que toutes les conquêtes de la force; et j'ai cru un moment, tant les manifestations de l'opinion s'étaient montrées unanimes, que cette gloire sans égale nous était acquise et que l'heure de la fusion des deux mondes allait sonner. »

mandé, il y a plus de vingt ans, par l'empereur des Français, alors que, par l'étude des
grandes questions d'intérêt européen ou universel, il se préparait aux plus hautes destinées.
Ce canal, dont l'étude a été commencée vingt
fois sans être jamais menée à bonne fin, est un
des ouvrages urgents à accomplir pour le facile
parcours de la planète, pour le bon agencement
agricole, manufacturier et commercial du monde.
Par la perception d'un péage modéré, il est à
croire qu'il rendrait de grands bénéfices. Il semble difficile que les citoyens des États-Unis ne
se résolvent, d'ici à peu, à ouvrir cette communication et qu'ils ne constituent pas une puissante
compagnie à cet effet. On a remarqué que, dans
l'audience solennelle donnée il y a peu de semaines
(juin 1868), par le président des États-Unis, à
l'ambassadeur extraordinaire envoyé, pour la
première fois, par l'empereur de la Chine aux
peuples de l'occident, le premier magistrat de la
grande république américaine, exprimant l'opinion
réfléchie de son cabinet, a signalé le canal de
jonction des deux océans comme une œuvre
essentielle à entreprendre, et l'a recommandé aux
efforts de l'ambassadeur du Céleste-Empire afin
qu'il la signalât à tous les gouvernements auxquels
il va successivement se présenter (1).

(1) Voici en quels termes le président a terminé sa réponse
au discours de l'ambassadeur :

« Mais il restera encore une autre œuvre, de toutes la plus

A cause du caractère d'intérêt universel qu'aurait, au plus haut degré, cette entreprise, il serait naturel que l'Europe s'y associât de ses capitaux et de ses ingénieurs, et que les grands gouvernements, dans le monde entier, concourussent à garantir la neutralité du passage (1).

2° Le canal maritime de l'Isthme de Suez. Ce grand ouvrage s'exécute aujourd'hui avec une ferme résolution, nous avons déjà eu occasion de le dire, et l'achèvement en est annoncé pour une époque très-prochaine, les derniers mois de l'année 1869 (2).

3° Un chemin de fer traversant, de part en part, l'Amérique du Nord sur le territoire des États-Unis, entre les deux plus grands ports de l'Union sur l'un et l'autre océan, New-York et San-Francisco, points obligés de départ et d'arrivée. Ce

importante à accomplir : la grande tâche de réunir les deux Océans au moyen d'un canal contruit à travers l'isthme de Darien. Douter de la possibilité d'une semblable entreprise serait faire preuve d'ignorance de la science et des ressources de l'époque où nous vivons. Votre importante mission vous mettra à même de contribuer largement à l'achèvement de cette grande entreprise. Je vous prie, en conséquence, de la recommander à l'appui des États-Unis de Colombie, aussi bien que du gouvernement chinois et des différents États européens auprès desquels vous êtes accrédités. »

(1) Cette neutralité a déjà été reconnue par les Etats-Unis, l'Angleterre, la France.

(2) Voir plus haut, page 418.

chemin aura 5,400 kilomètres. Il desservira un
pays fertile, offrant d'abondantes ressources,
présentes et futures, en tout genre : agriculture,
manufactures, mines, d'or et d'argent notamment.
Il est en pleine exécution, d'un côté avec des
ouvriers européens ou anglo-américains, de l'autre
avec des Chinois. Il est poussé avec cette surprenante activité dont l'Américain des États-Unis a
le secret plus que personne. On assure qu'il sera
terminé dans trois ou quatre ans.

4° Un chemin de fer dirigé des rives de la Plata
vers l'ouest, à travers les Pampas, et allant franchir la crète centrale des Andes, pour atteindre
l'océan Pacifique sur quelque point de la côte du
Pérou ou du Chili. Il est à peine projeté. Toutefois, il faut s'attendre à le voir s'ouvrir prochainement, à moins que les populations du bassin
de la Plata ne s'inféodent à l'anarchie, qui les a
longtemps désolées.

Un homme qui a été un des collaborateurs les
plus zélés et les plus éclairés du Rapport sur l'Exposition, M. le docteur Martin de Moussy, auteur
d'un ouvrage considérable sur la Confédération
argentine (1), a traité, avec tous les développements possibles à l'époque où il écrivait (1860), la
question du chemin de fer de Buenos-Ayres à

(1) *Description géographique et statistique de la Confédé-*
*ration argentine.* — 3 volumes grand in-8°. C'est un des
livres rares qui tiennent plus que leur titre ne promet.

l'océan Pacifique. Parmi les renseignements qu'il donne, on remarquera ce qu'il expose du chemin de fer de Rosario à Cordova, qui ferait partie de la grande ligne. Ce chemin aurait 398 kilomètres. Il a été voté le 2 avril 1855, au milieu d'un enthousiasme général, par le congrès de la Confédération Argentine, et, en 1860, la garantie d'un minimum de 9 pour 100 d'intérêt a été accordée aux capitalistes qui l'entreprendraient (1).

Si les États du bassin de la Plata avaient eu le bon esprit de consacrer à l'exécution de quelque tronçon du grand chemin de fer entre les deux océans l'argent et les efforts qu'ils gaspillent en guerroyant contre le Paraguay, petit État qui n'est pas menaçant pour eux, et dont l'abaissement ou la conquête ne profitera à personne, ils auraient à s'en féliciter, et le monde les en eût remerciés.

Il serait très-possible qu'on préférât au chemin de fer à travers les Pampas une autre ligne ferrée, beaucoup plus économique, celle qui se bornerait à relier au Pacifique la tête de la navigation à vapeur du fleuve des Amazones; on sait que les steamers peuvent remonter celui-ci jusqu'à 4,000 kilomètres de l'embouchure; mais l'un et l'autre de ces chemins a sa destination propre, et l'un ne tiendrait pas lieu de l'autre.

5° Le complément dans l'ancien monde, ou le pendant du chemin de fer de New-York à San-

(1) Voir tome II, page 575 de l'ouvrage ci-dessus.

Francisco, serait le chemin de fer qui, partant de l'extrémité orientale des possessions asiatiques de la Russie, traverserait la Sibérie dans toute son étendue, à peu près parallèlement aux cercles de latitude, de manière à rejoindre le réseau des chemins de fer de la Russie d'Europe. L'entreprise serait coûteuse; toutefois, on peut penser que sur la majeure partie du parcours, le terrain n'opposerait que des difficultés médiocres. La longueur de la ligne serait encore plus grande que celle du chemin de fer entre l'Atlantique et le Pacifique, par le nord des États-Unis, dont il vient d'être fait mention. Elle serait d'au moins 6,000 kilomètres. Après tout, ce ne serait pas 1,000 kilomètres de plus que le grand chemin de fer interocéanique de l'Union américaine (1).

6° Une entreprise qui serait un tour de force, mais qui paraît n'offrir rien d'impossible, est celle d'un chemin de fer souterrain sous la Manche, entre

(1) L'arc de grand cercle qui joint le port de Petropaulowsk à Nijnii Novgorod mesure environ 58 degrés, soit près de 6,500 kilomètres, et encore faudrait-il contourner la presqu'île du Kamtchatka.— Entre Nijnii Novgorod et Okhotsk, on compte environ 47 degrés, soit 5,200 kilomètres. Il y aurait, dans ce cas, à traverser les contreforts septentrionaux de l'Altaï-Oriental et la chaîne de l'Oural. De l'embouchure du fleuve Amour à Nijnii Novgorod, c'est à peu près même distance; mais on aurait à franchir les deux chaînes de l'Altaï. En tenant compte des détours et contours, il est clair que la plus courte de ces lignes atteindrait au moins 6,000 kilomètres.

Calais et Douvres. La distance est presque triple du souterrain du mont Cenis (32 kilomètres contre 12). La profondeur de la mer, dans ces parages, est, d'un bout à l'autre de la ligne projetée, exceptionnellement réduite : le souterrain pourrait n'être qu'à soixante mètres au-dessous de la haute mer, et c'est par des motifs de sécurité qu'on propose, avec raison, de l'établir à plus de cent mètres au-dessous de ce niveau. Les indications que fournit l'étude géologique des deux rivages du détroit sont rassurantes, en ce que, bien différent de ces roches extraordinairement dures, qui ont tant ralenti le travail au mont Cenis, le terrain serait facile à percer. On a lieu de supposer qu'entre Calais et Douvres ce serait de la craie, partout ou à peu près. En même temps qu'elle présente peu de résistance au mineur, la craie est imperméable. Mais la craie, ou certaines argiles qui pourraient bien s'y substituer, et qui retiendraient les eaux de la mer plus sûrement encore, ne sont-elles interrompues nulle part, et, à leur place, ne trouverait-on pas, sur quelques points, des lambeaux de terrain diluvien, essentiellement meubles, par lesquels la mer se frayerait un large passage? C'est une question sur laquelle on ne pourra s'édifier que par une exploration préalable, au moyen d'une galerie de rivage à rivage. Quelques failles peuvent se rencontrer dans la craie ou les autres terrains imperméables; mais la galerie qui a été proposée, dont la dépense ne serait pas énorme, éclaircirait parfaitement la question de savoir s'il en existe et si elles sont de nature à empêcher le souterrain.

L'exécution de ce chemin de fer sous-marin serait un événement européen. Il modifierait sensiblement, dans l'intérêt général, les relations entre l'Angleterre et le continent. Le projet préoccupe un bon nombre d'esprits en ce moment, et il n'y aurait rien de surprenant à ce que la tentative de la galerie fût faite prochainement.

Au sujet des communications dans l'intérieur de l'Afrique, je hasarderai ici une observation qu'on pourra trouver fort téméraire. Il n'est pas impossible que quelque jour les déserts immenses qui, sur ce continent, séparent les populations bien plus que ne fait ailleurs la mer, et les empêchent d'avoir entre elles des rapports commodes et profitables, changent d'aspect, en ce sens qu'ils cesseraient d'être des barrières devant lesquelles s'arrête l'espèce humaine. Puisque, sur la frontière de nos possessions algériennes, on est parvenu à y multiplier, au moyen des puits, les oasis, refuges et points d'appui de la vie civilisée, il n'est pas interdit d'espérer que la même œuvre pourra être poursuivie sur une plus grande échelle, de manière à marquer, au travers des déserts, dans des directions privilégiées, des routes praticables. Qui sait même si, sur une partie de ces espaces désolés, on ne réussira pas à propager quelque plante particulière, qui fixerait les sables, comme nous le faisons, avec le pin maritime, sur les dunes de la Gascogne?

# CHAPITRE II.

DES AUTRES MOYENS DE MULTIPLIER LES RAPPORTS ET LES ÉCHANGES SUR LA SURFACE DU MONDE ENTIER.

L'organisation générale du réseau télégraphique est un des *desiderata* des temps modernes. Au sein de chacun des États de la civilisation occidentale, la télégraphie a été l'objet de beaucoup de soins ; mais les relations à grandes distances, comme celles de continent à continent, ou entre l'Europe et l'Asie, par terre, laissent encore beaucoup à désirer. Les communications de l'Europe avec l'Amérique se font exclusivement aujourd'hui par la voie de l'Angleterre, ce qui n'est pas sans de graves inconvénients, car si l'on n'a qu'un câble unique, et qu'il vienne à se rompre, ce sera la fin de relations dont on sent le prix chaque jour davantage.

On a beaucoup parlé d'un câble transatlantique qui partirait de Brest pour atteindre les Etats-Unis, et d'un autre dont le point de départ serait aussi en France, et qui toucherait à Lisbonne, pour desservir la péninsule Ibérique, et de là se diriger vers l'Amérique du Sud, en communiquant avec l'Afrique. Ce dernier avait fait l'objet de né- gociations internationales, à la suite desquelles il semblait devoir être entrepris. Il serait fort avanta- geux que ces projets fussent mis à exécution. Il est vraisemblable qu'il faudrait peu d'efforts de la part du gouvernement français pour déterminer une solution positive.

On réclame vivement l'amélioration du service des postes ; non qu'il n'ait reçu beaucoup d'exten- sion et de perfectionnements au dedans de chacun des États. La France est un de ceux où le progrès a été le plus grand. Mais, particulièrement dans les relations internationales, le moment est venu, pour les différents États, de faire un nouveau pas. Dans les grands trajets, il y a lieu d'abaisser les tarifs qui, pour les échantillons et les imprimés, plus encore que pour les lettres, sont souvent exorbitants. Entre la France et les Etats-Unis, il reste beaucoup à faire pour le bon arrange- ment du service en général.

Pour les courts trajets, comme entre la France et l'Angleterre, on ne voit pas pourquoi le port de lettre est plus élevé que la somme des deux ports partiels. Entre ces deux mêmes États, la remarque en a été faite depuis longtemps, le poids accordé pour la lettre simple est trop faible (1).

(1) Il est de 7 grammes 1/2 seulement, tandis que, entre la France et les autres États, il est de 10 grammes. Des deux

On contribuerait à multiplier les relations commerciales et les échanges entre les différents pays, en autorisant la transmission internationale, par la poste, des petites sommes d'argent. Il faudrait, par exemple, que la poste se chargeât, entre la France et l'Angleterre, de payer toute somme au-dessous de 200 ou 250 francs (8 ou 10 liv. st.). Cette faculté existe en France, par rapport à la Belgique, la Suisse ou l'Italie. Il n'y a pas de raison pour qu'elle ne se généralise point, et il est étrange que la France et l'Angleterre n'en jouissent pas dans leurs rapports réciproques.

Y aura-t-il jamais une langue universelle, unique sur la surface entière du globe? On peut en douter; même on rencontre des hommes éclairés qui soutiennent que, de plus d'une façon, le développement du génie humain en souffrirait. Mais tout le monde s'accorde à penser qu'on ne saurait trop se presser de rendre uniforme cette sorte de langage commercial, manufacturier et scientifique, qui consiste dans les poids et mesures et l'écriture courante ou imprimée. De même il est nécessaire d'établir l'unité du calendrier et celle du méridien à partir duquel se comptent les longitudes. C'est un besoin universellement senti,

côtés, on est d'avis de l'augmenter; mais on ne parvient pas à se mettre d'accord. L'Angleterre propose sa demi-once, environ 14 grammes 1/2, la France tient à ses 10 grammes. En attendant, le commerce est gêné et se plaint.

et c'est l'affaire des gouvernements d'y pourvoir. Ils n'ont qu'à le vouloir pour qu'il soit immédiatement donné satisfaction, dans ces différentes matières, aux désirs de l'industrie, appuyés par tous les hommes de progrès.

A l'égard des poids et mesures, on n'exagère pas en disant que tout est mûr aujourd'hui pour l'adoption universelle du système métrique décimal qui fut déterminé par la France, de concert avec plusieurs autres États, au commencement du xixe siècle (1). Il est en vigueur maintenant, à l'exclusion de tout autre, chez un grand nombre de peuples dans les deux hémisphères. Le parlement anglais lui a donné le baptême légal, à côté de l'ancien système, et récemment, un comité chargé de proposer un système métrique uniforme, pour le vaste Empire britannique de l'Inde, s'est rallié au mètre et à ses dérivés. La Confédération du Nord de l'Allemagne vient d'en voter l'adoption, ce qui ne peut manquer d'exercer une grande influence dans le monde, à cause du rang élevé qu'elle occupe sur l'échelle de la civilisation.

Cette réforme devrait comprendre les monnaies qui, dans beaucoup de cas, en ont été séparées. Une tentative est faite maintenant pour cet objet. Une conférence internationale vient d'être tenue à Paris à cet effet. Il est curieux et bizarre

(1) Voir le Rapport de M. de Lapparent, tome II, page 485.

que la plupart des personnes qui y ont siégé aient
cru devoir procéder comme si le système métrique
n'existait pas, ou comme si c'était, en fait de poids
et mesures, un détail devant lequel des hommes
sérieux n'eussent pas à s'arrêter.

Ne pourrait-on pas aussi mettre d'accord les
appareils densimétriques des divers peuples, ainsi
que l'a recommandé, dans ce Recueil, M. Van
Baumhauer (1), et les divers modes de dosage employés dans la pharmacie, ainsi que le demandent
MM. Barreswil et Fumouze (2)? A plus forte
raison, pour la mesure de la chaleur, il serait bon
que le thermomètre centigrade se substituât à
celui Farenheit que conservent les Anglais et les
Américains du Nord, et à celui de Réaumur qui
a encore des fidèles.

L'uniformité du calendrier et celle du méridien
fournissant le point de départ des longitudes ne
semblent pas devoir rencontrer beaucoup d'obstacles, du moment qu'un des grands gouvernements de l'un ou l'autre hémisphère ferait la
proposition de s'en remettre à un congrès. Quel
intérêt l'empire de Russie a-t-il à ne pas reconnaître la réforme grégorienne du calendrier? En
quoi sa haute position dans le monde en serait-elle
ébranlée? Et en quoi l'amour-propre des diverses
puissances maritimes aurait-il à souffrir si l'on

(1) Tome II, page 301.
(2) Tome VII, page 309.

s'accordait sur le choix d'un méridien qui ne serait celui d'aucune de leurs capitales?

L'adoption d'un mode uniforme d'écriture serait probablement plus laborieuse. Mais pourquoi l'empire de Russie ne ferait-il pas de bonne grâce le sacrifice de ses caractères qui l'isolent des autres peuples civilisés? Les Allemands, à plus forte raison, ne peuvent attacher un grand prix à conserver, dans leur correspondance, le système d'écriture qui leur est particulier. Viendrait-il des objections de la Turquie? Dans cet empire, il semble qu'on soit décidé à faire un effort suprême pour entrer dans le giron de la civilisation occidentale ; on sent que la question est d'être ou de n'être pas. La mesure indiquée ici ne pourrait qu'aider le gouvernement ottoman à atteindre le but qu'il poursuit.

Lorsqu'on parle de grandes mesures d'intérêt général pour le genre humain, il est impossible désormais d'omettre les Chinois. C'est la plus nombreuse agglomération d'hommes civilisés qu'il y ait sur la terre, et ils ont cessé d'être séparés de nous; ils ont aujourd'hui avec nous des rapports qui ne peuvent que se resserrer beaucoup.

A l'égard des Chinois, le changement d'écriture serait radical. Mais aussi quelle féconde révolution ! Le système d'écriture de la Chine est, par son effroyable complication, une des causes qui contribuent le plus à retarder ce pays. L'écriture des peuples occidentaux, si simple, si aisée à comprendre et à pratiquer, abrégerait de plusieurs années l'éducation des individus dans ce populeux empire, et leur faciliterait l'accès des trésors de la science européenne. C'est une des plus grandes transformations à introduire chez les peuples de l'extrême Orient; l'effet serait le même que si l'on enlevait un voile épais cachant à leurs yeux de magnifiques horizons ou des trésors.

L'essai que fait l'administration française en Cochinchine pour introduire l'usage de notre alphabet parmi les Orientaux de l'Asie lointaine, est éminemment recommandable. Il devrait être imité par tous les peuples qui ont des possessions dans ces contrées, et on doit croire que le succès couronnerait de tels efforts, s'ils étaient suivis avec ensemble et surtout avec persévérance. Avec les Orientaux, il est indispensable, plus qu'avec d'autres, de persévérer, parce que chez eux la force d'inertie est excessive.

# CONCLUSION

Ainsi le cours naturel des idées et des faits nous ramène, comme une force invincible, à la pensée par laquelle débute cette Introduction, l'harmonie des nations et l'établissement entre elles de bons rapports, reposant sur la solidarité des intérêts, aussi bien que sur l'identité des idées et des sentiments.

Mais la pensée de l'harmonie n'est pas encore celle qui prévaut en Europe. Le moment actuel révèle clairement l'antagonisme entre deux forces : l'une qui travaille au bon accord des peuples, au respect mutuel de leurs droits réciproques, par le triomphe des grands principes chers à la civilisation, et qui cherche la satisfaction de chacun dans le bien de tous ; l'autre, qui provoque des collisions dans lesquelles les forts, ou ceux qui se croient tels, se flattent de trouver leur agrandissement, en dehors des principes, par le droit du sabre et du canon.

L'Europe, qui se considère comme la représentation la plus élevée du genre humain, l'Europe qui, à l'heure actuelle, possède encore le premier rang dans les sciences, les arts utiles et les beaux-arts, attributs distinctifs et signes caractéristiques de la civilisation, l'Europe dont les enfants, réunis dans l'enceinte de l'Exposition, semblaient prêts à se serrer dans les bras les uns des autres, offre bien plus l'aspect d'un camp que celui d'un groupe de communautés d'hommes industrieux et éclairés, honorant Dieu, aimant leurs semblables, jaloux de faciliter le progrès universel et individuel par le développement de la liberté générale et des libertés particulières.

Si loin qu'on remonte dans l'histoire, on ne retrouvera jamais une pareille collection d'hommes armés, un pareil amoncellement d'instruments de guerre.

Pendant ce débordement de préparatifs belliqueux, l'industrie, au contraire, amie de la paix, se manifeste par le déploiement de moyens qui, de même, surpassent tout ce qu'elle avait jamais pu étaler de puissance. Mais elle est arrêtée dans l'essor de ses entreprises par les appréhensions nées du débordement de l'organisation militaire. Elle en est frappée de stupeur.

L'antagonisme de ces deux tendances, ou, pour mieux dire, de ces deux forces, l'une et l'autre si énergiques et si actives, est un fait flagrant. Il est facile de dire à laquelle on souhaite la victoire, mais il est difficile de prévoir laquelle, quant à présent, fera pencher la balance.

Les âmes à la fois honnêtes, éclairées et généreuses, qui se passionnent pour la véritable grandeur et la gloire de bon aloi, ont fait leur choix ; elles sont unanimes en faveur de la paix. Mais les passions violentes occupent une si grande place dans le cœur humain, elles ont si souvent dominé dans le monde, qu'il serait bien imprudent de tenir pour infaillible que les partisans du bon ordre européen et de l'harmonie des peuples, de la paix en un mot, auront le dessus dans la controverse qui s'agite présentement au sein des cabinets des grandes puissances.

Il se peut bien que l'Exposition, admirable gage de paix, n'ait été que comme un météore, lumineux mais passager, sur un horizon destiné à s'obscurcir et à être déchiré par les orages.

A la fin et à la longue, la cause du progrès triomphe ; mais ce n'est qu'après des épreuves, car le sort de l'homme et sa loi c'est d'être éprouvé. Elle triomphe, mais le génie de la violence ne s'en est pas moins donné carrière et ne s'en est pas moins repu de dévastation et de sang. Le démon de la destruction, toujours attaché aux flancs des sociétés humaines, comme s'il avait sur notre planète un imprescriptible droit de suzeraineté, ne s'en est pas moins fait chèrement payer l'avancement dont les générations suivantes auront le bénéfice et savoureront les fruits.

33

Ainsi, ne nous faisons pas illusion, attendons que les destins prononcent. Mais n'attendons pas à la façon des Orientaux fatalistes, résignés à tout subir, et recevant le choc des événements quels qu'ils soient, sans chercher à les prévoir et à en modifier le cours. Dans les conjonctures où ils se rencontrent, les Européens doivent se souvenir et se servir de la vertu qui est propre à l'initiative des peuples libres ou dignes de l'être.

Le malheur des nations actuelles de l'Europe, malheur déjà douze ou quinze fois séculaire, c'est l'implacable rivalité des souverains et des gouvernements, rivalité épousée par les nations elles-mêmes.

Mais le temps est passé où cette jalousie invétérée, cet orgueil inextinguible, pouvaient se concilier avec la suprématie de l'Europe dans le monde.

L'histoire montre que la civilisation dont nous relevons est soumise à une loi générale qui la fait cheminer par étapes, à la manière des armées, dans la direction de l'Occident, en faisant successivement passer le sceptre aux mains de nations plus dignes de le tenir, plus fortes et plus habiles pour s'en servir dans l'intérêt général.

C'est ainsi qu'il semble que la suprême autorité soit au moment d'échapper à l'Europe occidentale et centrale, pour passer au nouveau monde. Dans la partie septentrionale de cet autre hémisphère, des rejetons de la race européenne ont fondé une société vigoureuse et pleine de séve, dont l'influence grandit avec une rapidité qui ne s'était encore vue nulle part. En franchissant l'Océan, elle a laissé sur le sol de la vieille Europe des traditions, des préjugés et des usages qui, comme des *impedimenta* lourds à mouvoir, auraient gêné ses allures et retardé sa marche progressive.

Dans trente années environ, les Etats-Unis auront, selon toute probabilité, cent millions de population, en possession des plus puissants moyens, répartis sur un territoire qui ferait quinze ou seize fois la France, et de la plus admirable disposition. Ils se préparent, dès à présent, une alliance, rendue facile par le pressentiment commun de grandes destinées, avec un autre empire tout aussi vaste, quoique moins favorisé de la nature, qui se dresse à l'orient de l'Europe et qui, lui aussi, aura, à la fin du siècle, une population de cent millions d'hommes, animés d'une même pensée.

La concorde est indispensable à l'Europe occidentale et centrale si elle ne veut pas être dominée par ces deux colosses qui apparaissent, en dessinant chaque jour davantage leurs gigantesques proportions et leurs espérances, et en resserrant chacun son unité, comme pour frapper plus sûrement un grand coup, destiné à retentir d'un pôle à l'autre. Vainement les nations de l'Europe occidentale et centrale s'attribuent une primauté que, dans leur vanité, elles croient à l'abri des événements et éternelle; comme s'il y avait rien d'éternel dans la grandeur et la prospérité des sociétés, ouvrages des hommes! La société romaine était, elle aussi, infatuée de sa supériorité, quand les Germains passèrent le Rhin ou franchirent les Alpes pour la fouler aux pieds.

Les nations de l'Europe occidentale et centrale seront vraisemblablement réduites, quelque jour, à un rang subalterne et peut-être abreuvées d'humiliations, si les deux nouveaux venus les trouvent épuisées par les guerres qu'elles auraient soutenues les unes contre les autres. Comment résisteraient-elles si elles avaient consumé, dans leurs querelles, les ressources qui auraient dû être pour elles des éléments de progrès et de puissance?

Leur intérêt, leur besoin, leur devoir est de se rapprocher, de cimenter entre elles une forte alliance et de se constituer en une confédération, qui serait le salut commun, ainsi que le leur conseillait, il y a vingt-cinq ans, un des penseurs du siècle, qui vient d'être ravi aux lettres et à la philosophie, Victor Cousin.

Jamais l'on n'eût lieu davantage de répéter cette parole d'un grand homme, qui parlait admirablement de la paix, quoiqu'il aimât passionnément la guerre, Napoléon I$^{er}$ : « Désormais toute guerre européenne est une guerre civile. »

# TABLE

DES

# MATIÈRES DE L'INTRODUCTION

## PREMIÈRE PARTIE.

### OBSERVATIONS PRÉLIMINAIRES.

### SECTION UNIQUE.

ÉTAT DES ESPRITS DEVANT L'EXPOSITION. — DÉFINITIONS.

### CHAPITRE I.

### CHAPITRE II.

## CHAPITRE III.

**LA PUISSANCE PRODUCTIVE SE RÉVÈLE PAR LE BON MARCHÉ DES PRODUITS
ET DÉRIVE ELLE-MÊME DU SAVOIR ET DU CAPITAL, SOUS L'IMPULSION DE
LA LIBERTÉ HUMAINE APPLIQUÉE A L'INDUSTRIE.**

## CHAPITRE III.

## CHAPITRE IV.

## CHAPITRE V.

## SECTION II.

DES MACHINES. — PROGRÈS ET EXTENSION DE LA MÉCANIQUE
EN GÉNÉRAL.

## CHAPITRE I.

### CHAPITRE II.

### CHAPITRE III.

### CHAPITRE IV.

### CHAPITRE V.

### CHAPITRE VI.

#### ARTS DIVERS.

### CHAPITRE VII.

## CHAPITRE VIII.

### EXEMPLES DE LA PROPAGATION DES MEILLEURS PROCÉDÉS ET DES MEILLEURS APPAREILS. — INFLUENCE QU'A EXERCÉES, A CET ÉGARD, L'ABANDON PARTIEL DE L'ANCIENNE POLITIQUE COMMERCIALE DU SYSTÈME PROTECTIONNISTE ........................  214

# TROISIÈME PARTIE.

## DE L'AGRICULTURE EN PARTICULIER.

### SECTION I.

OBSERVATIONS SUR LA SITUATION GÉNÉRALE DE L'AGRICULTURE.

#### CHAPITRE I.

#### CHAPITRE II.

34

# SECTION II.

## LES ENGRAIS.

### CHAPITRE I.

### CHAPITRE II.

# SECTION III.

## INDUSTRIES AGRICOLES ET FORESTIÈRES.

### CHAPITRE I.

## CHAPITRE II.

### OPÉRATIONS DIVERSES.

# QUATRIÈME PARTIE.

### SUR LES PRINCIPAUX RESSORTS DE LA PRODUCTION.

## SECTION I.

### LA LIBERTÉ DU TRAVAIL.

## CHAPITRE I.

## CHAPITRE II.

## CHAPITRE III.

# SECTION II.

LA SCIENCE. — L'INSTRUCTION GÉNÉRALE DANS SES RAPPORTS AVEC LA PRODUCTION DE LA RICHESSE ET AVEC LA PUISSANCE PRODUCTIVE DE LA SOCIÉTÉ. — L'EXPLORATION SCIENTIFIQUE DU GLOBE.

## CHAPITRE I.

## CHAPITRE II.

## SECTION II.

### DES INSTITUTIONS DE CRÉDIT.

### CHAPITRE I.

### CHAPITRE II.

# SECTION III.

## LA DIVISION DU TRAVAIL.

### CHAPITRE I.

### CHAPITRE II.

### CHAPITRE III.

### CHAPITRE IV.

### CHAPITRE V.

## CHAPITRE III.

## SEPTIÈME PARTIE.

### DU CONCOURS DU GENRE HUMAIN TOUT ENTIER POUR LA MEILLEURE SATISFACTION DES BESOINS COMMUNS.

### SECTION I.

#### NOUVEAUX RAPPORTS ENTRE LES PEUPLES ET LES RACES.

### CHAPITRE I.

### CHAPITRE II.

### CHAPITRE III.

## CHAPITRE II.

FIN

Paris.-Imp. PAUL DUPONT, 75, rue de Grenelle-Saint-Honoré.

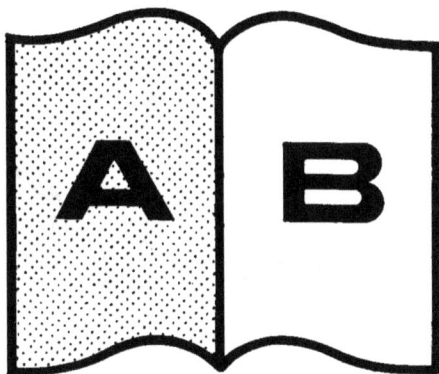

Contraste insuffisant

**NF Z 43**-120-14

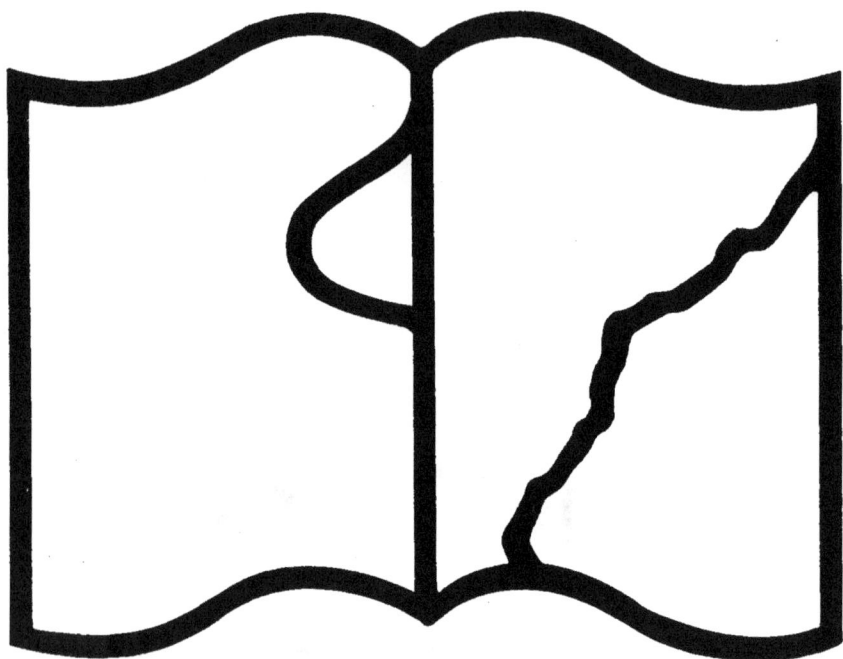

Texte détérioré — reliure défectueuse

**NF Z 43**-120-11

www.ingramcontent.com/pod-product-compliance
Lightning Source LLC
Chambersburg PA
CBHW060906220326
41599CB00020B/2863